全国电力出版指导委员会出版规划重点项目

◉全国电力工人公用类培训教材

（2015 年版）

实用热工基础

唐莉萍　主编

中国电力出版社
CHINA ELECTRIC POWER PRESS

内容提要

本书以《中华人民共和国职业技能鉴定规范·电力行业》为依据进行编写。

本书分为两篇,共七章。第一篇为工程热力学部分,共四章,主要介绍热力学基础知识、热力学基本定律及其应用,水蒸气的基本性质,蒸汽动力循环。第二篇为传热学部分,共三章,主要介绍导热、对流换热、辐射换热的基本概念和基本规律,并介绍传热规律的分析与计算、换热器的传热计算和综合分析等内容。

为便于自学、培训和考核,各章后均附有复习题,书末附有复习题答案。

本书适用于火力发电、水力发电、供用电、城镇(农村)工矿企业、火电建设、水电建设和电力机械修造等7个部门15个专业85个工种的初、中、高级工,技师和高级技师的理论知识及技能笔试的培训、考核。

使用本书时,请读者向中国电力出版社购买《水和水蒸气热力性质图表》,以便读者进行热力计算时确定热力状态参数时使用。

图书在版编目(CIP)数据

实用热工基础/唐莉萍主编. —北京:中国电力出版社,2005.1 (2021.5 重印)
全国电力工人公用类培训教材
ISBN 978-7-5083-2383-1

Ⅰ. 实… Ⅱ. 唐… Ⅲ. 热工学-技术培训-教材
Ⅳ. TK122

中国版本图书馆 CIP 数据核字(2004)第 135951 号

中国电力出版社出版、发行
(北京市东城区北京站西街 19 号 100005 http://www.cepp.sgcc.com.cn)
北京雁林吉兆印刷有限公司印刷
各地新华书店经售

*

2005 年 1 月第一版 2021 年 5 月北京第六次印刷
850 毫米×1168 毫米 32 开本 8.625 印张 225 千字
印数 14001—15000 册 定价 **26.00** 元

努力搞好教材建设

为超高电压职工

素质服务

史大桢

一九九三年青

出 版 说 明

　　《全国电力工人公用类培训教材》自 1994 年出版以来，已用于电力行业工人培训 10 余年，得到了广大电力工人和培训教师的一致好评。为提高电力职工素质、使电力职工达到相应岗位的技术要求奠定了基础。

　　近年来，随着国家职业技能标准体系的完善，《中华人民共和国职业技能鉴定规范·电力行业》已在电力行业正式实施。随着电力工业的高速发展，电力行业的职业技能标准水平已有明显提高，为满足职业技能鉴定规范对电力行业各有关工种鉴定内容中共性和通用部分的要求，我们对《全国电力工人公用类培训教材》重新组织了编写出版。本次编写出版的原则是：以《中华人民共和国职业技能鉴定规范·电力行业》为依据，以满足电力行业对从业技术工人基本知识结构的要求为目标，兼顾提高电力从业人员的综合素质。本次编写出版的教材共 14 种，即：

电力工人职业道德与法律常识	应用机械基础(第二版)
电力生产知识(第二版)	应用力学基础(第二版)
电力安全知识(第二版)	应用水力学基础(第二版)
应用电工基础(第二版)	实用热工基础
应用电子技术基础(第二版)	应用计算机基础
电力工程识绘图	电力工程常用材料(第二版)
应用钳工基础(第二版)	电力市场营销基础

　　本教材此次编写出版得到了以上各册新老作者的大力支持，在此表示由衷的感谢！同时，欢迎使用本教材的广大师生和读者对其不足之处批评指正。

中国电力出版社

2004. 6

前　　言

本书是依据《中华人民共和国职业技能鉴定规范·电力行业》而编写的培训教材。

本书力求简明、实用，密切结合火力发电厂实际。书中选用的例题、复习题主要取材于火力发电厂 200MW、300MW、600MW 机组的数据资料。

本书由保定电力职业技术学院唐莉萍老师主编，并编写概述、第一、二、四章，保定电力职业技术学院王进春老师编写第三、五、六、七章。全书由重庆电力教育培训中心黄恩洪老师审阅。

本书在编写过程中得到了保定电力职业技术学院的大力支持，在此谨表谢意。

对于书中存在的缺点和不足之处恳切希望广大读者批评指正。

编者

2004 年 7 月

主要符号表

一、工程热力学符号

英文字母

A	面积；功热当量
C	热容
c	比热容；流速
d	汽耗率
F	力
g	重力加速度
H	焓
h	比焓
K	热量利用系数
l	长度；比汽化潜热
M	摩尔质量
Ma	马赫数
M_r	相对分子质量
m	质量
p	绝对压力
p_{amb}	大气压力
p_g	表压力
p_v	真空
Q	热量
q	比热量
q_m	质量流量
R	气体常数
S	熵

s	比熵；位移
T	热力学温度
t	摄氏温度
U	内能
u	比内能
V	容积
v	比体积
W	容积功
W_0	循环净功
W_s	轴功
W_t	技术功
W_f	流动净功
w	比容积功
w_i	混合气体的质量分数
w_0	比循环净功
w_s	比轴功
w_t	比技术功
w_f	比流动净功
x	干度
z	高度

希腊字母

α	抽汽率
β	压力比
η	效率

η_t	循环热效率	x	湿蒸汽
κ	绝热指数	0	标准状态；基准状态
ρ	密度	1	初态；进口
φ_i	混合气体的容积分数	2	终态；出口

下 角 标   上 角 标

C	卡诺循环	$'$	饱和水
cr	临界参数	$''$	干饱和蒸汽
i	序号		

顶 标

max	最大		
min	最小	—	平均
R	朗肯循环		

特 殊 符 号

p	定压		
s	定熵；饱和状态	d	状态参数的微小量变化
T	定温	Δ	状态参数的增量
v	定容	δ	过程函数的微小量变化

二、传热学符号

英 文 字 母

A	面积	R_c	对流换热热阻
C	辐射系数	R_r	辐射换热热阻
c	比热容；流速	R_K	传热热阻
d	直径	T	热力学温度
E	辐射力	t	摄氏温度
h	高度	X	角系数

希 腊 字 母

K	传热系数		
K_l	单位长度圆筒壁传热系数	α	吸收率；复合换热系数
l	长度；比汽化潜热	α_c	对流换热系数
q_m	质量流量	α_r	辐射换热系数
R	热阻	δ	厚度
R_λ	导热热阻	ε	黑度
		λ	热导率

μ	动力黏度		下　角　标
ν	运动黏度		
π	圆周率	b	黑体
ρ	反射率；密度	cr	临界
τ	穿透率	f	流体
Φ	热流量	max	最大
φ	热流密度	min	最小
φ_l	单位长度圆筒壁的热流量	s	饱和状态

上　角　标

w　壁面

顶　标

′　进口

″　出口

—　平均

目　　录

第二篇　传　热　学

绪　　论

一、能源、热能及其利用

能源，是指为生产和日常生活提供各种能量和动力的物质资源。在自然界中，可被利用的能源主要有风能、水能、潮汐能、太阳能、地热能、燃料的化学能和原子核能等。在这些能源中，除风能、水能和潮汐能是以机械能的形式被人们利用之外，其余各种能源都往往以热能的形式被人们所用。显然，人们从自然界能源中获得能量的主要形式是热能。

热能是指组成物质的所有微观粒子做各种不规则热运动时的能量。热能的利用有两种基本方式，一种是直接利用，即将热能直接用来加热物体，如烘干、蒸煮、采暖、焙烧、冶炼等；另一种是间接利用，即将热能转换为机械能，用作生产上的动力，或进一步将机械能转变为电能，如火力发电厂的蒸汽动力装置、燃气轮机动力装置、核能动力装置等。由于电能具有传输方便，使用灵活，且易于转变为其他形式的能量等诸多优点，它已成为发展现代社会物质文明的重要条件。在能源的利用中，电能利用占总能源利用的比例已成为国民经济发展水平的标志。

电能可由自然界的各种能源转换而得到，其中火力发电是电力工业的重要组成部分。在我国，1990 年的火力发电量为4905. 51 亿 kW·h，占全国总发电量的 81. 76%。在世界上，火力发电约占世界总发电量的 80%。预计在今后相当长的一个时期内，火力发电仍将占据主要地位。因此，热能的研究和利用对整个人类的生产和生活有着巨大的意义。

二、火力发电厂的生产过程

利用燃料（煤、石油、天然气等）生产电能的工厂叫火力发电厂。

火力发电厂的生产过程，就是将燃料中的化学能转换为热能

（在锅炉中），再将热能转换为机械能（在汽轮机中），最后将机械能转换为电能（在发电机中）的一系列能量转换过程。锅炉、汽轮机、发电机是火力发电厂的三大设备。

图 0-1 是以煤为燃料的火力发电厂生产过程示意图。

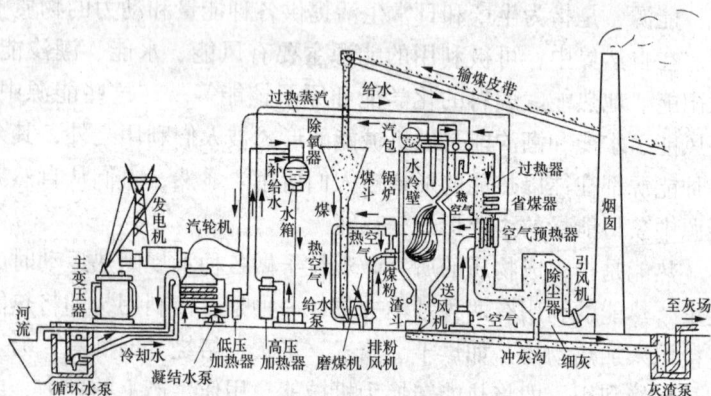

图 0-1　火力发电厂生产过程示意图

　　煤由煤场经输煤皮带送入锅炉制粉系统，经过磨煤机被磨制成煤粉，在热空气的输送下进入锅炉燃烧室内燃烧，生成高温烟气，使燃料的化学能转换为烟气的热能；锅炉受热面将烟气的热能传给水，水受热而蒸发，变成具有一定压力和温度的蒸汽，由此，烟气的热能通过传热就转换为水蒸气所具有的热能；具有一定热能的过热蒸汽进入汽轮机，在汽轮机喷管中降压、降温膨胀而形成高速汽流，将蒸汽的热能转换成动能；具有较大动能的蒸汽冲动汽轮机转子上的叶片，使汽轮机转子旋转，将蒸汽的动能转换成汽轮机轴的回转机械能；汽轮机再带动发电机一起旋转而发出电能，将机械能转换为电能。

　　做功后的蒸汽在凝汽器中将热量传给冷却水（也叫循环水）而凝结成水，再由水泵升压后经低压加热器、除氧器、高压加热器送回锅炉。如此周而复始，就使燃料燃烧时放出的热能连续不断地转换为电能。

由此可见，火力发电厂主要由两大部分组成，即从燃料的化学能转换为机械能的热力部分和从机械能转换为电能的电气部分。热力部分包括锅炉、汽轮机、水泵、加热器，以及连接它们的管道等设备，这些设备的组合通常称为热能动力装置或热能动力设备。

三、《实用热工基础》的主要内容及应用

《实用热工基础》包括工程热力学和传热学两部分内容。

工程热力学是研究热能和机械能之间转换规律的科学，它以热力学第一定律、热力学第二定律为基础，着重阐述工质在基本热力过程和动力基本循环中的热功转换规律，最终找出提高转换效率的途径和方法。

传热学是研究热量传递规律的科学，它以导热、对流换热及辐射换热三种换热方式为基础，研究复杂换热的传热过程及常用换热设备的传热特点，最终找出增强传热和削弱传热的途径及方法。

《实用热工基础》着重研究热、功转换和热量传递等宏观现象，所以，主要应用宏观研究法，对热现象进行具体的观察和分析，总结出普遍的基本规律。但为了说明热现象的本质及其根本原因，有时也用微观理论去进行解释。为分析问题方便，本课程中还常常采用抽象化、理想化及简化的研究方法。

热能与机械能的转换及热量的传递是火力发电厂热力设备中的主要工作过程。所以实用热工基础是动力类专业的一门主要的专业基础课，各种热能动力装置的设计、制造、安装、运行、检修与改进都离不开它所讲述的基本理论。

四、分子运动论简介

在热力学中，许多内容要用分子运动论才能解释清楚，例如压力、温度、内能等。为此，简单介绍分子运动论的基本观点。

（1）一切物质都是由分子组成的，分子具有质量和体积，分子是保持物质原有化学性质的最小微粒。

（2）分子之间有一定的间隙。不但气体、液体的分子之间有

间隙，就是看起来很坚固的固体分子之间也存在间隙。比较起来，固体分子之间的间隙最小，气体分子之间的间隙最大。

（3）组成物质的分子每时每刻都在不停地做无规则运动。分子无规则运动的剧烈程度与温度有关，温度越高，分子运动越剧烈。因此，大量分子的无规则运动叫做分子的热运动。

（4）分子之间存在相互作用力——分子力。分子之间不仅有吸引力，而且也有排斥力；分子间的引力和斥力是同时存在的，物质分子对外表现出来的分子力是引力和斥力的合力，它取决于分子之间的距离。当分子距较小时，斥力大于引力，分子力表现为斥力，物质较难压缩，如固体；当分子距较大时，引力大于斥力，分子力表现为引力，物质较易压缩，如气体。

复习题

一、选择题（下列每题的四个答案中只有一个正确答案，将正确答案的序号填在括号内）

1. 物质分子之间的间隙最小的是（　　）。

（A）液体；（B）气体；（C）固体；（D）蒸汽。

2. 工程热力学是研究（　　）的规律和方法的一门学科。

（A）热能与机械能相互转换；（B）机械能转变成电能；（C）化学能转变成热能；（D）化学能转变成电能。

3. 利用（　　）生产电能的工厂称为火力发电厂。

（A）燃料的化学能；（B）太阳能；（C）地热能；（D）原子能。

4. 火力发电厂的三大设备是指（　　）。

（A）锅炉、发电机、除氧器；（B）汽轮机、发电机、给水泵；（C）锅炉、汽轮机、发电机；（D）变压器、凝汽器、锅炉。

二、判断题（下列描述中，正确的在括号内打"√"，错误的在括号内打"×"）

1. 火力发电厂的生产过程是能量转换过程，即将燃料的化

学能最终转换为电能。　　　　　　　　　　　　（　　）

2. 在火力发电厂的能量转换过程中，锅炉是将燃料的化学能转换为蒸汽的动能的设备。　　　　　　　　（　　）

三、简答题

1. 锅炉是如何把燃料的化学能转变成蒸汽的热能的？

2. 简述火力发电厂中的能量转换过程。

四、论述题

试述火力发电厂的生产过程。

第一篇 工程热力学

第一章

热力学基础知识

本章主要介绍热力学的基本概念，主要内容有：工质、热机、热源的概念，状态及基本状态参数，容积功和热量的表示及计算，理想气体状态方程式及其应用，利用热容计算热量的方法，混合气体的性质等。

第一节　工质、热机、热源及热力系统

实现热能转换为机械能是在热力系统中依靠工质完成的。本节讲述工质、热机、热源的概念，以及热力系统的分类。

一、工质

热能转换为机械能的装置很多，形式各异，如蒸汽动力装置、燃气轮机动力装置、内燃机动力装置、核能动力装置等。蒸汽动力装置是火力发电厂中采用的将热能转变为机械能的装置，如图 1－1 所示。燃料（煤或油）在锅炉的炉膛内燃烧后产生烟气，使燃料的化学能转变为热能。锅炉水冷壁内的水吸收了烟气的热量而汽化为水蒸气，水蒸气在过热器内进一步吸热而提高温度，成为过热蒸汽。过热蒸汽进入汽轮机的喷管中，降压膨胀，速度增大，使热能转变为水蒸气的动能；接着，这股高速气流冲击汽轮机叶片而做功，使汽轮机的轴转动，将蒸汽的动能转换为汽轮机轴的机械能。汽轮机带动发电机，将机械能转变成电能。做完功后的蒸汽在凝汽器中放热而凝结成水，

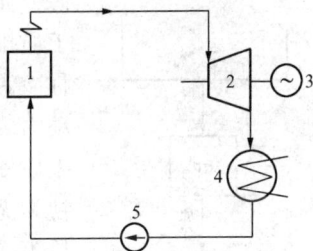

图 1－1　蒸汽动力装置示意图
1—锅炉；2—汽轮机；3—发电机；
4—凝汽器；5—给水泵

凝结水由水泵压缩升压后送回锅炉。由上可见，在蒸汽动力装置中，水（水蒸气）经历了吸热、膨胀、放热和压缩等过程，如此周而复始，就将燃料燃烧时放出的热能连续不断地转换为机械能。

在上述蒸汽动力装置中，将热能连续不断地转换为机械能，需要借助于某媒介物质通过吸热、膨胀、放热、压缩四个过程去实现。我们把这种实现热能和机械能相互转换的媒介物质称为工质。例如，火力发电厂中的水蒸气。

为了能够充分地将热能转换为机械能，要求工质具有良好的膨胀性能。同时，为了保证工质连续地流过热力设备而不断地做功，要求工质具有良好的流动性。当然，在物质的三种状态中，我们知道，气体物质受热后的膨胀能力最大，流动性也最好，最适宜于作为能量转换的工质。除此之外，作为工质，还要求热力性质稳定、不腐蚀热力设备、无毒、廉价、易获得等。所以，在火力发电厂中我们广泛采用水蒸气作为工质。

二、热机

热能转换为机械能必须依靠一定的设备来完成。这种用来将热能转换为机械能的设备称为热机，如汽轮机、内燃机等。

三、热源

我们把不断向工质提供热能的物体称为高温热源，简称热源，如锅炉中的高温烟气。将不断接受工质排放余热的物体称为低温热源，简称冷源，如凝汽器或大气环境。在热能动力装置稳定运行时，热源不会由于给工质提供热能而温度降低，其热容量可视为无限大，即通常认为热源的温度保持不变。同理，工质放出余热给大气或凝汽器，大气或冷却水的热容量也可以视为无限大，冷源不会由于吸收余热而温度升高，即认为冷源的温度也保持不

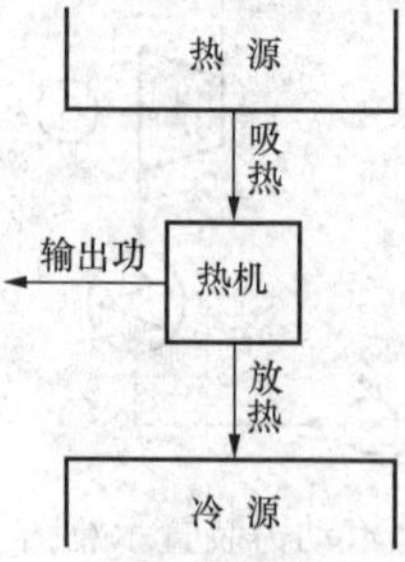

图 1-2 热能动力
装置工作示意图

变。

热能动力装置的工作流程可以概括成：工质从高温热源吸收热能，一部分在热机中转换为机械能，另一部分排至低温热源。如图 1-2 所示。

四、热力系统

在热力学中，要将分析研究的对象从周围物体中分割出来，研究它通过分界面与周围物体之间的能量交换。这种被人为分割出来的、由界面包围着的、作为研究对象的物体总和，称为热力系统，简称热力系。周围一切与热力系有关的物体统称外界或环境。热力系与外界的边界面称为边界。边界可以是真实的、假想的，也可以是固定的、移动的，如图 1-3 （a）所示。若取汽缸中封闭的工质为热力系，则活塞、重物及热源为外界，汽缸和活塞的内壁面是真实的分界面，而活塞却是可以上、下移动的分界面。在图 1-3 （b）中，取汽轮机进、出口截面 1-1 与 2-2 之间的气体作为研究对象，那么进、出口截面是假想的分界面，汽轮机壳体的内壁是真实的、固定的分界面。热力系与外界之间可以有以功和热的形式进行的能量传递，也可以同时有物质交换。按照系统与外界有无物质交换的情况，热力系可以划分为闭口热力系和开口热力系。

闭口热力系——热力系与外界只有能量的传递，而无物质的交换，其质量是恒定不变的，也称封闭热力系。如图 1-3 （a）

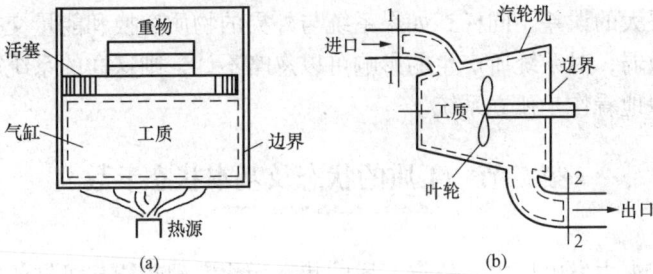

图 1-3　热力系
(a) 闭口热力系；(b) 开口热力系

所示，取封闭在汽缸中的气体为研究对象，这就是闭口热力系。

开口热力系——系统与外界既有能量的传递，又有物质的交换。如图 1－3（b）所示，取汽轮机外壳包围的空间为一个热力系，它与外界间通过进出口边界不断交换物质，这就是开口热力系。

按照系统与外界进行能量交换的情况，热力系又可划分为绝热热力系和孤立热力系。

绝热热力系——热力系与外界没有热量的交换，但可以有功和物质的交换。

孤立热力系——热力系与外界不发生任何关系，既没有物质交换，也没有能量的传递。

热力系的选择取决于研究对象的特点及研究的任务。例如：我们可以把整个蒸汽动力装置划作一个热力系，计算它与外界交换的功和热量，此时，装置中工质的质量不变，是闭口热力系。若只分析汽轮机的工作过程，取汽轮机内的空间为热力系，此时有工质流进、流出，这就是开口热力系。

需要指出的是，绝对的绝热热力系和孤立热力系是不存在的。但是，如果某些实际的热力系统，在与外界的传热量很少时，可以近似地看作绝热系统。例如，对图 1－3（b）所示的热力系，蒸汽通过汽缸壁对外的散热量，与蒸汽在汽轮机中进行的能量转换相比是非常小的，实际计算时把它当作绝热系统不会引起很大的误差。同样，如果系统与外界的物质交换和能量交换都很微弱，对系统所产生的影响可以忽略不计，则这样的系统就可近似地看作是孤立系统。

第二节　工质的状态及基本状态参数

火力发电厂中，依靠工质的状态变化实现热能与机械能的转变。本节介绍利用状态参数和参数坐标图描述状态的方法及基本状态参数的定义和计算。

一、工质的状态及状态参数

1. 工质的状态

在热能动力装置中，热能转换为机械能是依靠工质的吸热、膨胀、放热和压缩过程来完成的。这些过程中，工质的物理特性随时发生变化，即工质的宏观物理状况总在不断变化。为了描述这些变化，把工质在某一瞬间所呈现的宏观物理特性称为工质的热力学状态，简称状态。

2. 状态参数

用来描述和说明工质状态的一些物理量，称为热力状态参数，简称状态参数，如温度、压力等。

状态参数只取决于工质的状态，即对应某一确定的状态，就可以用确定的状态参数来描述。反过来，如果工质有一组确定的状态参数，便可以确定其状态。对本书中所涉及的热力系，只要已知工质的两个独立的状态参数，即可确定工质的状态。工质状态发生变化，则状态参数也会随之改变，其变化量只取决于初、终状态的值，而与变化的途径无关。能满足上述特性的物理量，都可作为状态参数。

在热力学中，常用的状态参数有温度、压力、比体积、内能、焓、熵等。其中，温度和压力可由仪表直接测得，比体积可以通过物体的质量和容积经简单计算求得，而且这三个状态参数的意义都比较容易理解，所以常称为基本状态参数。至于其他状态参数，均只能由基本状态参数导出，因而又称导出状态参数，以后将陆续介绍。

状态和状态参数的关系为：

两个独立的状态参数一定——→状态一定；

状态一定 ←——→ 全部状态参数一定；

状态变化 ←——→ 状态参数变化。

在火力发电厂中，蒸汽的参数一般指主蒸汽的压力和温度。

3. 平衡状态

一个热力系，在不受外界影响的条件下，其状态始终保持不变，则这种状态为平衡状态，否则为不平衡状态。

平衡状态存在的条件是，必须同时满足热力系与外界间的热平衡和力平衡。热力系与外界没有温差，即 $\Delta T = 0$，则热力系与外界没有热量交换，热力系就处于热的平衡。热力系与外界无不平衡力，即 $\Delta F = 0$，则热力系与外界无功的交换，热力系就处于力的平衡。因此，只要热力系与外界不发生热量和功的交换，热力系的状态就不会发生变化。即：在不受外界影响时，系统的平衡状态保持稳定，不会被破坏。如果热力系内存在着热的不平衡或力的不平衡，则热力系内工质通过分子运动传递能量，使状态发生变化，自发地由不平衡状态变成平衡状态。热力系的状态参数也会随之不断变化，直到达到平衡状态。也就是说，不平衡状态具有自动达到平衡状态的趋势。

本书所研究的状态，在没有特别指明外，均指平衡状态。只有在平衡状态下，工质才具有确定的状态参数。

4. 状态方程式

理论和实验表明，用于描述平衡状态的各个状态参数之间有着内在的联系，只要两个独立的状态参数的值一定，其他状态参数值也就相应确定。它们之间存在确定的函数关系，即某一状态参数可以表示成另外两个独立状态参数的函数，例如

$$T = f(p, v); \quad p = f(T, v); \quad v = f(p, T)$$

或 $$F(p, v, T) = 0$$

这种由状态参数组成的函数关系式称为状态方程式。其具体形式取决于工质的性质，由实验和理论得出。

二、参数坐标图及其应用

1. 参数坐标图

两个独立的状态参数可以确定一个状态，因此，可以用两个相互独立的状态参数组成一个平面直角坐标系而构成参数坐标图。在工程热力学中，常用的参数坐标图有压—容图（$p - v$ 图）、温熵图（$T - s$ 图）和焓熵图（$h - s$ 图），如图 1 - 4 所示。

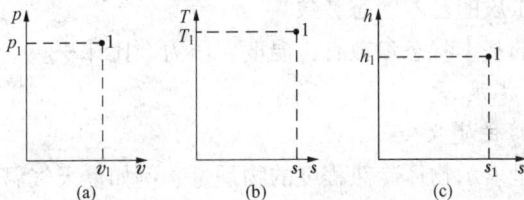

图 1-4　参数坐标图

(a) $p-v$图；(b) $T-s$图；(c) $h-s$图

2. 参数坐标图的用途

参数坐标图可用于直观地表示工质的平衡状态、热力过程、热力循环等抽象概念，是帮助我们分析、解决热力学问题的工具。

当工质的两个独立的状态参数一定时，其状态一定；同时，在参数坐标图上可以找到一个确定的点。可见，工质的状态和参数坐标图上的点是相互对应的。我们可以用参数坐标图上的一个点表示工质所处的一个状态。如图 1-5 所示，已知工质某一状态下的压力 p_1，比体积 v_1，在 $p-v$ 参数坐标图上可以确定唯一的点 1；如果已知参数坐

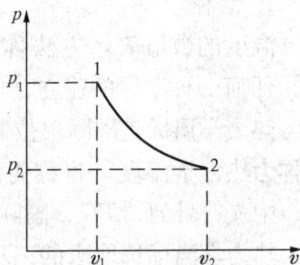

图 1-5　状态在参数
坐标图上的表示

标图中的一点 2，可以通过参数坐标图确定出 2 点的状态参数值 p_2、v_2。

在平衡状态下，工质有确定的状态参数值，其状态可用参数坐标图上的一个点表示。所以，参数坐标图上每一个点都表示工质的一个平衡状态。不平衡状态没有确定的状态参数，因而也就无法表示在参数坐标图上。

在参数坐标图上，还可以表示热力过程、热力循环及热力过程中的热量和功，以及循环中的经济指标等，这将在后面的内容中陆续介绍。

三、工质的基本状态参数

工质的基本状态参数有：温度、压力、比体积。

（一）温度

1. 温度的定义

温度是表示物体冷热程度的物理量。例如夏天气温高，冬天气温低；锅炉汽包内的水比凝汽器中的凝结水温度高等。两个冷热程度不同的物体接触时，它们之间会自发地进行热交换，热物体逐渐变冷，温度下降；冷物体逐渐变热，温度升高。经过一定时间后，两个物体冷热程度相同，即温度相等，热交换量为零，这表明它们之间达到了热平衡，即热平衡的条件为物体温度相等。

2. 温标

温度的数值表示方法称为温标。标定温度的方法有多种形式，任何一种温标的建立，根本问题是确定基准点和分度方法。

热力学温标是国际单位制的基本温标，用这种温标确定的温度称为热力学温度（也称为绝对温度），符号为 T，单位是开尔文，中文符号为"开"，国际符号为"K"。根据国际计量会议规定，热力学温标选取水的三相点（即固、液、气三相平衡共存的状态）为基本定点，并定义其温度为 273.16K，所表示的温度间隔（即热力学温度 1K）等于水三相点热力学温度的 1/273.16。

与热力学温标并用的还有摄氏温标，符号为 t，单位为摄氏度，代号为"℃"。摄氏温度被定义为

$$t = T - 273.15 \qquad (1-1)$$

在我国法定计量单位中，温度采用热力学温度和摄氏温度。

摄氏温度与热力学温度之间，每一温度间隔的大小完全一样，只是所取的零点不同，即 0℃ 相当于 273.15K。用摄氏温标表示，水的三相点为 0.01℃。因此凡涉及温差的地方用 K 或℃在数值上均相同，即 $\Delta T = \Delta t$。

3. 热力学温度与摄氏温度的换算

在电厂，温度用摄氏温度表测量，而热力学计算公式中，温

度的绝对值一般用热力学温度带入，所以，应掌握两种温度的换算关系，即

$$T = t + 273.15$$

一般的工程计算中，可以近似为

$$T = t + 273 \qquad (1-2)$$

热力学温度 T 和摄氏温度 t 都可以作工质的状态参数。只是二者互不独立，只用 T 和 t 不能确定工质的状态。

热力学温度与摄氏温度的对应关系见图 1-6。

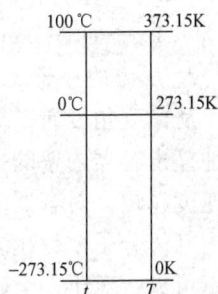

图 1-6 热力学温度与摄氏温度的对应关系

4. 温度的分子运动论解释

从微观角度看，物体的冷热程度取决于物体内部微粒运动的状况。根据分子运动论，气体的热力学温度与分子平均移动动能成正比，即

$$\frac{1}{2}mc^2 = BT \qquad (1-3)$$

式中　m——分子的质量；

　　　c——分子平移运动的均方根速度；

　　　B——比例常数；

　　　T——热力学温度。

可见，气体分子热运动越剧烈，分子的平均移动动能越大，气体的温度也越高，所以温度标志着物体内部分子热运动的强烈程度。从式（1-3）看出，热力学温度的零点是分子停止运动时的温度，因而，热力学零度是不可能达到的。

（二）压力

1. 压力的定义

单位面积上受到的垂直作用力称为压力（即物理学中的压强），用符号 p 表示，即

$$p = \frac{F}{A}$$

式中　F——垂直作用力，N；

　　　　A——面积，m^2。

2. 压力的分子运动论解释

从微观角度看，气体的压力是气体分子作不规则热运动时频繁地撞击容器内壁的平均总结果。容器内气体温度越高，分子运动速度越快，对容器壁的撞击作用越强，压力就越大。同样，容器内气体分子个数越多，对容器壁撞击次数就越多，压力也就越大。可见，对于一个确定容器而言，气体的压力取决于气体的温度和容器内所含气体的分子数。

3. 压力的测量

工程上，工质的压力是用压力表来测量的。压力测量一般采用弹簧管式压力计（如图1-7所示），较小的压力用U形管式压力计来测量（如图1-8所示）。

它们的测量原理都建立在力平衡基础之上。弹簧管式压力计，管内为被测流体，管外为大气，弹簧管在内外压差作用下产生变形，带动指针指示，测出工质真实压力与大气压力之间的差值。在U形管压力计中，U形管内盛有测压液体（水或水银等），它一端与被测容

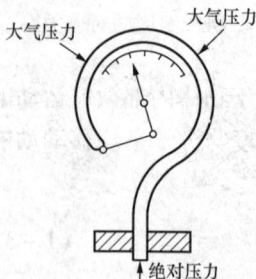

图1-7　弹簧管式压力计

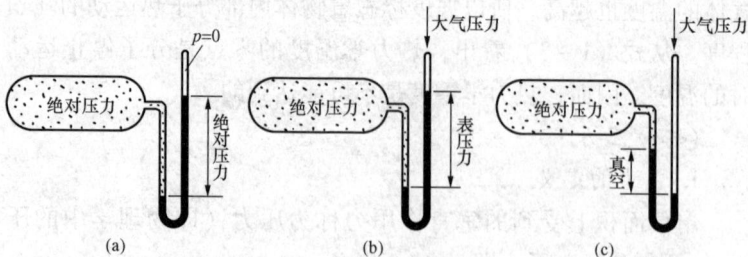

图1-8　U形管式压力计

(a) 绝对压力；(b) 表压力；(c) 真空

器连通，当 U 形管压力计的另一端被抽真空，则被测出的压力是工质的真实压力，如图 1 - 8（a）所示；若 U 形管压力计的另一端和大气相通，U 形管两边出现的液柱高度差即为被测工质真实压力与大气压力之差，如图 1 - 8（b）、（c）所示。这时，压力计测得的压力并不是工质的真实压力，而是工质真实压力与大气压力之差。

4. 压力的分类

在电厂中，由于压力测量仪表的结构不同，所测出的压力可分为绝对压力、表压力（也叫正压）和真空（也叫负压）。

（1）绝对压力。工质的真实压力，称为绝对压力，以 p 表示。绝对压力是以完全真空为起点计量的压力。当 U 形管压力计的顶端被抽真空时，所测压力即为绝对压力。

（2）表压力。当绝对压力大于大气压力时，其绝对压力超出大气压力之值，称为表压力（也叫正压），用 p_g 表示。如果大气压力用 p_{amb} 表示，则有

$$p = p_{amb} + p_g \qquad (1-4)$$

表压力以大气压力为起点计量，且高于大气压力。在电厂中，表压力即为压力表所测出的压力。

（3）真空。如果工质的真实压力低于大气压力时，其绝对压力与大气压力之差额为负值，称为真空或负压，用 p_v 表示，则

$$p = p_{amb} - p_v \qquad (1-5)$$

真空以大气压力为起点计量，且低于大气压力。真空值越大，工质的绝对压力越小，完全真空时，绝对压力 $p = 0$。在电厂中，真空即为真空表所测出的压力。

火力发电厂中有时用百分数表示真空值的大小，称为真空度。真空度是真空值和大气压力比值的百分数，即

$$真空度 = \frac{真空}{大气压力} \times 100\%$$

完全真空时，真空度为 100%；若工质的绝对压力与大气压力相等时，真空度为零。

（4）绝对压力、表压力、真空、大气压力之间的关系。若以绝对压力为零作基准线，则绝对压力、表压力、真空、大气压力之间的关系可用图1-9来表示。

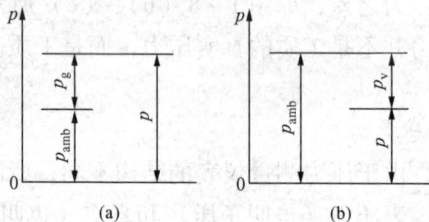

图1-9　绝对压力、表压力、真空的关系
（a）$p > p_{amb}$；（b）$p < p_{amb}$

要注意以下几点：

（1）由于表压力和真空会随大气压力的变化而变化，因此，表压力和真空不是状态参数，只有绝对压力才能作为状态参数。工程计算中，选取的压力必须是绝对压力，已知表压力和真空时，必须换算为绝对压力。

（2）在火力发电厂中，由压力表所测得的压力值是表压力（正压），如锅炉汽包、给水管道和主蒸汽管道中工质的压力均处于正压状态；由真空表所测得的压力值为真空（负压），如负压燃烧锅炉炉膛内的烟气和凝汽器内蒸汽的压力、煤粉系统的压力等均处于负压状态；而U形管压力计所测压力可以是表压力，也可以是真空，应据具体情况判断。

（3）工程计算中，当工质压力较高时，大气压力的数值可以近似取为0.1MPa，这样引起的误差是很小的。但是，如果工质本身的压力数值比较小（如计算真空时），则大气压力应取当地大气压力值。

5. 压力的单位

法定计量单位中压力的单位是牛顿每平方米（N/m^2），又称为帕斯卡，简称帕，符号为Pa，即

$$1Pa = 1N/m^2$$

在工程实际应用中，因帕的单位太小，读数不方便，常用千帕（kPa）、兆帕（MPa）作为单位，有 $1kPa = 10^3Pa$，$1MPa = 10^6Pa$。

用 U 形管压力计测量压力时，压力的计量单位可用液柱高度来表示。由于常用的测压液体有水和水银，所以压力的计量单位可表示为毫米汞柱（mmHg）和毫米水柱（mmH_2O），它们与 Pa 的换算关系为

$$1mmHg \approx 133.3Pa$$

$$1mmH_2O \approx 9.81Pa$$

在火力发电厂的设备型号中，通常有表示压力的参数。在不同设备型号中，其含义不尽相同。例如在锅炉型号 HG1021/18.2 - 540/540 中，18.2 指的是蒸汽的表压力为 18.2MPa；而汽轮机型号 N300 - 16.7/537/537 中，16.7 指的是新蒸汽绝对压力为 16.7MPa。

在我国的火力发电厂一些老设备型号中，仍有采用工程大气压（at）作为压力单位的。如 HG410/100 - 1 锅炉，其中 100 指的是蒸汽绝对压力为 100 绝对工程大气压（ata）。工程大气压与帕的换算关系为

$$1ata = 98070Pa = 98.07 \times 10^3Pa$$

进行热力计算时，应将各种不同的压力单位换算成国际单位帕（Pa），以达到单位的统一（见附表一）。

6. 标准状态

物理学中，将纬度 45°海平面上的常年平均气压定为标准大气压，或称物理大气压，用 atm 表示，其值为 760mmHg，即

$$1atm = 760mmHg = 1.01325 \times 10^5Pa$$

热力学中，将工质处于一个标准大气压（760mmHg）、摄氏零度（0℃）时的状态称为标准状态。该状态下，工质的状态参数用角码"0"表示。如：$p_0 = 760mmHg$，$t_0 = 0℃$、比体积为 v_0 等。

在锅炉的热力计算中，常常需要把任意状态下气体的体积换算成标准状态下的体积。

(三) 比体积和密度

1. 比体积的定义

单位质量工质所占有的容积称为比体积，用符号 v 表示，即

$$v = \frac{V}{m} \quad \text{m}^3/\text{kg} \qquad (1-6)$$

式中　m——工质的质量，kg；

　　　V——$m$kg 工质的总容积，m^3。

密度是单位容积内工质的质量，用符号 ρ 表示，即

$$\rho = \frac{m}{V} \quad \text{kg/m}^3 \qquad (1-7)$$

显然，比体积和密度互为倒数，即

$$v\rho = 1$$

在热力学中，比体积和密度都可以作为工质的状态参数，但它们互不独立。

2. 比体积和密度的分子运动论解释

从微观意义上讲，对同一气体，密度和比体积都是描述分子聚集疏密程度的物理量。分子聚集密集时，分子间距离小，比体积小，密度大；分子聚集稀疏时，分子间距离大，比体积大，密度小。

火力发电厂中，蒸汽流经汽轮机时，其比体积不断增大，可增大几百倍；而蒸汽在凝汽器中凝结成水，比体积却大大减小，可减小几万倍。

【例题 1-1】　已知水的临界温度为 374.12℃，求此时的热力学温度。

解： $T = t + 273 = 374.12 + 273 = 647.12$ （K）

答： 水的临界温度为 647.12K。

【例题 1-2】　凝汽器中蒸汽的绝对压力为 0.004MPa，用气压计测得大气压力为 760mmHg，求凝汽器真空值。

解：$p_v = p_{amb} - p = 760 \times 133.3 - 0.004 \times 10^6 = 97.08 \times 10^3$（Pa）$= 97.08$（kPa）

答：凝汽器真空值为 97.08kPa。

【例题 1 - 3】 一台型号为 HG1021/18.2 - 540/540 的锅炉，其中 18.2 指的是蒸汽的表压力为 18.2MPa，当地大气压为 750mmHg，试求蒸汽的绝对压力为多少？

解：根据 $p = p_{amb} + p_g$，则绝对压力为

$$p = 750 \times 133.3 + 18.2 \times 10^6 = 18.3 \times 10^6 = 18.3 \text{（MPa）}$$

答：蒸汽的绝对压力为 18.3MPa。

【例题 1 - 4】 某凝汽器内，蒸汽比体积为 $45.668 m^3/kg$，凝结成水后，比体积为 $0.001 m^3/kg$，试计算蒸汽凝结前后的比体积之比为多少？

解：根据 $v_2 = 0.001 m^3/kg$，$v_1 = 45.668 m^3/kg$，得工质凝结前后的比体积之比为

$$\frac{v_2}{v_1} = \frac{0.001}{45.668} = \frac{1}{45668}$$

答：工质凝结后，比体积缩小到原来的 1/45668。说明工质在凝汽器内凝结时，比体积大大减小，这就是凝汽器真空产生的根本原因。

第三节 热力过程、功及热量

能量转换是通过工质发生一系列状态变化来实现的，其中可逆过程是热力学讨论的一种理想模型。本节介绍可逆过程中容积功和热量的概念及其在参数坐标图上的表示，以及它们与状态参数的区别。本节还介绍了状态参数熵的概念和用途。

一、热力过程

1. 热力过程

当处于平衡状态的系统受到外界作用时，例如外界对系统加热或工质做功时，工质所处的平衡遭到破坏，工质的状态将发生

变化。工质从一个状态连续地变化到另一个状态所经历的全部过程称为热力过程，简称过程。显然，过程是由状态组成的。

2. 准平衡过程

实际的热力过程是由一系列不平衡状态组成的不平衡过程。但如果在热力过程中，状态变化速度很慢（打破平衡状态的速度很慢），远远小于热力系内部恢复平衡状态的速度，则每一瞬间状态的变化量都无限小，可以认为工质是处于平衡状态的。这种由一系列平衡状态组成的过程称为准平衡过程。火力发电厂中的气体和蒸汽所经历的热力过程可近似地当作准平衡过程来研究，然后再经实验加以修正。只有准平衡过程才能用热力学方法进行分析研究。

既然准平衡过程是由一系列平衡状态组成，而这些平衡状态在参数坐标图上表现为一系列的点，因此这些点连成的曲线就表示该准平衡过程，即准平衡过程在参数坐标图上表示为一条曲线。如图 1-5 所示，曲线 1-2 代表一个准平衡过程。显然，只有准平衡过程才能在参数坐标图上用一条曲线来表示，线上的每一点，代表过程进行中的一个平衡状态。

3. 可逆过程

一个过程进行完了以后，如能使热力系沿着原来相同的路径逆行至原态，并使相互作用中的外界亦回复到原态，而不留下任何痕迹，则此过程称为可逆过程。可逆过程实质上是指不存在任何能量损失的过程。有能量损失的过程为不可逆过程。

不平衡过程一定是不可逆过程，因此，存在温差传热的过程及存在任何形式的摩擦的过程，都是不可逆过程。准平衡过程不一定是可逆过程；当准平衡过程进行的同时，也没有任何形式的能量损失时，该过程才是可逆过程。所以，可逆过程一定是准平衡过程。

实际热力设备中进行的过程，总是或多或少地存在着各种不可逆因素，因此实际过程都是不可逆的。可逆过程是将过程理想化后得出的一种理想模式，因为它不存在任何能量损失，能最大程度地实现热变功，所以它是一切实际过程的理想极限，是一切热力设备力求接近的目标，也是改进实际过程的一个准绳和为之努力的方向。对实际过程的研究，只要利用适当的效率和系数，对相应的可逆过程结果作修正，便可求出实际不可逆过程中的能量转换和状态变化。

除特殊指明外，本书后面所分析的过程，都是可逆过程。

二、功及 $p-v$ 图

(一) 功、功率和能

1. 功

只要系统与外界之间存在不平衡因素，即存在温差或不平衡力的作用，系统与外界之间就会有能量交换。能量交换有做功和传热两种形式。

(1) 功的定义。在物理学中知道，如果物体在力 F 的作用下，沿力的作用方向发生位移 s，那么力对物体所做的功 W 就等于力 F 与沿力作用方向产生的位移 s 的乘积，即

$$W = Fs \qquad (1-8)$$

(2) 功的符号和单位。m kg 工质做的功用 W 表示，力的单位为牛顿（N），位移的单位为米（m），则功的单位为焦耳（J）或千焦（kJ），其中 $1J = 1N \cdot m$，$1kJ = 10^3 J$。

单位质量工质所完成的功称为比功，用 w 表示，其单位为 J/kg 或 kJ/kg，即

$$w = \frac{W}{m} \quad \text{J/kg} \qquad (1-9)$$

显然 $\qquad\qquad\qquad W = wm \quad \text{J}$

功的单位还有 $kW \cdot h$，$1kW \cdot h$ 的功习惯上称为 1 度电。例如，某发电厂年发电量为××亿度，就是指电厂发出的电功。常用能量单位关系换算见附表二。

(3) 功的正负。热力学规定，系统对外做功时，功为正值，即 $W > 0$；外界对系统做功时，功为负值，即 $W < 0$。

2. 功率

功率的定义。功率（P）是功（W）与完成功所用时间（t）之比，也就是单位时间内所做的功，即

$$P = \frac{W}{t} \qquad\qquad (1-10)$$

如果功的单位为焦（J），时间单位为秒（s），则功率的单位为瓦特，符号为 W，有 $1W = 1J/s$。

如果功的单位为 kJ，时间单位为 s，则功率的单位为 kW，有 $1kW = 10^3 W = 1kJ/s$。

电厂常用 MW 作为功率的单位，$1MW = 10^6 W$。例如，某发电机组的容量为 600MW，是指它的功率。要计算一台 300MW 的汽轮发电机组在 24h 内的发电量，实际上就是根据功率求功。此发电量为：$W = Pt = 300 \times 10^3 \times 24 = 7.2 \times 10^6 kW \cdot h$。

1kW 在 1h 内所做的功是 $1kW \cdot h$。$kW \cdot h$ 和 kJ 均为功的单位，它们的换算关系为

$$1kW \cdot h = 1kJ/s \times 3600s = 3600kJ$$

3. 能

在自然界中，物体从高处落下能做功，如从高处落下的水可以冲动水轮机的转子带动发电机转动做功；电动机可以带动机器转动而做功。这里，高处的水、转动的电动机，都具有做功的能力。

能，就是具有做功的能力。在热力工程中应用的能有动能、重力位能和热能。

（1）动能。物体因为宏观运动而具有的做功本领叫做动能。动能与物体的质量（m）成正比，与其运动速度（c）的平方成正比，即

$$动能 = \frac{1}{2}mc^2$$

（2）重力位能。物体由于所处位置高度 h 不同，受地球引力不同而具有的能，称为重力位能。

$$重力位能 = mgh$$

（3）热能。组成物质的所有微观粒子做各种不规则热运动时所具有的能，就是热能。

（二）容积功及 $p-v$ 图

1. 容积功的概念

工质在膨胀过程中，状态发生变化，系统反抗外力的作用而做功；当工质被压缩时，工质接受外力对它做的功。在物理学中，功为力与沿力作用方向产生的位移的乘积。而在热力学中，功的两个要素力与位移通常不是明显看得出来的。那么，在热力学中怎样对气体的功进行定义呢？

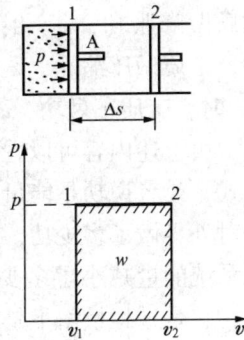

图 1 - 10　定压过程的容积功

如图 1 - 10 所示，由气缸内壁与活塞端面构成的系统中，有 1kg 压力为 p、比体积为 v_1 的气体，活塞截面积为 A，则作用在活塞上的力为 $F = pA$。在力 F 的作用下，活塞位移为 Δs，气体的比体积由 v_1 增大到 v_2，此时 1kg 气体反抗外力所做的功为

$$w = F\Delta s = pA\Delta s = p\Delta v = p\ (v_2 - v_1) \qquad (1-11)$$

如果工质的质量为 m kg，则功 $W = mw$。

显然，当外界作用在活塞上一个力 $F = pA$，使气体被压缩，比体积由 v_2 减小到 v_1 时，外界对气体做功为：$w = F\Delta s = pA\Delta s = p\Delta v = p\ (v_1 - v_2)$。

在上述由气体所组成的热力系统中，系统与外界交换的功是在压差作用下产生的。系统容积膨胀和容积压缩的功，通常称为膨胀功或压缩功。由于膨胀功和压缩功都是通过系统的容积变化而与外界交换的功量，故统称为容积变化功，简称容积功。

从容积功的计算式可以看出，容积功的做功动力为压力 p，做功标志为工质比体积的变化 Δv。所以，对于气体做功，功的定义仍然适用，只不过此时的力对应为压力，位移对应为容积变化，在表现形式上发生了变化而已。

特别要指出的是，热能转换为机械能必须依靠工质的比体积变化才能实现。只要有比体积的变化，就会有功量，比体积的变化是系统做容积功的标志，即工质的比体积增加（$\Delta v > 0$）时，工质做膨胀功，$w > 0$，为正功；工质的比体积减小（$\Delta v < 0$）时，工质做压缩功，$w < 0$，为负功；工质的比体积不变（$\Delta v = 0$）时，工质不做功，$w = 0$。

由上述内容可以看出，功是系统与外界之间的一种能量传递方式，或者说功是能量传递的一种量度方法。在热力过程中，系统对外界做了多少功，就说明系统给外界传递了多少能量，或者说系统能量减小了多少，所以功是伴随热力过程的进行而发生的，它是过程量而不是状态参数。我们不能说热力系在某种状态下具有多少功。

2. 容积功的图示

上述气体的做功过程可以表示在 $p - v$ 图上。在可逆的定压过程中，1kg 工质的容积功可用 $p - v$ 图上过程线以下的面积来表示，如图 1 - 10 所示。线段 1 - 2 代表了气体的定压膨胀过程，线段 2 - 1 代表了气体的定压压缩过程。由图 1 - 10 可以看出，过程线 1 - 2 下的面积恰好表示气体所做的容积功 $p\Delta v$。容积功的正负取决于比体积的变化。

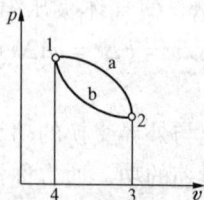

图 1 - 11　任意过程
的容积功

同理，对于任意一个可逆过程 1a2，可导出 1kg 工质所做容积功的大小为过程线下面的面积 1a2341，如图 1 - 11 所示。由该图可知，工质膨胀，比体积增大，功为正；工质被压缩，比体积减小，功为负。由于任意可逆过程的容积功可以用 $p - v$ 图上过程线以下的面积表示（容积功的正负取决于比体积的变化），所以 $p - v$ 图又称示功图。用 $p - v$ 图分析功非常直观、方便，故在讨论工质的热功转换时常常采用。

利用 $p - v$ 图，可以清楚地了解功是过程量的特性。如图

1 – 11所示，虽然过程 1a2 和 1b2 具有相同的初、终状态，但所经历的路径不同，两过程线下面的面积不同，故两过程的容积功不同：$w_{1a2} > w_{1b2}$。

三、热量、熵及 $T – s$ 图

(一) 热量的概念

1. 热量的定义

当两个温度不同的物体相互接触时，高温物体的温度会降低，低温物体的温度会升高。温度升高，分子的平均动能增大，也即物体的热能增加；温度降低，分子的平均动能减小，也即物体的热能减少。对于同一物体而言，热能的多少取决于物体温度的高低。很显然，温度不同的两物体相接触时，高温物体有一部分能量传递给低温物体。

热力学中，将这种依靠温差而传递的能量称为传热量，简称热量。

因此，热量是在传热过程中物体内部热能改变的量度。由此可见，热量和热能是不同的，热量不是状态参数，而是与过程有关的一个过程量。所以我们不能说"某物体在某状态下具有多少热量"，而只能说"物体在某过程中与其他物体之间传递了多少热量"。

2. 热量的符号和单位

热力学中，热量用符号 Q 表示，单位为焦耳（J）或千焦（kJ）。

1kg 工质与外界交换的热量用 q 表示，称为比热量，单位为 J/kg 或 kJ/kg。若 m kg 工质所吸收的热量为 Q，则

$$q = \frac{Q}{m} \tag{1 – 12}$$

3. 热量的正负

热力学中规定，工质吸热时，热量为正值；工质放热时，热量为负值。

（二）熵及 $T-s$ 图

1. 熵的概念

（1）熵的定义。功和热量是能量传递的两种基本方式，它们都是表示能量在传递过程中的一种量度，具有一定的类比性。既然可逆的做功过程中比体积的变化是做容积功的标志，那么在可逆的传热过程中也应该存在某一状态参数可作为热量传递的标志。我们就定义这个新的状态参数为"熵"，以符号 S 表示。

对于一微小可逆过程，传热量以 δQ（符号 δ 表示过程量的微小增量）表示，传热时工质温度为 T，熵的变化量以 $\mathrm{d}S$（符号 d 表示状态参数的微小增量）表示。可逆过程的传热量可以表示成

$$\delta Q = T\mathrm{d}S$$

1kg 工质的传热量为

$$\delta q = \frac{\delta Q}{m} = \frac{T\mathrm{d}S}{m} = T\mathrm{d}s$$

则

$$\mathrm{d}s = \frac{\delta q}{T} \tag{1-13}$$

式（1-13）称为熵的定义式。该式说明：在微小的可逆过程中，工质熵的微小变化量 $\mathrm{d}s$ 等于外界传给工质的微小热量 δq 与传热时工质的热力学温度 T 之比。

类似于比体积，1kg 工质的熵 s 称为比熵，$s = \dfrac{S}{m}$。

如果工质的加热过程是定温过程，T 为定值，则熵的定义式可写成 $\Delta s = \dfrac{q}{T}$。

（2）熵的单位。熵的单位为 J/K 或 kJ/K，比熵的单位为 J/（kg·K）或 kJ/（kg·K）。

（3）熵的性质。比熵是状态参数。工质的状态一经确定，其比熵也就有确定的值。工质完成一个热力过程，其熵的变化量只取决于初、终状态的熵，即 $\Delta s = s_2 - s_1$。

熵是一个复合状态参数，无法用仪表直接测量。工程上一般不计算熵的绝对数值，只计算一个状态到另一个状态熵的变化

量，即 $\Delta s = s_2 - s_1$。

（4）熵的作用。

1）熵的变化指明了可逆过程传热的方向。由于 $T > 0$，根据 $\delta q = T\mathrm{d}s$ 可知：可逆过程中，工质熵增大，即 $\mathrm{d}s > 0$，则 $\delta q > 0$，表示工质吸收热量；工质熵减小，即 $\mathrm{d}s < 0$，则 $\delta q < 0$，表示工质放出热量；工质熵不变，$\mathrm{d}s = 0$，则 $\delta q = 0$，表示工质与外界无热量交换。也就是说，由 $\mathrm{d}s = \dfrac{\delta q}{T}$ 定义的熵，可以作为可逆传热过程有无热量传递及传热方向的标志。

2）熵更重要的作用是衡量过程的不可逆程度，这将在后面的内容中介绍。

3）建立温—熵图（$T - s$ 图），在图上表示热量，便于我们直观地分析问题。

2. 热量的图示

与 $p - v$ 图类似，用热力学温度 T 作为纵坐标，熵 s 作为横坐标，可以组成 $T - s$ 图，如图 1 - 12 所示。

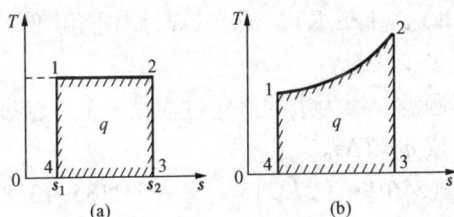

图 1 - 12　热量在 $T - s$ 图上的表示

(a) 定温过程；(b) 任意可逆过程

图 1 - 12（a）中过程线 1 - 2 为可逆定温过程，1kg 工质从状态 1 变化到状态 2，该过程的吸热量可用过程线下的矩形面积来表示，即

$$q = T\Delta s = T\,(s_2 - s_1)\ = \text{面积 } 12341$$

图 1 - 12（b）为一任意可逆过程，同理，过程线 1—2 下面

的面积 12341 表示该过程所传递的热量 q。

由于任意可逆过程的热量都可以用 $T-s$ 图上过程线以下的面积表示（热量的正负取决于熵的变化），所以 $T-s$ 图又叫示热图。

【例题 1-5】 某汽轮发电机额定功率为 20 万 kW，求一个月内（30 天）该机组的额定发电量。

解： $W = Pt = 20 \times 10^4 \times 30 \times 24 = 14400 \times 10^4$（kW·h）

答： 一个月内（30 天）该机组的额定发电量为 14400 × 10^4kW·h。

【例题 1-6】 某电厂一昼夜发电 1.2×10kW·h，如果不考虑其他能量损失，这些功应由多少热量转换而来？

解： 因为 1kW·h $= 3600$kJ

所以 $Q = 1.2 \times 10 \times 3600 = 4.32 \times 10^4$（kJ）

答： 此功由 4.32×10^4kJ 的热量转换而来。

【例题 1-7】 水在锅炉水冷壁中等温汽化成水蒸气，已知汽化温度为 356.96℃，水的比熵为 5.1135kJ/（kg·K），蒸汽的比熵为 3.8739kJ/（kg·K），试求 1kg 水在该温度下全部变成水蒸气时吸收了多少热量？

解： 根据题意，因为水的汽化过程是一个等温过程，则其吸热量可以表示成 $q = T\Delta s$。

所以 $q = (356.96 + 273.15) \times (5.1135 - 3.8739) = 781$（kJ/kg）

答： 1kg 水在 356.96℃时全部变成水蒸气需吸收 781kJ 的热量。

【例题 1-8】 气体初态为 $p_1 = 0.5$MPa，$V_1 = 0.4$m³，在压力为定值的条件下膨胀到 $V_2 = 0.8$m³，求气体膨胀的容积功。

解： $W = mp(v_2 - v_1) = p(V_2 - V_1) = 0.5 \times 10^6 (0.8 - 0.4) = 0.2 \times 10^6$（J）

答： 气体的膨胀功为 0.2×10^6J。

第四节 气体的热力性质

理想气体是一种假想气体，它的引入大大地简化了热力学问题的分析。理想气体状态方程式描述了理想气体基本状态参数之间的关系，利用它可求解热力计算需要的某些未知量。热量的计算在火力发电厂中经常遇到，本节讲述利用热容计算热量的方法。本节还介绍混合气体的基本概念、组成表示方法及混合气体在火力发电厂的应用。

一、理想气体状态方程式

（一）理想气体与实际气体

1. 理想气体

热力学中为简化分析计算，提出了理想气体这一概念。认为理想气体的分子是弹性的、不占体积的质点，分子间不存在相互作用力。理想气体是一种实际上不存在的假想气体。

2. 实际气体

不能忽略分子本身的体积和分子之间相互作用力的气态物质称为实际气体。显然，自然界中一切真实存在的气体都是实际气体。

3. 实际气体当作理想气体的条件

当实际气体所处的状态在温度较高，压力较低，即气体的比体积较大，密度较小，离液态较远时，可以忽略其分子本身的体积和分子之间的相互作用力，当作理想气体来处理。例如在常温常压下的空气、H_2、N_2、O_2、CO_2、CO 以及这些气体的混合物（如烟气），还有空气、烟气中的水蒸气都可当作理想气体来处理。这样做能满足一般工程计算的精确度要求。

当实际气体处于温度较低，压力较高，即气体的比体积较小，密度较大，离液态较近时，这类气体不能忽略分子本身的体积和分子之间的相互作用力，不能当作理想气体来处理。例如蒸汽动力装置中使用的水蒸气就不能视为理想气体。

（二）理想气体状态方程式

理想气体状态方程式描述了理想气体基本状态参数之间的关系，是对热力过程进行分析的重要理论依据。

1. 理想气体状态方程式的几种形式

（1）1kg 联合式。由物理学中的实验分析可知，对于 1kg 理想气体，在任何平衡状态下，其压力和比体积的乘积与热力学温度之比值为一常数，即

$$\frac{p_1 v_1}{T_1} = \frac{p_2 v_2}{T_2} = \frac{pv}{T} = 常数 \tag{1-14}$$

式（1-14）称为理想气体状态方程式的 1kg 联合式，它给出了两个不同状态（状态 1、状态 2）下理想气体基本状态参数 p、v、T 之间的关系。

（2）1kg 式。式（1-14）中的常数与气体所处的状态无关，只取决于气体的性质，称为气体常数，用符号 R 表示，于是

$$\frac{pv}{T} = R$$

或 $$pv = RT \tag{1-15}$$

式中　p——气体的绝对压力，Pa；

　　　v——气体的比体积，m^3/kg；

　　　T——气体的热力学温度，K；

　　　R——气体常数，单位为 J/（kg·K），常用气体的 R 值可以从附表三中查取，或由式（1-16）求得。

式（1-15）为理想气体状态方程式的 1kg 式，它给出了 1kg 理想气体在同一状态下基本状态参数 p、v、T 之间的关系。

$$R = \frac{8.314}{M} \quad J/（kg·K） \tag{1-16}$$

式中　M——气体的摩尔质量（即 1mol 物质的质量），kg/mol。

$$M = M_r \times 10^{-3}$$

式中　M_r——气体的相对分子质量。

例如，氧气的相对分子质量为 32，则 $R_{O_2} = \dfrac{8.314}{32 \times 10^{-3}} =$

259.8J/（kg·K）。

（3）$m$kg 式。在式（1-15）等式两端同时乘以气体的质量 m，可得

$$pV = mRT \qquad (1-17)$$

式（1-17）为理想气体状态方程式的 $m$kg 式，它给出了 $m$kg 理想气体在同一状态下 p、V、T、m 之间的关系。

（4）$m$kg 联合式。气体状态从初态 1 点变化到终态 2 点时，若质量保持不变，则有

$$\frac{p_1 V_1}{T_1} = \frac{p_2 V_2}{T_2} \qquad (1-18)$$

式（1-18）为理想气体状态方程式的 $m$kg 联合式，它给出了 $m$kg 理想气体在不同状态（状态 1、状态 2）下 p、V、T 之间的关系。

2. 理想气体状态方程式的应用

理想气体状态方程式主要用于求解未知的状态参数及气体的数量（质量或体积），具体应用如下：

（1）根据 1kg 式 $pv = RT$，可在三个基本状态参数 p、v、T 中，由已知的任意两个状态参数求出第三个状态参数。

（2）根据 $m$kg 式 $pV = mRT$，可计算气体的质量：$m = \dfrac{pV}{RT}$。

（3）对于一定量的气体，由 $m$kg 联合式 $\dfrac{p_1 V_1}{T_1} = \dfrac{p_2 V_2}{T_2}$，可以进行不同状态下气体体积之间的换算。如：电厂锅炉计算中，常需将测得的气体容积 V 换算成计算所需要的标准状态下的容积 V_0。即由 $\dfrac{p_0 V_0}{T_0} = \dfrac{pV}{T}$，得 $V_0 = \dfrac{pV T_0}{T P_0}$。

（4）对 1kg 气体，根据 1kg 联合式 $\dfrac{p_1 v_1}{T_1} = \dfrac{p_2 v_2}{T_2}$，若已知初状态，可求终状态下某参数，如加热过程终了温度 T_2。

二、热容及热量计算

热量的计算在火力发电厂中经常遇到，如锅炉中计算烟气放

热或工质在热力设备中的吸热等。

（一）比热容的概念

1. 热容

物体温度升高（或降低）1K（也即1℃）所吸收（或放出）的热量，称为该物体的热容，用符号 C 表示，单位为 J/K 或 kJ/K。热容的大小不仅与物质的种类有关，还与物质的数量和加热过程有关。

2. 比热容

单位质量物质的热容称为质量热容，又称比热容，用符号 c 表示，单位为 J/（kg·K）或 kJ/（kg·K）。火力发电厂中，常利用比热容计算热量。

（二）影响热容的因素

1. 气体的性质

不同性质的气体，各自的分子结构、分子和原子的数目均不相同。一般地，热容的数值随组成气体分子的原子数的增加而增加，如二氧化碳气体的热容大于氧气的热容。

2. 气体的加热过程

固体和液体的比热容一般不随加热条件的变化而变化。但气体的比热容随加热过程不同其数值是不同的（见表1-1）。

表1-1　　　　　　不同物质的比热容平均值　　　　[J/（kg·K）]

物质名称	比热容	物质名称	比定压热容	比定容热容
水	4186.8	空气	1010.6	712
酒精	2428.3	氢气	14360	10260
冰	2093	氮气	50	730
铁	460.5	氧气	920	670
铜	376.8	一氧化碳	1050	730
银	230.3	二氧化碳	856	670
铂	134.0	二氧化硫	589	458

热力工程中，最常见的加热过程是保持压力不变的定压加热过程和保持容积不变的定容加热过程。根据过程的不同，相应的

热容又可分为比定压热容 c_p 和比定容热容 c_V。1kg 气体在压力不变的条件下温度变化 1K 所需要的热量称为比定压热容。1kg 气体在容积不变的条件下温度变化 1K 所需要的热量称为比定容热容。一定温度下同一种气体的 c_p 和 c_V 彼此并不相等。比定压热容总是大于比定容热容，即 $c_p > c_V$。

3. 气体的温度

实验和理论证明，理想气体的比热容仅是温度的函数。一般情况下，气体的比热容随温度的升高而升高。通常说的比热容是指某一物质的平均比热容（见表 1–1）。

（三）利用比热容计算热量

由表 1–1 可知道物质的比热容，若已知物质在加热和冷却过程中的温度变化，则可计算热量。

1kg 物质的热量 $\qquad q = c\,(t_2 - t_1)$ J/kg 或 kJ/kg

$m$kg 物质的热量 $\qquad Q = mc\,(t_2 - t_1)$ $\qquad$ J 或 kJ $\qquad$ （1–19）

三、混合气体

（一）基本概念

1. 混合气体

热力工程中，常用的气体工质往往不是单一成分，而是由几种气体组成的混合物。例如，空气是由 N_2、O_2 及少量其他气体组成。锅炉中燃料燃烧所产生的烟气是由 CO_2、CO、N_2、O_2、SO_2 和水蒸气等组成的混合物。这些由多种互相不起化学反应的气体组成的均匀混合物，称为混合气体。

2. 组成气体

组成混合气体的各单一理想气体称为混合气体的组成气体。

当混合气体中每一组成气体均可看作理想气体时，由它们所组成的混合气体也可看作是理想气体，称为理想混合气体。理想混合气体具有理想气体的一切性质。

（二）分压力和分容积

1. 分压力

混合气体中，每一个组成气体的分子都会对容器壁撞击而产生一定的压力。在混合气体的温度下，各组成气体单独占有混合气体容积时，对容器壁产生的压力称为某组成气体的分压力，用 p_i 表示。

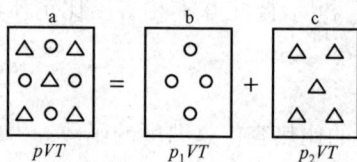

图 1-13 分压力和总压力

如图 1-13 所示，容积 a 中盛有由两种理想气体组成的混合气体。以符号 ○ 表示一种气体分子，以符号 △ 表示另一种气体分子。混合气体的温度为 T，容积为 V。现将它们分别装入与容器 a 大小相同的容器 b 和容器 c 中，且温度不变。此时，各组成气体在容器 b、c 中产生的压力分别为它们的分压力 p_1 和 p_2。

实验证明，混合气体的总压力等于各组成气体的分压力之和，即

$$p = p_1 + p_2 + \cdots + p_n = \sum_{i=1}^{n} p_i \qquad (1-20)$$

式（1-20）就是道尔顿分压力定律。

火力发电厂热力系统中的除氧器，其除氧原理便利用了道尔顿分压力定律。

2. 分容积

在混合气体的温度和压力下，单一气体所占据的容积称分容积，用 V_i 表示。

如图 1-14 所示，容器 a 中盛有由两种理想气体组成的混合气体。设想分别将组成混合气体的两种单一气体分开，并保持它们在混合气体中的温度和压力不变，这时它们单独占有的容积分别为 V_1 和 V_2，则 V_1、V_2 即为这两种气体的分容积。

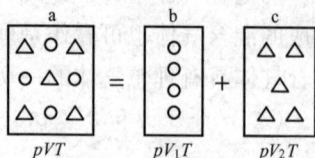

图 1-14 分容积和总容积

实际上，混合气体中每一种单一气体都充满整个容积，分容

积的概念是为了便于后面用容积来表示各种组成气体数量的多少而假想的。

可以证明，混合气体的总容积等于各组成气体的分容积之和，即

$$V = V_1 + V_2 + \cdots + V_n = \sum_{i=1}^{n} V_i \qquad (1-21)$$

（三）混合气体的组成成分

混合气体的性质取决于各组成气体的性质和数量。各组成气体在混合气体中所占的分量称为混合气体的成分，由于物质量的计量采用不同的方式，混合气体的成分就有不同的表示方法。

1. 质量分数

混合气体中，某一种组成气体的质量 m_i 与混合气体的总质量 m 之比，称为该组成气体的质量分数，即

$$w_i = \frac{m_i}{m} \qquad (1-22)$$

混合气体中各组成气体的质量分数之和等于1，即

$$\sum_{i=1}^{n} w_i = w_1 + w_2 + \cdots + w_n = 1$$

2. 容积分数

混合气体中，某一种组成气体的分容积 V_i 与混合气体的总容积 V 之比，称为该组成气体的容积分数，用 φ_i 表示，即

$$\varphi_i = \frac{V_i}{V} \qquad (1-23)$$

混合气体中各组成气体的容积分数之和等于1，即

$$\sum_{i=1}^{n} \varphi_i = \varphi_1 + \varphi_2 + \cdots + \varphi_n = 1$$

我们常说，空气是由21%的氧气和79%的氮气组成的，这就是指空气的容积分数。

质量分数与容积分数之间的换算关系为

$$w_i = \varphi_i \frac{M_i}{M} \text{（} M \text{为混合气体的平均摩尔质量）}$$

（四）混合气体的计算

在火力发电厂中，常见的混合气体主要是空气和烟气。燃烧需要的空气量计算、烟气状态变化及传热量的计算都将用到混合气体计算的一些基本知识。

1. 分压力计算

如果已知混合气体的总压力和某组成气体的容积分数，可求得该组成气体的分压力，即

$$p_i = \varphi_i p \qquad (1-24)$$

2. 混合气体的比热容计算

可以利用质量分数计算混合气体的比热容，即

$$c = w_1 c_1 + w_2 c_2 + \cdots + w_n c_n = \sum_{i=1}^{n} w_i c_i \qquad (1-25)$$

式（1-25）表示混合气体比热容等于各组成气体的比热容与其质量分数的乘积之和。

求出混合气体的比热容 c 后，代入公式 $Q = mc(t_2 - t_1)$，即可求出混合气体的热量。

3. 混合气体的平均摩尔质量 M 和平均气体常数 R 的计算

混合气体的平均摩尔质量等于各组成气体的摩尔质量与它们容积分数乘积的总和，即

$$M = \sum_{i=1}^{n} \varphi_i M_i \qquad (1-26)$$

混合气体的平均气体常数为

$$R = \frac{8.314}{M} = \frac{8.314}{\sum\limits_{i=1}^{n} \varphi_i M_i} \quad \text{J/(kg·K)} \qquad (1-27)$$

如果各组成气体都处在理想气体状态，则其混合物也具有理想气体的一切特性，仍然遵循理想气体状态方程式 $pV = mRT$。

（五）湿空气的概念及其应用

1. 湿空气的概念

不含水蒸气的空气称为干空气。而大气中总是或多或少地含

有水蒸气，所以湿空气是干空气和水蒸气的混合物。湿空气中，干空气的数量是主要的，水蒸气的含量很少，所以湿空气可以作为理想混合气体看待。但湿空气这种混合气体与单纯气体组成的混合物的不同之处在于，单纯气体混合物的组成成分总是保持恒定不变的，而湿空气中水蒸气的含量随湿度的变化一般总在改变。根据道尔顿分压力定律，湿空气的总压力应等于干空气分压力与水蒸气分压力之和。

2. 露点及其应用

湿空气中对应于水蒸气分压力下的饱和温度称为露点。湿空气在遇到低于露点温度的物体表面时，湿空气中的水蒸气会凝结成水珠，这种现象称为结露。

露点对锅炉安全运行有较大的影响。锅炉尾部受热面的壁温较低，当空气预热器烟气侧的管壁温度低于烟气的露点温度时，烟气中的水蒸气就会在金属管壁上凝结，并与烟气中的三氧化硫或二氧化硫化合生成硫酸或亚硫酸溶液，对金属管壁造成严重腐蚀。同时烟气中的飞灰也容易黏结在金属管壁上造成空气预热器堵灰。这不但影响传热，还会促使受热面壁温再度下降，加重腐蚀和堵灰，最终影响锅炉安全运行。所以在锅炉运行中，必须使锅炉尾部受热面管壁温度高于烟气的露点温度。为防止锅炉尾部受热面低温腐蚀，电厂锅炉一般采取燃料脱硫、低氧燃烧、提高空气预热器入口温度（如将送风机入口设在锅炉房中较高处以吸取高温空气，采用热风再循环）等措施。

【例题 1-9】 某 300MW 机组锅炉燃煤所需的空气量在标准状态下为 $120 \times 10^3 \, m^3/h$，送风机实际送入的空气温度为 27℃，出口压力表读数为 $5.4 \times 10^3 Pa$。当地大气压力为 0.1MPa，求送风机的实际送风量。

解： 由理想气体状态方程式可知 $\dfrac{pV}{T} = \dfrac{p_0 V_0}{T_0}$

实际送风量为 $V = \dfrac{p_0 V_0 T}{T_0 p} = \dfrac{101325 \times 120 \times 10^3 \times (273 + 27)}{273 \times (0.1 \times 10^6 + 5.4 \times 10^3)}$

$$= 126.77 \times 10^3 \ (m^3/h)$$

答：送风机的实际送风量为 126.77m³/h。

【例题 1 - 10】　在一容积为 30m³ 容器中，空气温度为 20℃，压力为 0.1MPa，空气的 $R = 286.845J/ (kg \cdot K)$，求容器内存储多少千克空气?

解：$pV = mRT$

$$m = \frac{pV}{RT} = \frac{0.1 \times 10^6 \times 30}{286.845 \times (273 + 20)} = 35.69 \ (kg)$$

答：容器内存储 35.69kg 空气。

【例题 1 - 11】　冷油器入口油温 $t_1 = 55℃$，出口油温 $t_2 = 40℃$，油的流量 $q_m = 50t/h$，求每小时放出的热量 Q [油的比热容 $c = 1.9887kJ/ (kg \cdot K)$]。

解：$Q = q_m c \ (t_1 - t_2) = 50 \times 10^3 \times 1.9887 \times (55 - 40) = 1.49 \times 10^6 \ (kJ/h)$

答：每小时油放出的热量为 1.49×10^6kJ。

【例题 1 - 12】　烟气由 CO_2、O_2、N_2 和 H_2O 组成。烟气在炉膛内的绝对压力为 0.092MPa，100m³ 的烟气中各种气体的分容积为：$V_{CO_2} = 12.5m^3$，$V_{N_2} = 73m^3$，$V_{H_2O} = 8.5m^3$，求:

（1）各种气体的容积分数;

（2）烟气中水蒸气的分压力。

解：（1）由 $V = \sum_{i=1}^{n} V_i$，氧气的分容积为

$$V_{O_2} = V - (V_{CO_2} + V_{N_2} + V_{H_2O}) = 100 - (12.5 + 73 + 8.5) = 6 \ (m^3)$$

各种气体的容积分数为 $\varphi_i = \frac{V_i}{V}$，即

$$\varphi_{O_2} = \frac{6}{100} = 0.06; \quad \varphi_{CO_2} = \frac{12.5}{100} = 0.125; \quad \varphi_{N_2} = \frac{73}{100} = 0.73;$$

$$\varphi_{H_2O} = \frac{8.5}{100} = 0.085$$

（3）根据 $p_i = \varphi_i p$ 得烟气中水蒸气的分压力为

$$p_{H_2O} = \varphi_{H_2O} p = 0.085 \times 0.092 \times 10^6 = 7820 \ (Pa)$$

答：水蒸气中 CO_2、O_2、N_2 和 H_2O 的容积分数分别为 0.06、0.125、0.73、0.085。H_2O 的分压力为 7820Pa。

复习题

一、选择题（下列每题的四个答案中只有一个正确答案，将正确答案的序号填在括号内）

1. 目前火力发电厂主要以（   ）为工质。

（A）水蒸气；（B）煤；（C）油；（D）天然气。

2. 火力发电厂中，汽轮机是将（   ）的设备。

（A）化学能转变为机械能；（B）热能转变为动能；（C）机械能转变为电能；（D）热能转变为机械能。

3. 至少已知（   ）个独立的状态参数就可以确定工质的状态。

（A）六；（B）一；（C）四；（D）二。

4. 在工程热力学中，基本状态参数为压力、温度和（   ）。

（A）内能；（B）焓；（C）热量；（D）比体积。

5. 属于工质基本状态参数的是（   ）。

（A）熵；（B）流量；（C）比体积；（D）热量。

6. 在火力发电厂中，蒸汽参数一般指主蒸汽的压力和（   ）。

（A）焓值；（B）温度；（C）过热度；（D）比体积。

7. 摄氏温度与热力学温度之间的换算关系为（   ）。

（A）$t = T$；（B）$t = T - 273.15$；（C）$T = t - 273.15$；（D）$t = T + 273.15$。

8. 对某一热力过程，用不同的温标表示其温度变化时，下面关系式正确的是（   ）。

（A）$T_2 - T_1 = t_2 - t_1$；（B）$T_2 - T_1 \neq t_2 - t_1$；（C）$T_2 - T_1 = t_1 - t_2$；（D）$T_2 - T_1 > t_2 - t_1$。

9. 水三相点热力学温度为（   ）。

（A）273.16K；（B）+0.01K；（C）−0.01K；（D）273.15K。

10. 热力学温度的单位是开尔文，定义 1 开尔文是水的三相点热力学温度的（　　）。

（A）1/273.15；（B）1/273.16；（C）1/273；（D）1/273.6。

11. 绝对压力就是（　　）。

（A）气体的真实压力；（B）压力表所指示的压力；（C）真空表所指示的压力；（D）大气压力与真空之和。

12. 能作为气体状态参数的是（　　）。

（A）绝对压力；（B）大气压力；（C）表压力；（D）真空。

13. 弹簧管压力表上的压力读数是（　　）。

（A）大气压力减去绝对压力；（B）表压力；（C）表压力与大气压力之和；（D）绝对压力与大气压力之和。

14. 火力发电厂中处于负压运行的设备有（　　）。

（A）汽包；（B）过热器；（C）冷油器；（D）凝汽器。

15. 当容器内工质的压力大于大气压力，工质处于（　　）。

（A）正压状态；（B）标准状态；（C）负压状态；（D）临界状态。

16. 凝汽器内真空升高，汽轮机排汽压力（　　）。

（A）不变；（B）降低；（C）升高；（D）不能确定。

17. 由于真空系统不严密，会造成凝汽器真空（　　）。

（A）下降；（B）不变；（C）上升；（D）不能判断。

18. 当压力容器上的表压力数值为零时，则表明容器内的绝对压力（　　）。

（A）小于大气压力；（B）等于大气压力；（C）大于大气压力；（D）等于零。

19. 绝对压力与表压力的关系是（　　）。

（A）$p = p_{amb} + p_g$；　（B）$p = p_{amb} - p_g$；　（C）$p_{amb} = p + p_g$；（D）$p_g = p + p_{amb}$。

20. 真空与真空度的关系是（　　）。

（A）无关；（B）成反比；（C）成正比；（D）相等。

21. 一个物理大气压相当于（　　　）mmHg。

（A）1000；（B）13.6；（C）760；（D）980。

22. 下列单位中属于压力单位的是（　　　）。

（A）牛顿·米；（B）焦耳；（C）千卡；（D）牛顿/米²。

23. 工程上将下列条件称为标准状态（　　　）。

（A）温度为 0℃，压力为一个标准大气压；（B）温度为273.16℃，压力为一个标准大气压；（C）温度为 20℃，压力为一个工程大气压；（D）温度为 4℃，压力为一个工程大气压。

24. 我国规定的法定压力计量单位是（　　　）。

（A）kg/cm^2；（B）Pa；（C）Lbf/in^2；（D）kg/in^2。

25. 单位质量气体所占有的容积称为（　　　）。

（A）标准体积；（B）比体积；（C）密度；（D）比热容。

26. 单位容积内工质的质量称为（　　　）。

（A）比体积；（B）重度；（C）密度；（D）热容。

27. 一般说来，参数坐标图上的某一条曲线表示（　　　）。

（A）某一确定的热力状态；（B）一个特定的热力过程；（C）一个热力循环；（D）一个工况点。

28. 物体动能的大小与（　　　）有关。

（A）物体的质量、速度、位置；（B）物体的质量、速度、温度、位置；（C）物体的高度、速度；（D）物体的质量、速度。

29. 不能作为气体状态参数的物理量是（　　　）。

（A）温度；（B）熵；（C）焓；（D）热量。

30. 1kW·h 的功相当于（　　　）kJ 的热量，该值称为功的热当量。

（A）10^3；（B）2.4×10^3；（C）3.6×10^3；（D）9.8×10^3。

31. 工质在膨胀过程中，由于压力降低，此时，会出现（　　　）。

（A）工质对外界做功；（B）外界对工质做功；（C）工质与外界间相互做功；（D）工质与外界间不做功。

32. 如果两个物体的热容量相同，则比热容大的物体质量

（　　　）。

（A）较大；（B）较小；（C）相同；（D）前三种选择都有可能。

33. 物质的温度升高（或降低）（　　　）所吸收（或放出）的热量称为该物质的热容。

（A）1℃；（B）2℃；（C）5℃；（D）10℃。

34. 单位质量的物质，温度升高（或降低）1℃时所吸收（或放出）的热量，称为该物质的（　　　）。

（A）比热容；（B）热能；（C）热容；（D）容积热容。

35. 混合气体中，某组成气体的分容积是指（　　　）。

（A）在混合气体的温度和压力下该组成气体所占的容积；（B）在混合气体的温度和压力下该组成气体的比体积；（C）在混合气体温度与该组成气体分压力下该气体所占的容积；（D）在混合气体的温度和压力下该组成气体的密度。

二、**判断题**（下列描述中，正确的在括号内打"√"，错误的在括号内打"×"）

1. 用来描述和说明工质状态特性的物理量叫状态参数。

（　　　）

2. 热平衡是指系统内部各部分之间及系统与外界之间没有温差时，也会发生传热。　　　　　　　　　　（　　　）

3. 工质的状态参数有压力、温度、比体积、焓、熵、功等。

（　　　）

4. 水的三相点温度是 0 ± 0.01℃。　　　（　　　）

5. 绝对压力是工质的真实压力，它以完全真空为起点进行计量。　　　　　　　　　　　　　　　　　　（　　　）

6. 绝对压力、表压力、真空和真空度都是气体的状态参数。

（　　　）

7. 工质膨胀对外做的功是负功，称为膨胀功。（　　　）

8. 物质的温度越高，其热量也越大。　　　（　　　）

9. 作为工质的水蒸气不能当作理想气体看待。（　　　）

46

10. 如果两个物体的质量相同，比热容不同，则比热容大的物体热容量也大。　　　　　　　　　　　　　　　（　　）

三、简答题

1. 什么叫热机？火力发电厂的热机是什么设备？

2. 什么叫温度？简述摄氏温度与热力学温度之间的关系。

3. 什么是三相点？什么是水的三相点？

4. 什么叫绝对压力、表压力？两者有何关系？

5. 什么叫真空和真空度？如何根据真空值求绝对压力？

6. 何谓热量？热量的单位是什么？

7. 什么叫功率？功率的单位是什么？

8. 什么叫机械能？

9. 什么叫理想气体和实际气体？把实际气体当作理想气体的条件是什么？

10. 什么是锅炉低温对流受热面的低温腐蚀？怎样预防？

四、计算题

1. 某锅炉过热器出口温度为550℃，试求其热力学温度应是多少？

2. 锅炉汽包压力表读数为 9.604MPa，大气压力表的读数为750mmHg，求汽包内工质的绝对压力（MPa）。

3. 凝汽器真空表的读数为 97.09kPa，大气压力计读数为101.7kPa，求凝汽器内工质的绝对压力。

4. 用 U 形管差压计测量凝汽器内蒸汽的压力，采用水银作为测量液体，测得水银柱高为 720.6mm。若当时当地大气压力 p_{amb} =750mmHg，求凝汽器内的绝对压力（用 Pa 表示）。

5. 某容器内气体的温度为55℃，压力表读数为 0.27MPa，气压计测得当时大气压力为755mmHg。求气体的热力学温度及绝对压力。若气体的压力不变而大气压力下降至740mmHg，问压力表读数有无变化？如有，变为多少？

6. 某凝汽器真空表读数 p_v 为96kPa，当地大气压力 p_{amb} 为101kPa，求凝汽器的真空度为多少？

7. 某水泵出口压力表读数为 2MPa，问 2MPa 等于多少工程大气压？

8. 某用户照明用电的功率为 300W，某月点灯时数为 150h，求这个月的用电量。

9. 一台机器在 1s 内完成了 4000J 的功，另一台机器在 8s 内完成了 26000J 的功，问哪一台机器的功率大？

10. 某工质做功为 2300kJ，问该功相当于多少 kW·h？

11. 功率为 10kW 的电动机，一天内做多少焦耳的功？

12. 试计算标准煤低位发热量 7000kcal/kg 为多少 kJ/kg？

13. 一个氧气瓶，容积为 100L，在温度为 20℃ 时，瓶上压力表指示的压力为 100 工程大气压，求瓶内氧气的质量（标准状态下，每升氧气的质量是 1.43g）。

14. 某锅炉空气预热器出口温度为 320℃，出口风压为 3kPa，当地大气压力 92110Pa，求空气预热器出口实际密度（空气的标准密度为 1.293kg/m³）。

15. 在压力不变的条件下，2.5kg 氢气自 50℃ 冷却到 15℃，如果氢气比定压热容为 14.36kJ/（kg·K），求氢气放出多少热量？

16. 容量为 0.09m³ 的刚性容器内贮有空气，其绝对压力为 0.785MPa，求使空气压力增至 1.57MPa 所需加入的热量。容器内空气质量是 1kg [$c_V = 0.712$kJ/（kg·K）；$R = 286.85$J/（kg·K）]。

第二章

热力学基本定律及其应用

热力学第一定律和热力学第二定律是热力学的理论基础。热力学第一定律从量的方面揭示能量转换规律，而热力学第二定律则描述了能量转换的方向、条件和限度。本章以热力学第一定律为基础，建立了闭口系统和开口系统能量方程式，讨论了热能转换为机械能的条件和方法，并将结论应用于理想气体的基本热力过程。介绍了热力循环的概念及卡诺循环，讨论了提高能量转换效率的途径，阐明了热力学第二定律的实质及其应用。

第一节　热力学第一定律

本节讲述了热力学第一定律的实质、内容和数学表达式，讨论了热力学第一定律在火力发电厂的应用；作为热力学第一定律的基础知识，还介绍了状态参数内能和焓的概念。

一、内能

（一）内能的定义

工质内部所具有的各种微观能量的总和，称为内能。内能是热力系内部储存的能量，它主要包括内动能和内位能。

内动能是由于分子热运动形成的能量。由分子热运动理论知道，内动能取决于工质的温度，温度越高，工质的内动能越大。所以，内动能是温度的函数。内位能是由分子间的相互作用力形成的能量，内位能的大小取决于分子间的距离，因而它是比体积的函数。

（二）内能的符号和单位

在热力学中，用符号 U 表示内能，单位为 J 或 kJ。单位质量工质的内能称为比内能，用 u 表示，单位为 J/kg 或 kJ/kg。它们之间的关系为

$$u = U/m \text{ 或 } U = mu$$

（三）内能的性质

由于工质的内能包括内动能和内位能，是温度和比体积的函数，所以内能取决于工质所处的状态。因此，内能是状态参数。当工质的状态一经确定，其内能也就有确定的数值。

在研究能量转换的过程中，我们只关心内能的变化量，不关心其绝对值。内能具有状态参数的一切特性。如图 2－1 所示，当工质状态发生变化时，其内能的变化量 Δu 等于其终、初两状态下内能的差值，与过程经过的路径无关。如果工质经过一系列过程后又回到初始状态，其内能变化量等于零，即

$$\Delta u = u_2 - u_1$$
$$\Delta u_{1a2} = \Delta u_{1b2} = u_2 - u_1$$
$$\Delta u_{1a2b1} = 0$$

（四）理想气体的内能

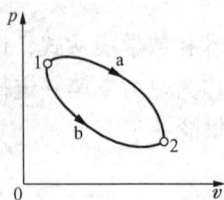

图 2－1　内能与路径无关

对于理想气体，因为分子间没有相互作用力，所以没有内位能，其内能只包括内动能，因而理想气体的内能仅为温度的函数。

二、热力学第一定律及其实质

（一）能量转换和守恒定律

能量转换和守恒定律是人们在长期的生产实践中总结出来的自然界中最普遍的、最基本的客观规律，它适用于自然界的一切现象和一切过程。这个定律可以叙述为："在自然界中，一切物质都具有能量，能量既不能被消灭，也不能被创造，但它能够从一种形态转换为另一种形态。在转换过程中，能量的总量保持不变。"

（二）热力学第一定律的实质

热力学第一定律是能量转换和守恒定律在热力学中的具体应用，它在能量的数量方面确立了热能和机械能的相互转换关系，是热工分析和计算的主要理论依据。

（三）热力学第一定律的内容

热力学第一定律可表述为："热可以变为功，功也可以变为热，一定量的热消失时，必产生数量相当的功；消耗一定量的功时，也必然出现相当数量的热。"

热力学第一定律的建立，对企图制造不消耗能量而获得动力的所谓第一类永动机给予了否定。因此，热力学第一定律也可表述为："第一类永动机是不可能制造成功的。"

热力学第一定律又称为当量定律。功和热量的当量关系可表示为

$$Q = AW \qquad\qquad (2-1)$$

式中　A——功的热当量，表示单位功所相当的热量。

工程上，常采用 kW·h 作为功的单位，热量的单位为 kJ，则 $A = 3600\text{kJ}/(\text{kW·h})$；在国际单位制中，功和热量的单位相同，$A = 1$。

三、热力学第一定律的数学表达式

热力学第一定律数学表达式是依据能量守恒的原则建立能量平衡关系式得到的。

如图 2-2 所示，设有 1kg 的工质封闭在气缸与活塞之间，在研究过程中，假定系统与外界仅有能量交换而无质量交换，这就是一个闭口系统。开始时，工质处于状态 1，相应的状态参数为 p_1、v_1、T_1 及 u_1。

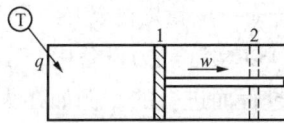

图 2-2　闭口热力系

当外界向工质加入热量 q 后，工质状态发生变化，到达状态 2，相应的状态参数为 p_2、v_2、T_2 及 u_2，并且对外膨胀做功 w。

根据能量平衡关系，进入系统的能量（吸热量 q），减去离开系统的能量（系统对外做功 w），应等于系统内储存能量的增加（内能增加 $u_2 - u_1$）。则

$$q - w = u_2 - u_1$$

即 $$q = \Delta u + w \qquad (2-2)$$

当系统内工质为 $m$kg 时，其关系式为

$$Q = \Delta U + W \qquad (2-3)$$

式（2-2）和式（2-3）是热力学第一定律用于闭口系统的能量方程式，称为热力学第一定律的数学表达式。它适用于一切工质（理想气体或实际气体），一切热力过程（可逆过程或不可逆过程），是一个普遍适用的关系式。它说明：在热力过程中，系统从外界吸收的热量，一部分用于工质内能的增加，其余用来对外做膨胀功。

上述公式中 q、Δu 和 w 均为代数值，可以为正、为负或者为零，其符号依据过程的方向而定。系统吸收热量，q 为正值；系统放出热量，q 为负值。系统内能增加，Δu 为正值；系统内能减小，Δu 为负值。系统对外界做功，w 为正值；外界对系统做功，w 为负值。

从式（2-2）知道，工质在状态变化过程中，热能转变为机械能的部分为（$q - \Delta u$）。因此，热力学第一定律数学表达式是热力学第一定律的基本表达式。

四、稳定流动及焓

（一）稳定流动

在实际热力设备中，工质的吸热与做功通常是伴随工质的流动过程而进行的。例如在火力发电厂中，给水在流经锅炉各受热面时完成吸热过程，蒸汽流经汽轮机的各级时降压膨胀而完成做功过程。显然，这种系统与外界不仅有能量交换，而且还有质量交换。这样的开口系统在实际热力设备中应用非常广泛。

1. 稳定流动的概念

我们把热力系统内部及其边界上各点工质的热力参数及运动参数不随时间改变的流动称为稳定流动。

热力设备在稳定负荷下正常运行时，工质的流动基本上都是稳定流动。如汽轮机经常保持稳定的输出功率，这时，蒸汽流经汽轮机时的状态参数、流速和流量均不随时间变化。因而稳定流

动的分析具有很大的实用意义。

稳定流动必须满足以下条件：①单位时间内流入系统的工质质量与流出系统的工质质量保持不变，且二者相等（质量守恒）；②单位时间内加入系统的净热及系统对外做出的净功不随时间而改变（能量守恒）；③工质流过系统内各点的状态参数及流速不随时间而改变。

2. 流动功

工质进入有一定压力的开口系统，须由外界对工质做功。

如图2-3所示，开口系统由进口截面1-1、出口截面2-2和管内壁组成，进出口截面积分别为A_1和A_2。工质通过截面1-1流入系统，通过截面2-2流出系统。

由于在截面1-1处已充满压力为p_1的工质，欲使截面1-1前面的工质进入系统，外界必须用力p_1A_1以克服压力p_1对工质的阻碍而做功。此时，外界对工质做功为$p_1A_1s_1=p_1V_1$。同理，工质由截面2-2处流出系统时，必须克服外界阻力p_2A_2，对外界做功p_2V_2。

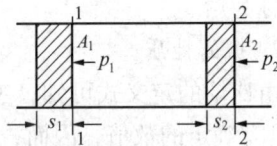

图2-3　流动功示意图

上述p_1V_1、p_2V_2是工质流动时所做的功，称为流动功或推动功。由此可知，工质流动功的表达式为pV，单位为J或kJ。

1kg工质的流动功为pv，称为比流动功，单位为J/kg或kJ/kg。

流动功并不是工质本身具有的能量，它是由泵（或风机）提供用来维持工质流动的，是伴随工质流动而带入（或带出）系统的能量，使系统能量增加（或减少）。对于开口系统，工质流进、流出时，系统与外界交换的能量是流动功的差值，称为流动净功。流动净功用W_f表示，则

$$W_f = p_2V_2 - p_1V_1 \qquad (2-4)$$

如果流动的工质为 1kg，则其流动净功称为比流动净功，用 w_f 表示，则

$$w_f = p_2 v_2 - p_1 v_1 \qquad (2-5)$$

（二）焓

1. 焓的定义

通常把工质的内能 U 与推动功 pV 之和称为工质的焓，符号为 H，即

$$H = U + pV \qquad (2-6)$$

单位质量工质的焓称为比焓，用符号 h 来表示，即

$$h = u + pv \qquad (2-7)$$

焓的单位为 J 或 kJ，比焓单位为 J/kg 或 kJ/kg。焓和比焓一般通称为焓。

2. 焓的性质

由比焓的定义式可知，工质处于某一确定的状态时，u、p、v 均具有确定的数值，因而，$(u+pv)$ 也具有确定的值，故比焓 h 是只取决于工质状态的状态参数，具有状态参数的一切特性。

在热工计算中，由于工质常处于流动状态，使焓的应用非常广泛。通过对工质焓值变化量的计算，可以确定系统与外界交换的能量。

3. 焓的物理意义

焓的物理意义可以从它的定义式看出。工质在流动过程中，伴随流动的有工质的内能、流动功、动能和位置势能四部分能量，其中只有内能和流动功取决于工质的热力状态。如果工质的动能和位置势能可以忽略不计时，则焓就表示随工质流动而转移的总能量。

4. 理想气体的焓

对于理想气体，内能仅是温度的函数，而 $pv = RT$，所以理想气体的焓也仅是温度的函数，即

$$h = u + pv = u + RT = f(T)$$

五、稳定流动能量方程式及其应用

(一) 稳定流动能量方程式

1. 稳定流动能量方程式

如图2-4所示为一开口系统,假想截面1-1和2-2之间的空间为研究对象。假定单位时间内有1kg工质不断地从截面1-1流进系统,从截面2-2流出系统。外界不断地供给系统热量q,系统同时对外输出轴功w_s。

则在单位时间内,经过截面1-1的1kg工质带入系统的能量有:工质的内能u_1(J/kg);工质的宏观动能$\frac{1}{2}c_1^2$(J/kg);工质的重力位能gz_1(J/kg);外界对系统做的流动功p_1v_1(J/kg)。

同理,1kg工质流出系统

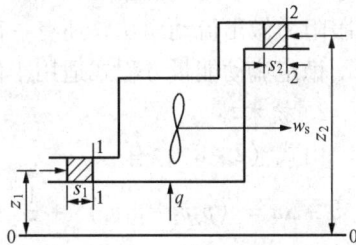

图2-4 开口系统的能量转换

时,带走的能量有:工质的内能u_2(J/kg);工质的宏观动能$\frac{1}{2}c_2^2$(J/kg);工质的重力位能gz_2(J/kg);系统对外界做的流动功p_2v_2(J/kg)。

根据稳定流动的条件可知:单位时间内带入系统的能量=单位时间内带出系统的能量,即

$$u_1 + \frac{1}{2}c_1^2 + gz_1 + p_1v_1 + q = u_2 + \frac{1}{2}c_2^2 + gz_2 + p_2v_2 + w_s$$

整理后,得

$$q = (u_2 - u_1) + (p_2v_2 - p_1v_1)$$
$$+ \frac{1}{2}(c_2^2 - c_1^2) + g(z_2 - z_1) + w_s \quad (2-8)$$

由于$h_1 = u_1 + p_1v_1$,$h_2 = u_2 + p_2v_2$,故式(2-8)又可写为

$$q = (h_2 - h_1) + \frac{1}{2}(c_2^2 - c_1^2)$$
$$+ g(z_2 - z_1) + w_s \quad (2-9)$$

对于 m kg 工质，式（2-9）可表示为

$$Q = (H_2 - H_1) + \frac{1}{2}m(c_2^2 - c_1^2) + mg(z_2 - z_1) + W_s$$

$$(2-10)$$

式（2-8）、式（2-9）、式（2-10）是热力学第一定律应用于工质在稳定流动时的数学表达式，称为稳定流动能量方程式。从式（2-8）看出，热力系从外界吸收的热量，一部分用来增加工质本身的能量（内能、动能、位能），一部分供给工质克服阻力做出流动净功，还有一部分用来对外输出轴功。

稳定流动能量方程式适用于任何工质、任何稳定流动过程。

2. 技术功

由式（2-8），有

$$q - \Delta u = (p_2 v_2 - p_1 v_1) + \frac{1}{2}(c_2^2 - c_1^2) + g(z_2 - z_1) + w_s$$

$$(2-11a)$$

式（2-11a）与热力学第一定律解析式 $q - \Delta u = w$ 比较，得流动系统中工质的容积变化功为

$$w = (p_2 v_2 - p_1 v_1) + \frac{1}{2}(c_2^2 - c_1^2) + g(z_2 - z_1) + w_s$$

$$(2-11b)$$

式（2-11b）说明，开口系统中，工质的容积变化功表现为：维持工质流动所必须支付的流动净功；工质本身动能和位能的增量；对外输出的轴功。而在闭口系统中，工质的容积变化功直接表现为对外做功。无论是闭口系统还是开口系统，其热变功的实质是一样的，都是通过工质的体积膨胀来实现热能转换为机械能，只不过它们的对外表现形式不同。

分析式（2-11b）可以看出，容积功中除了第一项是用来维持工质流动所必须支付的功外，其余三项均是工程技术上可以直接利用的。例如汽轮机中的喷管利用 $\frac{1}{2}(c_2^2 - c_1^2)$ 来获得高速汽流；在水泵中利用 $g(z_2 - z_1)$ 来提高水流的水位；在汽轮机中

利用 w_s 对外做功。因此，在热力学中，将工程上可以直接利用的动能增量、位能增量和轴功的总和称为技术功，用 w_t 表示，即

$$w_t = \frac{1}{2}\left(c_2^2 - c_1^2\right) + g\left(z_2 - z_1\right) + w_s \qquad (2-12)$$

由式（2 – 11b）及式（2 – 12）可知，$w = w_t + w_f$。

可以证明，1kg 工质的技术功在数值上等于 p – v 图上过程线以左的面积。

在许多热力设备中，当动能增量和位能增量占技术功的比例很小，可忽略不计时，式（2 – 12）中技术功就表现为输出的轴功，即 $w_t = w_s$。

3. 用焓表示的稳定流动能量方程式

将技术功定义式（2 – 12）代入稳定流动能量方程式（2 – 9）、式（2 – 10），可得

1kg 工质稳定流动能量方程式为

$$q = \Delta h + w_t \qquad (2-13)$$

$m$kg 工质稳定流动能量方程式为

$$Q = \Delta H + W_t \qquad (2-14)$$

式（2 – 13）、式（2 – 14）称为用焓表示的稳定流动能量方程式。

（二）稳定流动能量方程式的应用

火力发电厂热力设备正常运行时，工质的流动通常都可以看作是稳定流动，因而可以应用稳定流动能量方程式来分析设备中的能量转换。现以火力发电厂中的几种典型热力设备为例来说明稳定流动能量方程式的具体应用。

1. 锅炉及换热器

火力发电厂中的各个受热面均是热交换器，例如锅炉、过热器、省煤器等均是换热

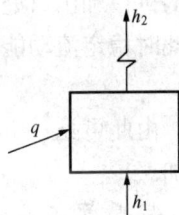

图 2 – 5　工质在锅炉及换热器中的能量转换

器，如图 2-5 所示。工质流经换热器时，和外界只有热量交换而不对外做功，故输出的轴功等于零，即 $w_s = 0$；工质在流经这些热力设备时，动能的变化和位能的变化量相对较小，可以忽略不计，因此根据式（2-9），则有

$$q = (h_2 - h_1) \qquad (2-15)$$

由此可见，工质在锅炉及换热器中流动时，吸收的热量等于其焓值的增加（也叫焓差）。

2. 汽轮机

汽轮机是把热能转变为机械能的设备。工质流经汽轮机时，压力降低，对外输出轴功 w_s，如图 2-6 所示。蒸汽在汽轮机内流动时间很短，不考虑其对外的散热量，$q \approx 0$；动能变化量和位能变化量相对较小，可以忽略不计。因此根据式（2-9），则有

图 2-6　工质在汽轮机中的能量转换

$$w_s = h_1 - h_2 \qquad (2-16)$$

由此可见，工质流经汽轮机时，所做的轴功等于其焓值的减小（也叫焓降），此时的轴功就是技术功。

3. 泵与风机

泵与风机是用来输送工质的设备，并消耗轴功提高工质的压力。如图 2-7 所示，工质流经泵与风机时，外界对工质做的轴功为 w_s。工质与外界交换的热量 $q \approx 0$。通常情况下，在泵与风机的进口和出口处，工质的动能变化和位能变化可以忽略不计，则此时稳定流动能量方程式可以简化为

$$-w_s = h_2 - h_1 \qquad (2-17)$$

由此可见：工质流经泵与风机时，消耗的轴功等于工质焓的增加。

4. 喷管

喷管是使工质加速的设备，工质流经喷管后降压加速获得高速气流，如图 2-8 所示。工质流经喷管时流速大，时间短，散热很小，可以忽略不计，$q \approx 0$；工质在管内流动，不可能有轴功

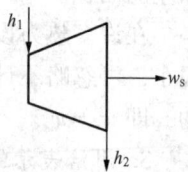

输入或输出，$w_s = 0$；同时，工质的位能变化亦可以忽略，故稳定流动能量方程式用于喷管时可以简化为

$$\frac{1}{2}\left(c_2^2 - c_1^2\right) = h_1 - h_2 \qquad (2-18)$$

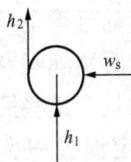

图 2 - 7 工质在
泵与风机中的能
量转换

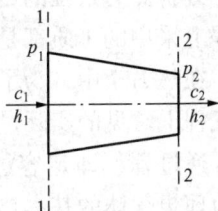

图 2 - 8 工质在喷管中
的能量转换

由此可见，工质流经喷管时，动能的增加等于其焓的减少。

【例题 2 - 1】 气体在某一过程中吸收 50J 的热量，同时内能增加了 84J，问此过程是膨胀过程还是压缩过程？所做容积功是多少？

解：根据 $Q = \Delta U + W$，得

$$W = Q - \Delta U = 50 - 84 = -34 \text{（J）}$$

答：此过程是压缩过程，外界对气体做功 34J。

【例题 2 - 2】 已知新蒸汽进入汽轮机的焓 h_1 为 3230kJ/kg，流速 c_1 为 50m/s，排汽流出汽轮机的焓 h_2 为 2300kJ/kg，流速 c_2 为 100m/s，散热损失和位置高差可以忽略不计，求每 1kg 蒸汽流经汽轮机时对外界做的轴功 w_s。

解：$w_s = \left(h_1 - h_2\right) - \left(c_2^2 - c_1^2\right)/2 = \left(3230 - 2300\right) - \left(100^2 - 50^2\right) \times 10^{-3}/2 = 926.25$（kJ/kg）

答：每 1kg 蒸汽流经汽轮机时对外界做的轴功为 926.25 kJ/kg。

第二节 理想气体基本热力过程

在热力设备中，工质通过不同的热力过程来实现各种能量转

换。本节以热力学第一定律为基础，根据理想气体状态方程式，讨论理想气体四个基本热力过程状态参数的变化规律及能量转换规律。

一、分析热力过程的目的及一般方法

工程上采用的工质都是实际气体，而进行的过程也常常是不可逆的。在热力学中，为了分析问题方便，常对实际问题进行简化，把工程上常见的实际过程近似概括为几种具有某些简单特点的典型可逆过程，即定容过程、定压过程、定温过程、绝热过程，称为理想气体的基本热力过程。在此，我们只讨论理想气体的可逆过程。

在热力学中，对理想气体热力过程分析的理论依据是理想气体状态方程式和热力学第一定律。对过程的分析一般按如下步骤进行：

（1）根据过程特点，列出过程方程式；

（2）根据过程方程式和理想气体状态方程式确定初、终状态参数之间的关系；

（3）在 $p-v$ 图和 $T-s$ 图中，画出过程曲线；

（4）计算过程中工质的内能变化量、焓变化量及工质与外界交换的功量和热量，分析过程中的能量转换规律。

二、定容过程

（一）过程特性

定量工质在状态变化时，容积始终保持不变的过程，称为定容过程。例如，内燃机在工作时，气缸内汽油与空气混合迅速燃烧，而内燃机的活塞还来不及移动时，气缸内的气体温度和压力突然升高，这一过程就可以近似地看作是定容过程。

定容过程的过程方程为：$v =$ 常数。

（二）状态参数的变化规律

根据过程方程式（$v =$ 常数）和理想气体状态方程式（$pv = RT$），可得 $\dfrac{p}{T} =$ 常数，即

$$\frac{p_1}{T_1} = \frac{p_2}{T_2}$$

或 $$\frac{p_1}{p_2} = \frac{T_1}{T_2} \qquad (2-19)$$

式（2-19）表明，在定容过程中，理想气体的压力与其热力学温度成正比。

（三）$p-v$ 图和 $T-s$ 图

因为 v = 常数，定容过程在 $p-v$ 图上是一条垂直于横坐标轴的直线，如图 2-9（a）所示。1-2 为定容加热过程，1-2′为定容放热过程，过程线下的面积为单位质量工质与外界所交换的容积功。

在 $T-s$ 图中，定容过程为一条对数曲线，如图 2-9（b）所示。1-2 为定容加热过程，1-2′为定容放热过程，过程线与横坐标构成的面积为单位质量工质在定容过程中与外界交换的热量。

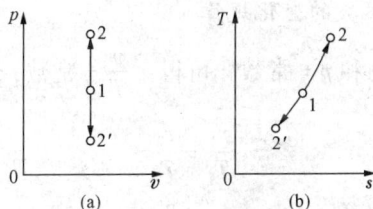

图 2-9　定容过程 $p-v$ 图和 $T-s$ 图
(a) $p-v$ 图；(b) $T-s$ 图

（四）能量转换规律

根据热力学第一定律有：$q_V = \Delta u + w_V$，而在定容过程中，容积功 $w_V = 0$，则

$$q_V = \Delta u \qquad (2-20)$$

式（2-20）说明，在定容过程中，外界加给工质的热量全部用来增加工质的内能。

定容过程中各能量的计算公式为

$$\Delta u_V = q_V = c_V \ (T_2 - T_1) \tag{2-21}$$

由于理想气体的内能仅与温度有关，而内能又是状态参数，与过程无关，所以式（2-21）适用于理想气体的任何过程。

对于开口系统，定容过程中，1kg 工质的技术功为

$$w_{\mathrm{t},V} = -v \ (p_2 - p_1) \tag{2-22}$$

由此可知，在定容加热过程中，工质虽然没有对外做容积功，但工质的温度和压力升高后，其做功能力得到提高，因而定容过程实质上是个热变功的准备过程。

三、定压过程

（一）过程特性

工质在状态变化时压力始终保持不变的过程称为定压过程。例如空气在空气预热器中的吸热过程、烟气在锅炉烟道的放热过程、水在锅炉中的汽化过程、蒸汽在凝汽器中的凝结过程等都可近似地看作是定压过程。

定压过程的过程方程为：p = 常数。

（二）状态参数的变化规律

根据 $pv = RT$ 和 p = 常数，可得：$\dfrac{v}{T}$ = 常数，即

$$\frac{v_1}{T_1} = \frac{v_2}{T_2}$$

或

$$\frac{v_1}{v_2} = \frac{T_1}{T_2} \tag{2-23}$$

可见，在定压过程中，理想气体的比体积与热力学温度成正比。

（三）$p-v$ 图和 $T-s$ 图

定压过程在 $p-v$ 图上是一条平行于横坐标轴的直线，如图 2-10（a）所示。1-2 过程为定压加热膨胀过程；1-2′ 为定压放热压缩过程。过程线下的面积为单位质量工质与外界所交换的容积功。

在 $T-s$ 图中，定压过程为一条对数曲线，如图 2-10（b）

所示。1-2 为定压加热膨胀过程；1-2′为定压放热压缩过程。过程线下的面积为单位质量工质与外界交换的热量。

在 $T-s$ 图上，定容过程线较定压过程线陡。

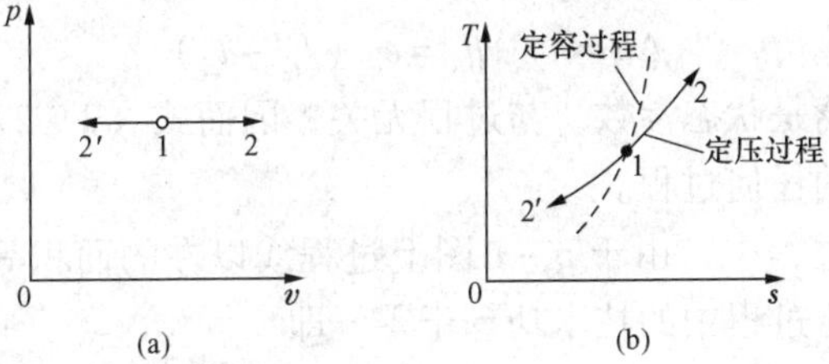

图 2-10　定压过程的 $p-v$ 图和 $T-s$ 图

(a) $p-v$ 图；(b) $T-s$ 图

（四）能量转换规律

定压过程中的容积功为 $p-v$ 图上过程线与横坐标轴构成的面积，即

$$w_p = p\ (v_2 - v_1) \tag{2-24}$$

根据 $pv = RT$，则有

$$w_p = RT_2 - RT_1 = R\ (T_2 - T_1)$$

故

$$R = \frac{w_p}{T_2 - T_1} \tag{2-25}$$

从式（2-25）可以看出：理想气体的气体常数在数值上等于 1kg 气体在定压加热过程中温度升高 1K 所做的容积功。

定压过程中，理想气体内能变化量与相同温度范围的定容过程内能变化量相同，为

$$\Delta u = c_V\ (T_2 - T_1)$$

根据热力学第一定律有

$$
\begin{aligned}
q_p &= \Delta u + w_p = (u_2 - u_1) + (pv_2 - pv_1)\\
&= (u_2 + pv_2) - (u_1 + pv_1)\\
&= h_2 - h_1\\
&= \Delta h \tag{2-26}
\end{aligned}
$$

式（2-26）表示，在定压过程中加给工质的热量等于工质焓的增量。式（2-26）由热力学第一定律直接导出，因而适用于任何工质。

比较 $q_p = h_2 - h_1$ 与 $q_p = c_p (T_2 - T_1)$，可得

$$\Delta h = h_2 - h_1 = c_p (T_2 - T_1) \qquad (2-27)$$

由于焓是状态参数，与过程无关，因而式（2-27）适用于理想气体的任何过程。

定压过程中，由于 $p-v$ 图上过程线以左的面积等于零，故工质在定压过程中的技术功等于零，即

$$w_{t,p} = 0 \qquad (2-28)$$

综上所述，在开口系统的定压过程中，加给工质的热量全部用来增加工质的焓，工质对外不做技术功，即 $q_p = \Delta h$。在闭口系统的定压过程中，加给气体的热量一部分增加了气体的内能，另一部分做了容积功；只是这里的容积功没对外输出，而是克服流动阻力做出了流动净功 $(pv_2 - pv_1)$，即 $q_p = \Delta u + w_p$。

四、定温过程

（一）过程特性

工质在状态变化时，温度始终保持不变的过程称为定温过程。

定温过程的过程方程为：$T =$ 常数。

（二）状态参数变化规律

根据 $pv = RT$ 和 $T =$ 常数，得：$pv = RT =$ 常数，即

$$p_1 v_1 = p_2 v_2$$

或

$$\frac{p_1}{p_2} = \frac{v_2}{v_1} \qquad (2-29)$$

可见，在定温过程中，理想气体的压力与比体积成反比。

（三）$p-v$ 图和 $T-s$ 图

在 $p-v$ 图中，根据 $pv =$ 常数，过程线表示为一条等边双曲线，如图 2-11（a）所示。1-2 为定温加热膨胀过程；1-2′为

定温放热压缩过程。过程线下的面积为 1kg 工质在过程中与外界交换的容积功。

定温过程在 $T-s$ 图上表示为一条平行于横坐标轴的直线，如图 2-11（b）所示。1-2 为定温加热膨胀过程；1-2′ 为定温放热压缩过程。过程线下面的面积为过程中单位质量工质与外界交换的热量。

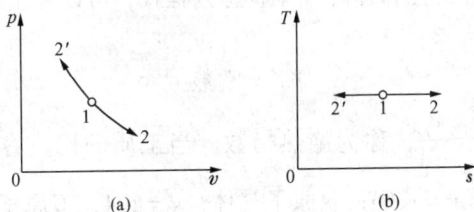

图 2-11　定温过程的 $p-v$ 图和 $T-s$ 图

(a) $p-v$ 图；(b) $T-s$ 图

（四）能量转换规律

在定温过程中，1kg 工质所做的容积功为

$$w_T = RT\ln\frac{v_2}{v_1} = RT\ln\frac{p_1}{p_2} \qquad (2-30)$$

在定温过程中，理想气体的内能不变，即

$$\Delta u = 0$$

工质与外界交换的热量为

$$q_T = w_T = RT\ln\frac{v_2}{v_1} \qquad (2-31)$$

式（2-31）说明，工质在定温过程中吸收的热量全部用来对外做功，而内能保持不变。

对开口热力系，由于 $p-v$ 图中过程线是等边双曲线，则过程线与横坐标轴构成的面积和过程线与纵坐标轴构成的面积相等，所以定温过程中，工质的技术功等于工质对外所做的容积功，即

$$w_{t,T} = w_T \qquad\qquad (2-32)$$

五、绝热过程

（一）过程特性

工质在状态变化时，与外界没有热量交换的过程，称为绝热过程。例如，蒸汽在汽轮机中的膨胀过程、气体流过喷管的膨胀加速过程等，可以近似地看作绝热过程。

根据过程特性和理想气体状态方程式，可以导出绝热过程方程式为

$$pv^{\kappa} = 常数 \qquad\qquad (2-33)$$

式中，$\kappa = \dfrac{c_p}{c_V}$，称为绝热指数。当工质的比热容取定值时，单原子气体，$\kappa = 1.66$；双原子气体，$\kappa = 1.4$；多原子气体，$\kappa = 1.29$。

（二）状态参数的变化规律

根据 $pv = RT$ 和过程方程 $pv^{\kappa} = 常数$，可得绝热过程初、终态间的状态参数关系为

$$\frac{p_1}{p_2} = \left(\frac{v_2}{v_1}\right)^{\kappa} \qquad\qquad (2-34)$$

$$\frac{T_1}{T_2} = \left(\frac{v_2}{v_1}\right)^{\kappa-1} \qquad\qquad (2-35)$$

$$\frac{T_2}{T_1} = \left(\frac{p_2}{p_1}\right)^{\frac{\kappa-1}{\kappa}} \qquad\qquad (2-36)$$

可见，理想气体在绝热膨胀时，比体积增大，压力降低，温度降低。

（三）$p-v$ 图和 $T-s$ 图

绝热过程在 $p-v$ 图中为一条不等边双曲线，如图 2-12（a）所示。1-2 为绝热膨胀过程；1-2′ 为绝热压缩过程。如果从同一初态出发，分别经历绝热过程和定温过程，则绝热线比定温线陡。

在 $T-s$ 图中，因为是可逆的绝热过程，所以 $q = 0$，$\Delta s = 0$，

即熵值不变。因此，可逆绝热过程又称定熵过程，过程线为一条垂直于横坐标的直线，如图 2 - 12（b）所示。1 - 2 为绝热膨胀过程；1 - 2′为绝热压缩过程。

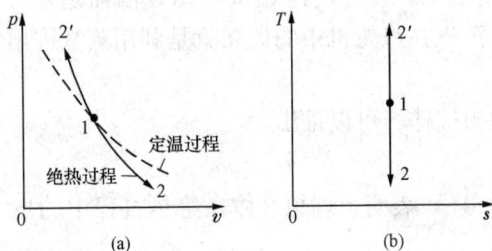

图 2 - 12　绝热过程的 $p-v$ 图和 $T-s$ 图
(a) $p-v$ 图；(b) $T-s$ 图

应该指出，只有可逆的绝热过程才是定熵过程。对于存在能量损耗的不可逆过程，尽管与外界没有热量交换，但由于不可逆因素的存在，必然造成能量损耗，这部分能量将转换为热重新被工质吸收，从而引起工质熵的增大。不可逆程度越大，能量损耗越多，则熵增越大。因而，可以利用熵增的大小来衡量过程的不可逆程度。

（四）能量转换规律

根据绝热过程 $q_s = 0$，由热力学第一定律得 $q_s = \Delta u + w_s = 0$，即

$$w_s = -\Delta u = u_1 - u_2 \qquad (2 - 37)$$

式（2 - 37）说明，在闭口系统的绝热膨胀过程中，工质对外所做的膨胀功等于工质内能的减少。

对于理想气体，膨胀功也可以用以下公式来计算，即

$$w_s = c_V (T_1 - T_2) \qquad (2 - 38)$$

$$w_s = \frac{R}{\kappa - 1} (T_1 - T_2) = \frac{1}{\kappa - 1} (p_1 v_1 - p_2 v_2) \qquad (2 - 39)$$

在开口系统中，根据 $q = \Delta h + w_t = 0$，得

$$w_{t,s} = -\Delta h = h_1 - h_2 \qquad (2-40)$$

由式（2-40）可知，在开口系统的绝热膨胀过程中，工质对外所做的技术功等于其焓的减少量（$h_1 - h_2$ 也叫焓降）。式（2-40）由热力学第一定律直接导出，因而适用于任何工质。第四章中，蒸汽在汽轮机中的做功就是利用蒸汽进出口的焓降来计算的。

对于理想气体，可以推出

$$w_{t,s} = \kappa w_s \qquad (2-41)$$

式（2-41）表明，理想气体在绝热过程中的技术功等于容积功的 κ 倍。

【例题2-3】 某200MW机组锅炉的空气预热器，将压力为0.12MPa，温度为27℃的2000kg空气在定压下加热到227℃。试求初、终状态容积、内能变化量及所加入的热量。

解：空气的初态容积为

$$V_1 = \frac{mRT_1}{p} = \frac{2000 \times \dfrac{8.314}{28.96 \times 10^{-3}} \times (27 + 273)}{0.12 \times 10^6}$$

$$= 1435.43 \ (\text{m}^3)$$

空气经历定压过程，终态容积为

$$V_2 = V_1 \frac{T_2}{T_1} = 1435.43 \times \frac{227 + 273}{27 + 273} = 2392.38 \ (\text{m}^3)$$

内能变化量为

$$\Delta U = m c_V \ (t_2 - t_1)$$

$$= 2000 \times 712 \times 10^{-3} \times (227 - 27)$$

$$= 284800 \ (\text{kJ})$$

空气的吸热量

$$Q_p = m c_p \ (t_2 - t_1)$$

$$= 2000 \times 1010.6 \times 10^{-3} \times (227 - 27)$$

$$= 404240 \ (\text{kJ})$$

答：空气预热器入口空气的容积为1435.43m³；出口容积为

$2392.38m^3$；空气在空气预热器中内能增加了 284800kJ；吸收了 404240kJ 的热量。

【例题 2 - 4】 质量 m 为 10t 的水流经加热器，它的焓从 h_1 为 202kJ/kg 增加到 h_2 为 352kJ/kg，求 10t 水在加热器内吸收了多少热量？

解：水在加热器内定压吸收的热量等于工质焓的增量，即

$$Q = m\ (h_2 - h_1) = 10 \times 10^3\ (352 - 202)$$

$$= 1500000\ (kJ) = 1.5 \times 10^9\ (J)$$

答：10t 水在加热器内吸收了 $1.5 \times 10^9 J$ 热量。

第三节　热力学第二定律

将热能连续不断地转换为机械能必须依靠热力循环。本节介绍热力循环的概念、热功转换的规律及评价循环经济性的指标，在此基础上，介绍理想循环——卡诺循环及其对工程实际的指导意义。而热力学第二定律解决的是能量传递与转换过程中的方向、条件和限度问题，它对火力发电厂热力循环的设计和生产实践具有很重要的指导意义。

一、热力循环

（一）热力循环的概念

火力发电厂的电能生产是连续而不能中断的，这就要求热机连续不断地做功，而单纯的膨胀过程不能将热能连续不断地转变为机械能。为了实现热机的连续做功，必须在工质膨胀做功之后，再经过某些压缩过程，使之回复到初始状态，以便重复膨胀做功过程，使之周而复始地工作下去。例如，进入汽轮机的蒸汽做功后排入凝汽器，在凝汽器中凝结成水经水泵升压后回到锅炉，产生蒸汽后又回到汽轮机。

这种工质从某一热力状态出发，经历一系列状态变化过程后，又回复到原来状态的全部过程，称为热力循环，简称循环。

（二）循环的类型

循环可分为正向循环和逆向循环两类。

1. 正向循环

将热能转变为机械能的热力循环，称为正向循环，也称为热机循环，如火力发电厂中进行的循环。

正向循环如图 2 - 13（a）所示，循环沿顺时针方向（1a2b1）进行。此循环中，膨胀过程线 1a2 在压缩过程线 2b1 之上，则循环中膨胀功 w_{1a2}（过程线 1a2 下的面积）的绝对值大于压缩功 w_{2b1}（过程线 2b1 下的面积）的绝对值，循环有净功量向外界输出。

2. 逆向循环

消耗外界机械能，使之转变为热能的循环称为逆向循环，如制冷机、空调等设备中进行的循环。

逆向循环沿逆时针方向（1b2a1）进行，膨胀过程线 1b2 在压缩过程线 2a1 之下，膨胀功 w_{1b2} 的绝对值小于压缩功 w_{2a1} 的绝对值，使循环消耗外功。

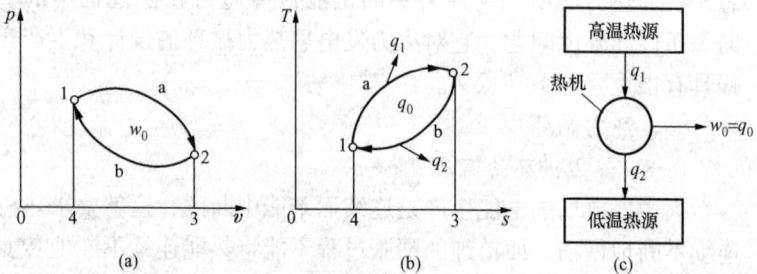

图 2 - 13　正向循环

（a）$p - v$ 图；（b）$T - s$ 图；（c）能量转换图

（三）正向循环的热功转换规律及热效率

1. 循环的能量转换规律

如图 2 - 13（a）所示的正向循环，膨胀功大于压缩功，工质向外界输出的循环净功为膨胀功与压缩功的代数和。由于循环净功是被外界利用的，所以又称为"有用功"，用符号 w_0 表示。在 $p-v$ 图上，w_0 的大小可以表示成循环曲线所包围的面积 1a2b1。

正向循环在 $T-s$ 图上的表示见图 2-13（b），q_1 为循环中工质从外界吸收的热量，可用 1a2 过程线下的面积表示。q_2 为工质向外界放出的热量（也叫冷源损失），可用 2b1 过程线下的面积表示，循环吸热量与放热量的代数和为循环净热量，也称"有用热"，用 q_0 表示，$q_0 = q_1 - q_2$。在 $T-s$ 图上，q_0 的大小可以表示成循环曲线所包围的面积 1a2b1。

工质经过循环后回复到原来的状态，工质的内能不变，即循环中 $\Delta u = 0$。根据热力学第一定律的解析式，循环的能量转换规律为

$$q_0 = \Delta u + w_0 = w_0$$
$$w_0 = q_0 = q_1 - q_2 \qquad (2-42)$$

式（2-42）表明：工质经过正向循环后，从热源吸热 q_1，向冷源放热 q_2，并将 $q_0 = q_1 - q_2$ 这部分热能转变为机械能而对外输出有用功 w_0。这种能量的转换规律用图 2-13（c）表示。

2. 循环热效率

从能量转换的角度来看，我们希望在吸收同样热量的情况下所做的功越多越好。正向循环的经济性可用热效率 η_t 这个指标来表示，循环热效率 η_t 等于循环的有用功 w_0 与循环吸热量 q_1 之比，即

$$\eta_t = \frac{w_0}{q_1} \times 100\% = \frac{q_1 - q_2}{q_1} \times 100\% = \left(1 - \frac{q_2}{q_1}\right) \times 100\%$$

$$(2-43)$$

循环热效率表明在正向循环中热能转变为机械能的有效程度。η_t 越大，循环的热经济性越好。从式（2-43）可知，正向循环的热效率总是小于 1 的，循环中必然存在冷源损失 q_2。

二、卡诺循环

（一）卡诺循环的组成及热效率

根据前面的分析可知，热力循环的热效率都是小于 1 的，那

么热机的热效率最高能达到多少? 由法国工程师卡诺提出的卡诺循环回答了这个问题。

1. 卡诺循环的组成

卡诺循环是一个工作于两个热源之间的理想可逆循环。它由两个可逆的定温过程和两个可逆的绝热过程所组成。其 $p-v$ 图和 $T-s$ 图如图 $2-14$ 所示。

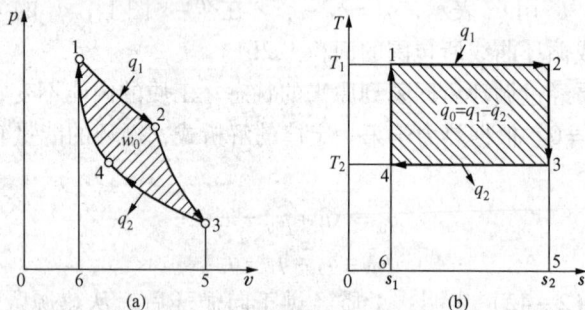

图 $2-14$ 卡诺循环 $p-v$ 图和 $T-s$ 图
(a) $p-v$ 图; (b) $T-s$ 图

循环中各过程线的含义为:

$1-2$: 可逆的定温吸热过程。工质从温度恒等于 T_1 的高温热源吸热 q_1, 同时对外做膨胀功 w_{12}。

$2-3$: 可逆的绝热膨胀过程。工质的温度从 T_1 降低到 T_2, 对外做膨胀功 w_{23}。

$3-4$: 可逆的定温放热过程。工质在恒温 T_2 下向低温热源放出热量 q_2, 同时接受外界压缩功 w_{34}。

$4-1$: 可逆的绝热压缩过程。工质的温度从 T_2 升高至 T_1, 接受外界的压缩功 w_{41}, 回复到状态 1, 完成一个可逆的卡诺循环。

2. 卡诺循环的热效率及其分析

卡诺循环中, 工质向外界吸收的热量只有定温过程 $1-2$ 中的 q_1, $q_1 = T-s$ 图面积 $12561 = T_1 (s_2 - s_1)$。工质向外界放出的热量只有定温过程 3 - 4 中的 q_2 ，$q_2 = T - s$ 图面积 43564 = T_2 ($s_3 -s_4$) = T_2 ($s_2 - s_1$)。

根据循环热效率计算公式，卡诺循环的热效率 $\eta_{t,C}$ 可以表示为

$$\eta_{t,C} = 1 - \frac{q_2}{q_1} = 1 - \frac{T_2 (s_2 - s_1)}{T_1 (s_2 - s_1)}$$

即

$$\eta_{t,C} = 1 - \frac{T_2}{T_1} \qquad (2-44)$$

分析卡诺循环热效率的公式，可以得出如下结论：

（1）卡诺循环的热效率只决定于高温热源的温度 T_1 和低温热源的温度 T_2，与工质的性质无关。提高 T_1 或降低 T_2 可以提高卡诺循环的热效率。

（2）卡诺循环的热效率恒小于 1。工质在循环中由热源得到的热能不可能全部转变成机械能。

（3）两个热源温度相等（$T_1 = T_2$）时，$\eta_{t,C} = 0$。即没有温差时，利用单一热源的热机是无法实现热变功的。

卡诺循环是一种理想循环。在实际中，不仅等温下的热量交换过程难以实现，而且没有摩擦的可逆过程也是不存在的，故实际热机不可能完全按照卡诺循环来工作。

但是卡诺循环在热机理论的研究中起着重要的作用。它指明了在给定温度范围内热效率的最高极限值和提高循环热效率的根本途径，并为热力学第二定律奠定了理论基础。

（二）提高循环热效率的基本途径

提高热效率可以从哪些方面着手呢？

可以证明，在相同的温度范围内，卡诺循环的热效率为最高。

如图 2 - 15 所示，在热源温度 T_1 和冷源温度 T_2 之间有两个循环：卡诺循环 12341 和任意可逆循环 abcda。为比较这两个循环的热效率的高低，对任意可逆循环 abcda 采用平均温度法分析其循环热效率。即对循环 abcda 的吸热过程 abc 取平均吸热温度

$\overline{T_1}$，并使 $\overline{T_1}$ 线下的面积等于原吸热过程线 abc 线下的面积，即

$$\overline{T_1}\Delta s_{12} = q_{abc} = q_1$$

同理，对放热过程 cda 取平均放热温度 $\overline{T_2}$，并使 $\overline{T_2}$ 线下的面积等于原放热过程线 cda 线下的面积，即

$$\overline{T_2}\Delta s_{34} = q_{cda} = q_2$$

由平均温度 $\overline{T_1}$、$\overline{T_2}$ 构成卡诺循环 ABCDA。显然，任意可逆循环 abcda 与卡诺循环 ABCDA 具有相同的热效率，即

$$\eta_t = 1 - \frac{\overline{T_2}}{\overline{T_1}} \tag{2-45}$$

循环 ABCDA 为任意可逆循环 abcda 的等效卡诺循环。

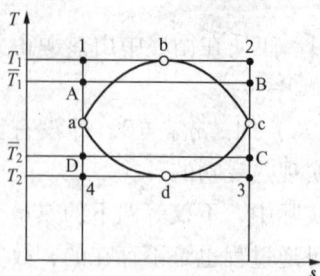

图 2-15 任意可逆循环的 $T-s$ 图

由图 2-15 看出：$\overline{T_1} < T_1$，$\overline{T_2} > T_2$，则 $\eta_t < \eta_{t,c}$。即在相同的温度范围内，卡诺循环的热效率为最高。

由上述分析可以得到提高循环热效率的基本途径——使实际循环向相同温限间的卡诺循环靠拢：

（1）尽可能地提高工质吸热平均温度 $\overline{T_1}$，使之接近热源温度 T_1；

（2）尽可能地降低工质放热平均温度 $\overline{T_2}$，使之接近冷源温度 T_2。

实际热力循环中，由于冷源温度受环境温度限制，所以，提高循环热效率的主要途径是提高工质吸热平均温度。这就是当前火力发电厂蒸汽参数向高温高压发展的根本原因。

三、热力学第二定律

在能量的传递与转换过程中，热力学第一定律从数量上确定了能量的守恒性，但它并没有指出自然现象进行的方向、条件和

限度。如温度不同的两个物体相接触后，热力学第一定律并没有说明热量传递的方向，即热量是由高温物体传向低温物体，还是由低温物体传向高温物体。有关过程进行的方向、条件和限度问题，是热力学第二定律要解决的问题。

（一）热力学第二定律的实质

热力学第二定律是说明热力过程进行的方向、条件和限度问题的定律。

经验告诉我们，涉及热现象的一切自然过程，都具有一定的方向性。过程只能自发地朝一个方向进行。如热可自发地由高温物体传向低温物体；水可以自动地由高处流向低处；机械能通过摩擦可以无条件地全部转换为热能等。我们把这种不需要任何条件而可单独地、自动地进行的过程称为自发过程，自发过程都是不可逆的。而自发过程的反过程却不能自动进行。如热不能自发地由低温物体传向高温物体；摩擦热不会自动地再变成机械能；水也不会自发地从低处流向高处。这种实际上不能单独进行的过程称为非自发过程。

要使非自发过程能够进行，就必须付出代价。例如利用水泵可以将水由低处送到高处；利用制冷机可以将热量从低温物体转移到高温物体；利用热机可以将热能转换为机械能等等。即非自发过程必须满足一定的条件才能进行。非自发过程进行的条件实际上是伴随一个自发过程同时进行。例如，热机将热能转变为机械能的过程中就伴随着热量由高温热源传向低温热源的过程；制冷机将热量从低温热源转移到高温热源的过程中，就伴随着消耗压缩功并转变为热能的过程。这种伴随非自发过程同时进行的自发过程，称为非自发过程的补偿过程。即非自发过程的进行必须以一个自发的补偿过程同时进行作为条件，否则，自然界的一切过程只能朝着自发的方向进行，这就是自然过程的方向性。

自然过程的方向性同时也决定了过程中能量转换的限度。我们知道，衡量能量的指标除了数量外，更重要的是能的质量。能的质量有高、低之分（从电能、机械能到热能，能级由高到低，且高温下的热能品质较高）。一般说来，自发过程是将高级能转换为低级能的过程，能量转换可以百分之百地进行；如机械能或电能可以无代价地全部转换为热能。而非自发过程是将低级能转换为高级能的过程，能量转换就不能百分之百地进行；如热机中就不能将热能全部转换为机械能。即自发过程和非自发过程的能量转换程度是不同的。而且当高品质的能转换为低品质的能时，能量的数量虽不发生变化，但做功能力降低，意味着热力学意义上的损失，称为能量贬值。

（二）热力学第二定律的内容

热力学第二定律是人们在长期的实践中总结出来的。人们从不同角度、针对不同过程，总结出了不同的表述形式。尽管各种表述方式不同，但所阐明的是同一个客观规律，因此，它们彼此是等效的。这里，介绍有关热传递和热变功的两种典型表述。

1. 克劳修斯说法

"热量不可能自发地、不付代价地从低温物体传到高温物体"。

克劳修斯说法从热量传递方向性的角度表述了热力学第二定律。它说明热量从低温物体传到高温物体是一个非自发的过程，要使之实现，必须付出一定的代价。在制冷装置中，此代价就是消耗外功，即以功变热这一自发过程，作为实现热量从低温物体传至高温物体这一非自发过程的补偿过程。否则，热量从低温物体传至高温物体是不可能实现的，进而说明非自发过程的进行需要附加一定条件。

2. 开尔文—普朗克说法

"不可能制造出从单一热源吸热，使之全部转变为功，而不留下其他任何变化的循环热力发动机"。

开尔文—普朗克说法从热能转换为机械能的角度表述了热力学第二定律，它指出了热功转换的方向和所需要的条件。热转换为功是一个非自发过程，它的实现要有一定的补偿条件。热机工作时不仅要有供工质吸热用的高温热源，还必须有供工质放热用的低温热源。说明热转变为功这一非自发过程的实现，是以热量从高温传至低温这一自发过程为补偿条件进行的。开尔文—普朗克说法明确指出了只有一个热源的热力发动机（即第二类永动机）是不可能制造成功的。热机循环中，必然存在冷源损失。

（三）热力学第二定律的应用

任何事物都是数量和质量的统一，自然界中的能量同样存在着量与质的问题。热力学第一定律描述了能量在量方面的基本规律，而热力学第二定律则说明能量在质方面的基本规律。热力学第二定律与热力学第一定律一样，是建立在长期实践的基础上的，真实地反映了客观存在的规律，为热机的研究和完善提供了理论依据，对火力发电厂热力循环的设计和生产实践具有很重要的指导意义。

1. 正确指导热机理论的研究与实践

首先，火力发电厂必须设置两个热源——锅炉和凝汽器，工质从高温热源（锅炉）吸收热量，在热机中将其中的一部分转变为功，而把另外一部分传给冷源（凝汽器），是现在所有热能动力厂的一般规律，这个规律所遵循的就是热力学第二定律。有人曾设想去掉凝汽器会提高火力发电厂的效率。热力学第二定律清楚地告诉我们此想法是错误的，单一热源的热机是不存在的，蒸汽在凝汽器中放热是工质完成热力循环、连续不断地发电的必要条件。冷源损失是不可避免的。

另外，从热力学第二定律的角度分析火力发电厂的经济性，其热效率不高的根本原因不在冷源损失，而在于高温热源的传热温差。由于工质吸热平均温度远远低于锅炉烟气平均温度，在传热过程中其热能的品位降低很多，使相同数量的热能做功能力降低，因而热机的效率受到限制。所以现代火力发电厂采用提高蒸汽初参数，采用回热和再热循环等方法来提高工质的吸热平均温度，以达到提高循环热效率的目的。但由于受金属材料耐热能力的限制，火力发电厂的循环热效率仍较低，通常在40%以下。因此，我们在能源的利用中就应该注意节约电能。

还有，由于不可逆热机的热效率必定小于同温度范围内可逆热机的热效率，因而在实际热机的设计和运行中，应尽量减少各种不可逆因素，如摩擦、扰动、节流等，避免造成能量品质的降低，以减少过程的不可逆性，达到有效利用能源、提高循环热效率的目的。

2. 合理、有效地利用能源

对于高级能，应用在恰当处，若将高级能当低级能用，会造成能量贬值而浪费能源。如燃料的高温热能相对于低温热能而言属高级能，可用来发电；对于工业用热和取暖用热等，应使用品位较低的低温热能。虽然凝汽器排放的热量从数量上看相当大，但是它的热能品位很低，热变功的能力很低，几乎没有什么利用价值。可选用在汽轮机中做了部分功的蒸汽或汽轮机的排汽，采用热电联合生产、集中供热等方式，使热能得到全面利用。

【例题 2 – 5】 1kg 蒸汽在锅炉中吸热 $q_1 = 2.51 \times 10^3 \text{kJ/kg}$，蒸汽通过汽轮机做功后在凝汽器中放出热量 $q_2 = 2.09 \times 10^3 \text{kJ/kg}$，蒸汽流量为 440t/h，如果做的功全部用来发电，问每天能发多少电（不考虑其他能量损失）？

解：循环的有用热为

$$Q_0 = m(q_1 - q_2)$$
$$= 440 \times 10^3 \times (2.51 - 2.09) \times 10^3$$
$$= 1.848 \times 10^8 \quad (\text{kJ/h})$$

据 $1\text{kW} \cdot \text{h} = 3600\text{kJ}$，得

$$Q_0 = 1.848 \times 10^8 / 3600 = 51333 \ (\text{kW} \cdot \text{h}) / \text{h}$$

每天的发电量为 $W = Q_0 t = 51333 \times 24 = 1231992 \ (\text{kW} \cdot \text{h})$
$= 1.23 \times 10^6 \ (\text{kW} \cdot \text{h})$

答：每天能发 1.23×10^6 度电。

【例题 2 – 6】 某热机在循环中自温度为 827℃的恒温热源中可逆吸热 1300kJ，向温度为 27℃的恒温冷源可逆放热 800kJ。试求：循环的热效率和循环净功，并判断该循环是否为卡诺循环。

解：循环的热效率为

$$\eta_t = \left(1 - \frac{Q_2}{Q_1}\right) \times 100\% = \left(1 - \frac{800}{1300}\right) \times 100\% = 38.46\%$$

循环净功为　　$W_0 = Q_1 - Q_2 = 1300 - 800 = 500$（kJ）

按卡诺循环工作时，循环热效率为

$$\eta_{t,C} = 1 - \frac{T_2}{T_1} = 1 - \frac{27 + 273}{827 + 273} = 66.67\%$$

因循环热效率 $\eta_t = 38.46\% < \eta_{t,C} = 66.67\%$，所以该循环不是卡诺循环。

答：循环热效率为 38.46%，循环净功为 500kJ。此循环不是卡诺循环。

复习题

一、选择题（下列每题的四个答案中只有一个正确答案，将正确答案的序号填在括号内）

1. 工质的内能取决于它的（　　），即取决于工质所处的状态。

（A）温度；（B）比体积；（C）温度和比体积；（D）压力。

2. 热力学常用的状态参数有六个：温度、压力、比体积、内能、熵、（　　）。

（A）功；（B）焓；（C）热量；（D）热能。

3. 热力学第（　　）定律是能量转换与能量守恒定律在热力学上的应用。

（A）三；（B）一；（C）二；（D）零。

4. 下面说法正确的是（　　）。

（A）工质吸热时一定对外做功；（B）工质吸热时其内能一定增加；（C）功是过程量故工质的 $(u + pv)$ 也是过程量；（D）工质放热膨胀时其内能必定减少。

5. 公式 $q = \Delta u + w$ 中的 q、Δu、w 均为代数值，下面说法中（　　）是正确的。

（A）系统吸热，则 $q > 0$；系统内能增加，则 $\Delta u > 0$；系统对外界做功，则 $w > 0$。（B）系统吸热，则 $q > 0$；系统内能减少，则 $\Delta u > 0$；系统对外界做功，则 $w < 0$。（C）系统放热，则 $q < 0$；系统内能增加，则 $\Delta u < 0$；外界对系统做功，则 $w < 0$。（D）系统放热，则 $q < 0$；系统内能减少，则 $\Delta u < 0$；外界对系统做功，则 $w > 0$。

6. 理想气体无论经历什么过程，其焓值的变化量在数值上总等于（   ）的热量。

（A）定温过程；（B）定压过程；（C）定容过程；（D）绝热过程。

7. 理想气体的基本热力过程包括（   ）过程、定容过程、定温过程和绝热过程。

（A）定熵；（B）定压；（C）等密度；（D）升压。

8. 定压过程中，如果理想气体的比体积增大，则热力学温度（   ）。

（A）不变；（B）降低；（C）升高；（D）变化不大。

9. 可逆的绝热膨胀过程工质的（   ）不变。

（A）温度；（B）比体积；（C）焓；（D）熵。

10. 凝汽器内乏汽的凝结过程可以看作是（   ）。

（A）定容过程；（B）定焓过程；（C）定压过程；（D）绝热过程。

11. 水在水泵中压缩升压，可看作是（   ）。

（A）定温过程；（B）绝热过程；（C）定压过程；（D）定容过程。

12. 卡诺循环的热效率（   ）。

（A）大于1；（B）等于1；（C）小于1；（D）小于等于1。

13. 由热力学第二定律可知，循环中存在冷源损失，所以循环的热效率（   ）。

（A）大于1；（B）小于1；（C）等于1；（D）都不是。

14. 热力学第（   ）定律是表述热力过程的方向性、条件与限度的定律，即在热力循环中，工质从热源吸收的热量不可能全部转变为功，其中一部分不可避免地要传递给冷源而造成冷源损失。

（A）一；（B）二；（C）零；（D）三。

15. 稳定流动能量方程式应用于锅炉和换热器的简化形式是（   ）。

（A）$w_s = h_1 - h_2$；（B）$\frac{1}{2}(c_2^2 - c_1^2) = h_1 - h_2$；（C）$q = h_2 - h_1$；（D）$-w_s = h_2 - h_1$。

二、判断题（下列描述中，正确的在括号内打"√"，错误的在括号内打"×"）

1. 工质的内动能取决于它的温度，而内位能取决于它的比体积。　　　　　　　　　　　　　　　　　　（　　）

2. 热可以变为功，功也可以变为热。一定量的热消失时，必然产生数量相当的功；消耗一定量的功时，必然出现数量相当的热。　　　　　　　　　　　　　　　　　　（　　）

3. 无论是闭口系统还是开口系统，热能转换为机械能的唯一途径是工质体积的膨胀。　　　　　　　　　　　（　　）

4. 定压过程中，工质吸收的热量等于焓的增量。　（　　）

5. 工质从某一热力状态出发，经过一系列的状态变化后，又回复到原来状态的全部过程称为热力循环。　　　（　　）

6. 在同一热力循环中，热效率越高，则循环的有用功越大；反之，循环的有用功越大，则热效率越高。　　　（　　）

7. 在相同的温度范围内，卡诺循环的热效率最高。（　　）

8. 提高循环热效率的基本途径是提高工质的吸热平均温度 $\overline{T}_1$，降低工质的放热平均温度 $\overline{T}_2$。　　　　　（　　）

9. 热量传递过程的方向总是自动地由物体的低温部分传向高温部分。　　　　　　　　　　　　　　　　（　　）

10. 热能不可能自动地由高温物体传递给低温物体。（　　）

11. 热力学第二定律可以叙述为：不可能制造出从单一热源

吸热，使之全部转变为功，而不留下其他任何变化的循环热力发动机。 （   ）

12. 工质流经汽轮机时所做的技术功等于工质的绝热焓降。 （   ）

三、简答题

1. 热力学第一定律的实质是什么？它说明什么问题？

2. 热力学第二定律说明什么问题？如何叙述？

3. 试由热力学第一定律推导 $q_p = (h_2 - h_1)$，并说明此式的适用条件是什么？为什么说它在热工计算中应用较广？

4. 试说明焓的物理意义。

四、计算题

1. 容器中装有一定质量的热水，热水向周围大气放出热量10kJ，同时功源通过搅拌器对热水做功15kJ，试问热水内能的变化量为多少千焦？

2. 汽轮机排汽焓 $h = 2161kJ/kg$，凝结水焓 $h' = 137.75kJ/kg$，求1kg蒸汽在凝汽器内放出的热量 q。

3. 某一压力容器中有 $0.09m^3$ 的气体，压力为 $0.5MPa$，如果保持温度不变，当容积减小到 $0.03m^3$ 时，其压力为多少兆帕？

4. 某正向循环热源温度 t_1 为1327℃，冷源温度 t_2 为27℃，问在此温度范围内循环可能达到的最大热效率 η_t 是多少？

5. 卡诺循环热机的热效率为40%，若它自高温热源吸热4000kJ，向25℃的低温热源放热，试求高温热源的温度及循环的有用功。

6. 一台热机按卡诺循环工作，分别在温度 $t_1 = 25℃$、$t_1' = 300℃$、$t_1'' = 600℃$ 的高温热源与温度 $t_2 = 25℃$ 的冷源工作，求循环热效率。

第三章

水蒸气的基本性质

本章主要介绍水蒸气的定压形成过程、水和水蒸气状态参数的确定方法、水蒸气热力过程中的能量转换规律、蒸汽在喷管中的流动特性及绝热节流与应用等内容。

第一节 汽 化 与 凝 结

本节介绍汽化、凝结及饱和状态等基本概念。

一、汽化

物质有三种状态：气态、液态和固态。在一定条件下，三种状态之间可以互相转化。其中物质由液态变成气态的过程，称为汽化。液体的汽化有蒸发和沸腾两种不同的形式。

（一）蒸发

发生在液体表面的汽化过程，称为蒸发。

蒸发可在敞开的物体表面进行，也可在密闭的容器内进行。蒸发时的温度可以是任何温度。液体蒸发时所需的能量可以由外界加热供给，也可以依靠消耗自身的内能。当外界不对液体加热，液体依靠消耗自身内能来蒸发时，液体的温度会因蒸发而下降。

蒸发的快慢与液体的性质有关；同种液体，蒸发的快慢主要取决于液体的温度、蒸发表面积、液面上气流的流通速度等。液体的温度越高、蒸发表面积越大、液面上气流的速度越快，蒸发越快。火力发电厂的机力通风冷水塔，就是采用了增加蒸发表面积、提高气流的流通速度（利用风机的强迫通风）等措施，来提高蒸发速度，提高冷水塔的效率，如图 3－1 所示。

（二）沸腾

在液体内部和表面同时进行的汽化过程，称为沸腾。

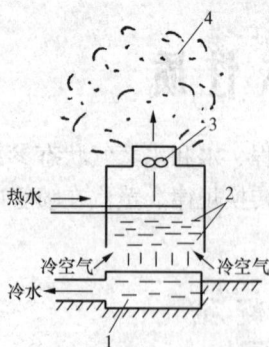

图 3-1 机力通风冷水
塔示意图

1—水池；2—淋水装置；3—风机；
4—排出的热空气和水蒸气

在一定压力下，液体被加热到一定温度时才会发生沸腾，沸腾时的温度，称为沸点。沸点与液体的性质及压力有关：同一压力下，不同液体，沸点不同；同种液体，沸点随压力的升高而增大。例如，在 1 标准大气压下，水的沸点是 100℃，酒精的沸点为 78℃；而在 1MPa 时，水的沸点为 179.88℃。液体沸腾时，只要压力不变，液体的温度就保持不变。

二、凝结

物质由气态转变为液态的过程，称为凝结。

凝结与汽化互为反过程。蒸汽凝结时的温度，称为凝结温度。

一定压力下，蒸汽的凝结温度与液体的沸点相等。在凝结温度或沸点下，蒸汽与液体同时存在。此时，若不断供给热量，则发生沸腾，液体不断转变为蒸汽，如水在锅炉中的汽化过程；若不断放出热量，则发生凝结，蒸汽不断转变为液体。如汽轮机乏汽在凝汽器内的凝结过程。

三、饱和状态

如图 3-2 所示，将液态水置于密闭真空容器中，在水的自由表面上留有一定的空间。下面分析容器内发生的现象。

由于液态水分子处于紊乱的热运动中，随时有液面附近的动能较大的分子逸出液面而进入液面上的空间，变成蒸汽分子；同时液面上空间内的蒸汽分子也会因碰撞损失能量而回到液面，变成液态水。液态水的温度

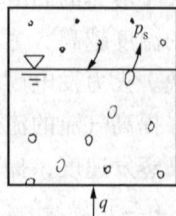

图 3-2 饱和状态

84

越高，分子的平均动能越大，从水中逸出进入汽空间的分子越多。汽空间的分子密度增大，使得液面上蒸汽压力也随之逐渐增加。蒸汽的压力越大，蒸汽分子与液面碰撞越频繁，变成水分子的蒸汽分子数也越多。经过一定时间，这两种方向相反的过程就会达到动态平衡。此时，两种过程仍在不断进行，但总的结果是从水中飞出的分子数等于返回水中的分子数，状态不再改变。这种液态水和蒸汽处于动态平衡的状态称为饱和状态。饱和状态下的蒸汽称为饱和蒸汽；饱和状态下的水称为饱和水。

处于饱和状态时，汽、液的温度相同，称此温度为饱和温度，用 t_s 表示；蒸汽的压力称为饱和压力，用 p_s 表示。由于水分子从水中逸出变为蒸汽分子的速度取决于温度，而汽空间的蒸汽分子因碰撞变为水分子的速度取决于压力，因此，饱和温度 t_s 与饱和压力 p_s 一一对应。而温度升高，蒸汽分子的平均运动速度随着增加，蒸汽分子对器壁的碰撞也随着增强，结果使得压力增大。因此，饱和压力随饱和温度的升高而增大（如表 3 - 1 所示）。饱和压力与饱和温度的关系可表示为

$$p_s = f(t_s) \text{ 或 } t_s = f(p_s)$$

综上所述，可得饱和状态的特点为：①汽水共存；②汽水同温，均为 t_s；③饱和压力随饱和温度的升高而增大，二者成一一对应关系。

表 3 - 1 饱和压力与饱和温度的关系

p_s（MPa）	0.001	0.01	0.1	0.10131	1	10	20
t_s（℃）	6.982	45.83	99.63	100	179.88	310.96	365.71

一定压力下，液体的温度必须升高到对应压力下的饱和温度（即该压力下液体的沸点）时才发生沸腾。由于饱和压力与饱和温度成一一对应关系，因此，不仅加热升温可以实现液体的沸腾，降低高温液体的压力至对应的饱和压力或以下，也可以产生沸腾。例如：电厂中的给水泵是以高温的水进行工作的，水泵运行中入口处的压力因某种原因降低到给水温度对应的饱和压力或

以下时，水泵入口处的热水就会沸腾，发生汽化现象。这会降低水泵的功率，损坏水泵，严重时会造成供水中断等事故，应设法防止。

一定压力下的水蒸气，当遇冷使其温度降低到等于或低于该压力下所对应的饱和温度时，就会发生凝结。例如：汽轮机大修后启动时，汽缸转子等金属部件的温度等于室温，低于蒸汽的饱和温度，所以，在冲动转子的开始阶段，蒸汽在金属表面会发生凝结并形成水膜；一定温度下的水蒸气，升高压力至其对应温度下的饱和压力或以上，也会发生凝结。例如：锅炉运行时，汽包的虚假水位就是由于变工况下汽水因汽包压力瞬时突升或突降，而瞬时凝结或汽化，水体积收缩或膨胀而引起的。

第二节　水蒸气的形成过程及应用图表

水蒸气是指离液态较近，比较容易液化的水的气态。由于水蒸气接近液态，分子间吸引力很大，分子本身的体积也不能忽略，所以，水蒸气不符合理想气体状态方程表述的规律，必须按实际气体来处理。本节主要介绍水蒸气状态的描述和水蒸气状态参数的确定方法——水蒸气表和焓熵图的使用。

一、定压下水蒸气的形成过程

工业上所用的水蒸气，都是各种型式的锅炉在定压（压力损失不计）下加热水产生的。

在自然循环锅炉中，锅炉给水首先在省煤器中预热，然后进入汽包。水经下降管进入水冷壁，水在水冷壁管内吸热汽化形成汽水混合物，其密度小于下降管中液态水的密度。依靠二者之间的密度差，汽水混合物上升进入汽包，经汽水分离后，饱和蒸汽从汽包上部引出进入过热器，继续吸热而形成过热蒸汽。

我们将锅炉简化为一个带有活塞的受热汽缸，来进一步观察水蒸气的形成过程及水蒸气的一般热力性质。

（一）定压下水蒸气形成过程的状态变化

如图 3 - 3 所示，一个带有活塞的受热汽缸，汽缸内装有 1kg 温度为 0℃的水，活塞上施加一个不变的重物，使水承受一个不变的压力 p，当水被加热时，其压力始终保持不变，形成定压加热过程。

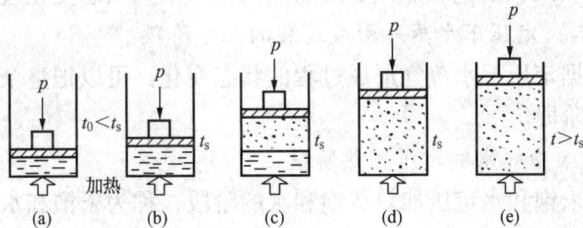

图 3 - 3　水蒸气定压形成过程示意图
(a) 未饱和水；(b) 饱和水；(c) 湿饱和蒸汽；
(d) 干饱和蒸汽；(e) 过热蒸汽

水的温度低于相应压力下的饱和温度 t_s 时，称为未饱和水或过冷水，如图 3 - 3 (a) 所示。未饱和水的状态表示为 v_0、t_0、h_0、s_0 等。对未饱和水加热，水的温度逐渐升高，比体积逐渐增大，因水的膨胀性很小，故比体积增加不明显。当温度升高到压力 p 对应下的饱和温度 t_s 时，水开始沸腾，即为饱和水，如图 3 - 3 (b)所示。饱和水的状态表示为 v'、t_s、h'、s' 等。对饱和水继续加热，水逐渐汽化，比体积增大，而温度保持不变，由于产生蒸汽而形成饱和水与饱和蒸汽的混合物，这种混合物称为湿饱和蒸汽，简称湿蒸汽，如图 3 - 3 (c) 所示。湿饱和蒸汽的状态表示为 v_x、t_s、h_x、s_x 等；继续对湿饱和蒸汽加热，水逐渐减少，蒸汽逐渐增多，直至水全部变为蒸汽，这时的蒸汽因不含液体称为干饱和蒸汽，简称干蒸汽，如图 3 - 3 (d) 所示。干饱和蒸汽的状态表示为 v''、t_s、h''、s'' 等；对干饱和蒸汽继续加热，蒸汽的比体积继续增大，温度将从饱和温度起不断升高。这时蒸汽温度已超过相应压力下的饱和温度，称为过热蒸汽，如图

3-3（e）所示。过热蒸汽的状态表示为 v、t、h、s 等。过热蒸汽的比体积大于相同压力下饱和蒸汽的比体积，即单位容积内，过热蒸汽还可以容纳更多的汽分子，是不饱和的，因而，过热蒸汽又称为未饱和蒸汽。

综上所述，定压下水蒸气的产生经历了未饱和水、饱和水、湿饱和蒸汽、干饱和蒸汽、过热蒸汽等一系列状态变化过程。

（二）定压下水蒸气形成过程的三个阶段

根据定压下水蒸气形成过程的状态变化，可以把整个过程分为三个阶段。

1. 未饱和水的定压预热阶段

将未饱和水定压加热成饱和水的阶段，称为未饱和水的定压预热阶段。在火力发电厂自然循环汽包锅炉的省煤器中进行的就是定压预热阶段。预热阶段中，水的温度逐渐升高，比体积稍有增大，所吸收的热量称为预热热或液体热。由于定压过程吸收的热量可以用焓差表示，所以实际锅炉中的预热热就等于饱和水的焓减去锅炉给水的焓。

一定压力下，未饱和水的温度低于饱和温度的值，称为过冷度。电厂凝结水的过冷度为汽轮机排汽压力下的饱和温度与凝结水温度的差值。

2. 饱和水的定压（定温）汽化阶段

将饱和水定压（定温）加热成干饱和蒸汽的阶段，称为饱和水的定压（定温）汽化阶段。该阶段主要在自然循环汽包锅炉的水冷壁中进行。汽化阶段中，工质的比体积随蒸汽的增多而迅速增大，但汽、液温度始终保持压力 p 对应的饱和温度不变，是一个既定压又定温的阶段，该阶段所吸收的热量称为汽化热。汽化热等于干饱和蒸汽的焓减去饱和水的焓。

在汽化阶段，吸收汽化热，但水的温度不发生变化，原因是汽化热消耗在以下两个方面：①克服分子间的引力，使其内位能增大；②克服外力，使体积膨胀对外做膨胀功。

汽化阶段中，工质由饱和水状态经过一系列湿饱和蒸汽状态最终达到干饱和蒸汽状态。此时温度始终对应于压力 p 下的饱和温度 t_s , 这一阶段的压力和温度不再是相互独立的参数。为此, 引入了湿蒸汽的状态参数——干度。

干度是指一定量的湿蒸汽中所含干饱和蒸汽的质量与湿蒸汽总质量之比, 用符号 x 表示, 即

$$x = \frac{干蒸汽质量}{湿蒸汽质量} = \frac{干蒸汽质量}{饱和水质量 + 干蒸汽质量} \qquad (3-1)$$

干度 x 表示了湿蒸汽的干燥程度。x 值越大, 湿蒸汽越干燥。对于饱和水, $x=0$; 对于干饱和蒸汽, $x=1$ 。

与干度相对应, 一定量的湿蒸汽中所含饱和水的质量与湿蒸汽总质量之比, 称为湿度, 用符号 $(1-x)$ 表示, 即

$$1-x = \frac{饱和水质量}{湿蒸汽质量} = \frac{饱和水质量}{饱和水质量 + 干蒸汽质量} \qquad (3-2)$$

干度越大, 湿度越小。$x=0$ 时, $1-x=1$; $x=1$ 时, $1-x=0$ 。

汽轮机运行中, 机组末几级的蒸汽湿度过大, 将会使末几级动叶片的工作条件恶化, 水冲刷加重, 故对其干度值有一定的规定, 一般在 $0.86 \sim 0.88$ 范围内。

3. 干饱和蒸汽的定压过热阶段

将干饱和蒸汽定压加热至一定温度的过热蒸汽的阶段, 称为干饱和蒸汽的定压过热阶段。该阶段主要在自然循环汽包锅炉的过热器中进行。过热阶段中工质的温度从饱和温度起逐渐升高, 比体积继续增加, 所吸收的热量称为过热热。过热热等于过热蒸汽的焓减去干饱和蒸汽的焓。

某一压力下, 过热蒸汽的温度超过其饱和温度的值, 称为过热度。过热度越高, 过热蒸汽离饱和状态越远。

发电厂汽轮机在启动、停机过程中, 蒸汽的过热度要控制在 $50 \sim 100℃$, 这样才能保证末几级叶片蒸汽的干度。

把 1kg $0℃$ 的水定压加热成 $t℃$ 的过热蒸汽所需要的热量, 称为过热蒸汽的总热量, 用符号 q 表示, 过热蒸汽总热量等于预热热、汽化热和过热热之和。对电厂而言, 锅炉入口的给水温度一

般大于 0℃，因此，实际过热蒸汽的总热量为把 1kg 任意温度的未饱和水定压加热成 t℃的过热蒸汽所需要的热量，它等于过热蒸汽的焓 h 减去锅炉给水的焓 h_g，即

$$q = h - h_g \qquad (3-3)$$

二、水蒸气的 $p-v$ 图和 $T-s$ 图

（一）定压下水蒸气形成过程在 $p-v$ 图和 $T-s$ 图上的表示

某一压力下，由 0℃未饱和水加热为过热蒸汽的过程在 $p-v$ 图及 $T-s$ 图上可用过程线 abfde 表示，如图 3-4（a）、（b）所示。图中 a、b、f、d、e 各点依次表示该压力下 0℃的未饱和水状态、饱和水状态、湿饱和蒸汽状态、干饱和蒸汽状态和过热蒸汽状态。各状态的比体积分别用 v_0、v'、v_x、v''、v 表示；熵分别用 s_0、s'、s_x、s''、s 表示。过程线 ab、bd、de 依次表示未饱和水的定压预热阶段、饱和水的定压（定温）汽化阶段和干饱和蒸汽的定压过热阶段三个阶段。

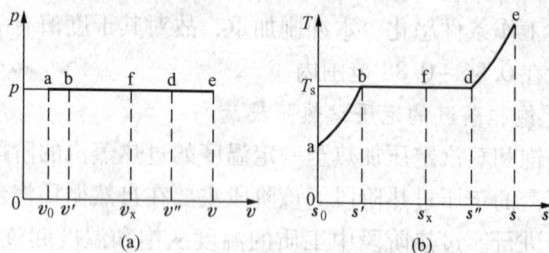

图 3-4　水蒸气定压形成过程的 $p-v$ 图及 $T-s$ 图
（a）$p-v$ 图；（b）$T-s$ 图

在 $p-v$ 图上，由于定压下水蒸气的形成过程中压力不变，比体积逐渐增加，因此，abfde 为一条水平线。因 0℃水的比体积 v_0 不为零，所以 a 点不在 p 轴上。

在 $T-s$ 图上，由于三个阶段的温度与熵的变化不同，abfde 是一条不连续的线。预热阶段 ab，温度由 t_0 升高到 t_s，熵由 s_0 增加到 s'，ab 线为由 a 点向右上方延伸的一条对数曲线。由于热

力学中规定0.01℃水的熵为零，工程中视0℃水的熵也为零，所以a点在T轴上；汽化阶段bfd，温度t_s保持不变，熵由s'增加到s''，bfd线为平行于s轴的直线；过热阶段de，温度由t_s升高到过热蒸汽温度t，熵由s''增加到s，de线为由d点向右上方延伸的一条对数曲线。由于$T-s$图上过程线下的面积代表过程中加入的热量，因此，过程线ab、bd、de以下的面积，分别代表了预热热、汽化热和过热热。三块面积的总和，即abfde下的总面积，代表过热蒸汽的总热量。因为定压下加入工质的热量，等于工质焓的增量，因此，abfde下的面积，也就代表了整个过程中焓的增量。

（二）水蒸气的$p-v$图和$T-s$图

改变压力p，在$p-v$图和$T-s$图上可得到不同压力下水蒸气形成过程的过程线：$a_1b_1f_1d_1e_1$、$a_2b_2f_2d_2e_2$…等，如图3-5（a）、（b）中各相应线段所示。

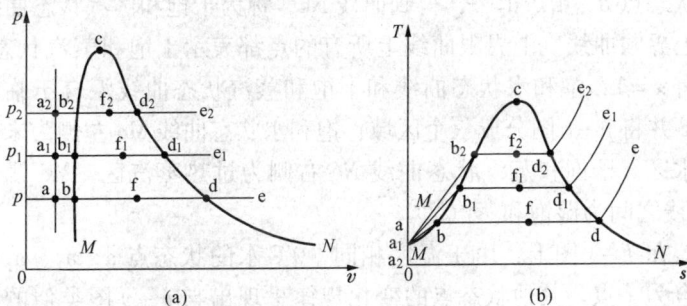

图3-5 水蒸气的$p-v$图及$T-s$图
(a) $p-v$图；(b) $T-s$图

在$p-v$图上，未饱和水的比体积随压力的增大略有减小，所以0℃时各压力下的未饱和水状态点a、a_1、a_2…几乎在同一条垂直线上。饱和水的比体积随压力升高而逐渐增大，所以，饱和水状态点b、b_1、b_2…随压力升高逐渐向右移动。干饱和蒸汽的比体积随压力的增大而逐渐减少，且受压力的影响很大，所以干饱和蒸汽状态点 d、d_1、d_2…随压力升高向左移动。因此，随着压力的增大，干饱和蒸汽与饱和水的比体积差（$v'' - v'$）逐渐减小，干饱和蒸汽状态点与饱和水状态点逐步靠近。当压力升高到某一值时，这一差值变为 0，干饱和蒸汽状态点与饱和水状态点重合为一点，此时，饱和水与干饱和蒸汽不再有区别。该点称为临界点（c），其压力、温度、比体积分别称为临界压力 p_{cr}、临界温度 t_{cr}、临界比体积 v_{cr}。对于水：$p_{cr} = 22.115$ MPa；$t_{cr} = 374.12$℃；$v_{cr} = 0.003147$ m³/kg。

在 $p - v$ 图上，连接不同压力下 0℃水的状态点 a、a_1、a_2…，得到 aa_1a_2 线，称为 0℃水的压容线，它表示 0℃时水的比体积与压力的关系。由于低温时的水几乎不可压缩，因此近似为一条垂线；连接不同压力下饱和水的状态点 b、b_1、b_2…，得到曲线 Mc，称为饱和水状态曲线或下界限曲线。下界限曲线上所有的点都表示饱和水状态，都有 $x = 0$；连接不同压力下干饱和蒸汽的状态点 d、d_1、d_2…，得到曲线 Nc，称为干饱和蒸汽状态曲线或上界限曲线。上界限曲线上所有的点都表示干饱和蒸汽状态，都有 $x = 1$；饱和水状态曲线和干饱和蒸汽状态曲线汇合于临界点 c 并将 $p - v$ 图分成三个区域：饱和水状态曲线 Mc 左侧为未饱和水区，干饱和蒸汽状态曲线 Nc 右侧为过热蒸汽区，Mc 线与 Nc 线之间为湿饱和蒸汽区。

在 $T - s$ 图上，由于温度相同，0℃水的状态点 a、a_1、a_2…重合为一点。其他状态点的变化规律呈现出与 $p - v$ 图类似的特征：由于饱和水的熵随压力升高而增大，饱和水的状态点 b、b_1、b_2…随压力升高向右移动。b、b_1、b_2…的连线 Mc，即饱和水状态曲线随压力升高而向右方倾斜；干饱和蒸汽的熵随压力升高而减少，干饱和蒸汽的状态点 d、d_1、d_2…随压力升高向左移动。d、d_1、d_2…的连线 Nc，即干饱和蒸汽状态曲线随压力升高而向左上方倾斜。随着压力的升高，干饱和蒸汽与饱和水的熵差（$s'' - s'$）逐渐减小，汽化热也逐渐减少，干饱和蒸汽状态点与饱和水状态点逐渐靠近。到临界点 c 时，干饱和蒸汽与饱和水的

熵差 $(s''-s')$ 减少为 0，这时汽化热为 0，汽化在瞬间完成。饱和水状态曲线 Mc 和干饱和蒸汽状态曲线 Nc 同样将 T-s 图分成三个区域：饱和水状态曲线 Mc 左侧为未饱和水区，干饱和蒸汽状态曲线 Nc 右侧为过热蒸汽区，Mc 线与 Nc 线之间为湿饱和蒸汽区。

由于水的压缩性很小，压缩后升温极小，故未饱和水在 T-s 图上的定压线 ab、a_1b_1、$a_2b_2 \cdots$ 与饱和水状态曲线很靠近，可近似认为两线重合，如图 3-6 所示。

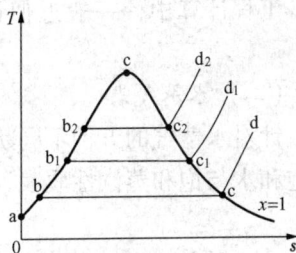

图 3-6 水蒸气的 T-s 图

综上所述，水蒸气的定压形成过程在 p-v 图和 T-s 图上可归纳为一点、二线、三区、三阶段、五态。意义分别为：

一点：即临界点（c）。

二线：即饱和水状态曲线 Mc 和干饱和蒸汽状态曲线 Nc。

三区：即未饱和水区、湿饱和蒸汽区、过热蒸汽区。

三阶段：即未饱和水定压预热阶段、饱和水定压定温汽化阶段、干饱和蒸汽定压过热阶段。

五态：即未饱和水状态、饱和水状态、湿饱和蒸汽状态、干饱和蒸汽状态、过热蒸汽状态。

三、水蒸气表及焓熵图

水蒸气的热力性质较为复杂，不能用简单的状态方程来描述其状态参数之间的关系，而是根据在实验基础上编制而成的水蒸气图、表来查取。在水蒸气图、表上，通常可查得压力 p、比体积 v、温度 t、焓 h 和熵 s，而内能 u 可按 $u = h - pv$ 计算得出。此外，在水蒸气焓熵图中还可查得干度 x。

（一）零点的规定

对水及水蒸气的 h、s、u，在热工计算中不必求其绝对值，而仅需求其变化量，故可规定一任意基准点。国标规定：以水的三相点的液相水为基准点，该点状态下液相水的 u、s 值为零。基准点的参数为：$t_0 = 0.01℃$，$p_0 = 0.0006112MPa$，$v_0 = 0.00100022m^3/kg$，$u_0 = 0kJ/kg$，$s_0 = 0kJ/(kg \cdot K)$，$h = u + pv \approx 0kJ/kg$。

工程计算中，一般近似认为0℃时水的熵、内能和焓值为零。

（二）水蒸气表

针对水蒸气的五种不同状态，水蒸气表可分为两大类：一类为饱和水与饱和蒸汽性质表，另一类为未饱和水与过热蒸汽性质表。

1. 饱和水与饱和蒸汽性质表

饱和水与饱和蒸汽性质表给出了饱和水与干饱和蒸汽的状态参数。为了查用方便，又分为两种：一种按压力排列（表3-2），依次列出各个不同压力下对应的饱和温度 t_s，饱和水的 v'、h'、s'，干饱和蒸汽的 v''、h''、s'' 和汽化热 l 的数值。另一种按温度排列（表3-3），依次列出不同温度下对应的饱和压力 p_s，饱和水的 v'、h'、s'，干饱和蒸汽的 v''、h''、s'' 和汽化热 l 的数值。

表3-2　饱和水与饱和蒸汽性质表（按压力排列）（节录示例）

p	t_s	v'	v''	h'	h''	l	s'	s''
MPa	℃	m³/kg	m³/kg	kJ/kg	kJ/kg	kJ/kg	kJ/(kg·K)	kJ/(kg·K)
0.1	99.63	0.0010434	1.6946	417.51	2675.7	2258.2	1.3027	7.3608
1	179.88	0.0011274	0.19430	762.6	2777.0	2014.4	2.1382	6.5847

表3-3　饱和水与饱和蒸汽性质表（按温度排列）（节录示例）

t	p_s	v'	v''	h'	h''	l	s'	s''
℃	MPa	m³/kg	m³/kg	kJ/kg	kJ/kg	kJ/kg	kJ/(kg·K)	kJ/(kg·K)
5	0.0008719	0.0010001	147.2	21.05	2510	2489	0.0762	9.0241
100	0.10131	0.0010435	1.673	419.1	2676	2257	1.3071	7.3547

使用此表时注意以下几点：

（1）表中没有列出的中间温度或中间压力下的数值，通过内插法来确定。

（2）表中没有内能项，通过 $u = h - pv$ 计算得出。

（3）湿饱和蒸汽状态参数的确定方法：根据已知的干度 x，在查表的基础上代入公式计算。计算公式为

$$v_x = xv'' + (1 - x) v' = v' + x (v'' - v') \text{ m}^3/\text{kg}$$

（压力不高且 $x > 0.7$ 时，饱和水的比体积可忽略，则 $v_x \approx xv'' \text{m}^3/\text{kg}$）

$$h_x = xh'' + (1 - x) h' = h' + x (h'' - h') = h' + xl \text{ kJ/kg}$$

$$s_x = xs'' + (1 - x) s' = s' + x (s'' - s') \text{ kJ/ (kg · K)}$$

$$u_x = h_x - pv_x \text{ kJ/kg}$$

2. 未饱和水与过热蒸汽性质表

未饱和水与过热蒸汽性质表以压力和温度为变数，给出了未饱和水和过热蒸汽在不同压力及温度下的比体积、焓及熵的值（表 3 - 4）。表中黑线以上为未饱和水，黑线以下为过热蒸汽。内能同样使用公式 $u = h - pv$ 计算得出。表中没有列出的压力或温度，用内插法确定；若压力和温度均未列出时，要用两次内插，可以先内插压力，也可以先内插温度，所得结果相同。

3. 水蒸气状态的确定

根据已知参数由水蒸气表确定其他未知参数时，必须先判断工质的状态，再根据所处状态查对应的表。判断工质状态的具体方法如下：

（1）已知（p，t），查饱和水与饱和蒸汽性质表，得已知压力下对应的饱和温度 t_s。

$t < t_s$ 工质处于未饱和水状态

$t = t_s$ 工质处于饱和状态，还需给定干度才能确定状态

$t > t_s$ 　　工质处于过热蒸汽状态

表 3－4 　　　　　未饱和水与过热蒸汽性质表（节录示例）

p（MPa）	0.005			0.5		
	$t_s = 32.90℃$ $v' = 0.0010052 m^3/kg$ $v'' = 28.196 m^3/kg$ $h' = 137.77 kJ/kg$ $h'' = 2561.2 kJ/kg$ $s' = 0.4762 kJ/(kg \cdot K)$ $s'' = 8.3952 kJ/(kg \cdot K)$			$t_s = 151.85℃$ $v' = 0.0010928 m^3/kg$ $v'' = 0.37481 m^3/kg$ $h' = 640.1 kJ/kg$ $h'' = 2748.5 kJ/kg$ $s' = 1.8604 kJ/(kg \cdot K)$ $s'' = 6.8215 kJ/(kg \cdot K)$		
t	v	h	s	v	h	s
℃	m^3/kg	kJ/kg	$kJ/(kg \cdot K)$	m^3/kg	kJ/kg	$kJ/(kg \cdot K)$
0	0.0010002	0.0	-0.0001	0.0010000	0.5	0.0001
20	0.0010017	83.9	0.2963	0.0010015	84.3	0.2962
140	38.12	2764.0	8.9633	0.0010800	589.2	1.7388
260	49.20	2997.0	9.4580	0.4841	2981.5	7.3310
350	57.51	3177.1	9.7702	0.5701	3167.6	7.6335
500	71.36	3489.0	10.218	0.7109	3483.7	8.0877

（2）已知 p（或 t）及一个其他状态参数如 v（或 h 或 s，方法相同），查饱和水与饱和蒸汽性质表，得已知 p（或 t）下的 v'、v''。

　　$v < v'$ 　　　　工质处于未饱和水状态

　　$v = v'$ 　　　　工质处于饱和水状态

　　$v' < v < v''$ 　　工质处于湿饱和蒸汽状态

　　$v = v''$ 　　　　工质处于干饱和蒸汽状态

　　$v > v''$ 　　　　工质处于过热蒸汽状态

（三）水蒸气的焓熵图（$h-s$ 图）

由于水蒸气表所列的数据不连续，往往需要用内插法读取，同时在分析计算热力过程时，查图比查表更清晰、方便。因此，焓熵图在工程上被广泛采用。

1. $h-s$ 图的结构

$h-s$ 图的示意图如图 3-7 所示，它以焓 h 为纵坐标，熵 s 为横坐标，根据水蒸气表中所列数据绘有临界点（c）、饱和水状态曲线（$x=0$）、干饱和蒸汽状态曲线（$x=1$）以及定压、定温、定容、定干度、定焓、定熵六组线群。

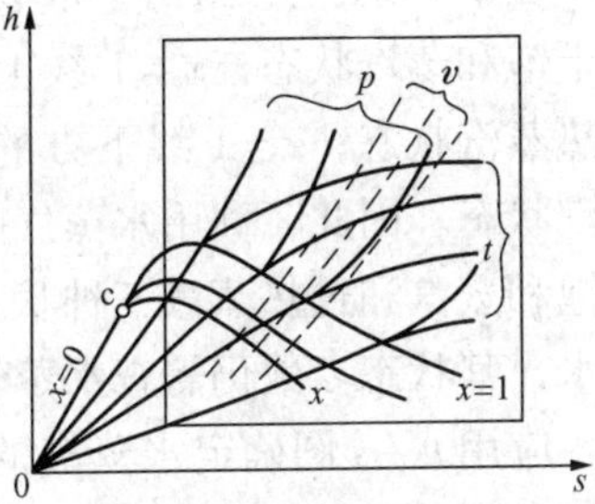

图 3-7　水蒸气的焓熵图

（1）定压线群为自左下方向右上方延伸的一组呈发散状的线群，从右到左压力逐渐升高。在湿蒸汽区，定压线为倾斜的直线，进入过热蒸汽区，为向上翘的曲线。

（2）定温线在湿蒸汽区与定压线重合，这是由于在湿蒸汽区，饱和压力与饱和温度一一对应，定压线就是定温线。在过热蒸汽区，定温线先弯曲而后趋于平坦，从下到上温度逐渐升高。

（3）定容线的走向与定压线相同，但其斜率较定压线斜率大，因此定容线比定压线陡峭。与定压线相反，从右到左比体积逐渐减小。

（4）定干度线群为自临界点起向右下方发散的一组曲线，干度 x 值的变化范围从 $x=0$ 到 $x=1$。干度值大的定干度线在上，干度小的定干度线在下。

（5）定焓线为水平线。

（6）定熵线为垂直线。

由于动力工程上一般采用过热蒸汽和干度较高的湿蒸汽，所以实际应用中的 $h-s$ 图只取 x 值较大的区域，即图中方框线内的部分，这时的焓熵图上只能看到干饱和蒸汽状态曲线（$x=1$ 线），它将焓熵图分成两大区域：上方为过热蒸汽区，下方为湿蒸汽区。

2. $h-s$ 图的使用

焓熵图的作用，主要是确定水蒸气的状态参数及分析水蒸气的热力过程。

在 $h-s$ 图上，给出了水蒸气的三种状态：$x=1$ 线上的各点为干饱和蒸汽状态；$x=1$ 线上方的过热蒸汽区内所有的点都为过热蒸汽状态；$x=1$ 线下方的湿蒸汽区内所有的点都为湿饱和蒸汽状态。因此，利用水蒸气的 $h-s$ 图，可以确定湿饱和蒸汽、干饱和蒸汽和过热蒸汽三种状态下的状态参数。对未饱和水和饱和水，其状态参数仍需查水蒸气表确定。

应用 $h-s$ 图确定水蒸气的状态参数时，必须有两个独立的状态参数才能确定状态点，从而确定相应的状态参数数值。需要注意的是，对湿蒸汽和干蒸汽状态，压力和温度不再是独立的状态参数，还需另一个状态参数才能确定状态点。$h-s$ 图上不能查得内能项，同样利用公式 $u=h-pv$ 计算得出。

利用 $h-s$ 图，还可以查出某压力对应的饱和温度，方法是：使已知压力的等压线与 $x=1$ 线相交得干饱和蒸汽状态点，该点的温度即为已知压力对应的饱和温度（见例题 3-6）。

在水蒸气热力过程的分析计算中，$h-s$ 图还可以用来直观的表示水蒸气的热力过程。

【例题 3-1】 1kg 水蒸气，压力为 0.1MPa，对应的饱和温度 $t_s=99.63℃$。当压力不变时，若其温度升高到 $t=180℃$，求其过热度？

解：因 $t>t_s$，所以温度为 180℃时水蒸气的状态为过热蒸汽状态。

某一压力下，过热蒸汽的温度超过其饱和温度的值，称为过热度。所求过热度为

$$t-t_s=180-99.63=80.37 （℃）$$

答：过热度为 80.37℃。

【例题 3-2】 某机组汽轮机排汽压力为 0.005MPa，凝结水温度 $t=30℃$，凝结水的过冷度为多少？

解：由饱和水与饱和蒸汽性质表查得：0.005MPa 时，$t_s=32.90℃$。

凝结水的过冷度为汽轮机排汽压力下的饱和温度与凝结水温度的差值,所求过冷度为

$$t_s - t = 32.9 - 30 = 2.9 （℃）$$

答:凝结水的过冷度为2.9℃。

【例题3-3】 利用水蒸气表,求$p = 0.12MPa$,$t = 155℃$时水蒸气的焓。

解:由饱和水与饱和蒸汽性质表查得:$p = 0.12MPa$时,$t_s = 104.81℃$。因$t > t_s$,该蒸汽为过热蒸汽。

查未饱和水及过热蒸汽表,得$p = 0.12MPa$,$t = 155℃$时,$h = 2784.9kJ/kg$。

答:所求焓值为2784.9kJ/kg。

【例题3-4】 已知$p = 3MPa$,$t = 200℃$,利用水蒸气表判断其状态,并确定其h。

解:由饱和水与饱和蒸汽性质表,得$p = 3MPa$时,$t_s = 233.84℃$,显然$t_s > t$,该状态为未饱和水。查未饱和水与过热蒸汽表,得

$$p = 3MPa、t = 200℃时,h = 853.0kJ/kg。$$

答:其状态为过热蒸汽,焓值为853.0kJ/kg。

【例题3-5】 当工质的压力$p = 1MPa$,温度分别为$t = 170.9℃$、$179.88℃$、$215.5℃$时,各处于何种状态?并分别求出与其对应的过冷度、干度或过热度。

解:由饱和水与饱和蒸汽性质表查得$p = 1MPa$时,$t_s = 179.88℃$。

(1) $170.9℃ < t_s$,因此该状态为未饱和水状态。

其过冷度为 $t_s - t = 179.88 - 170.9 = 8.98 （℃）$

(2) $179.88℃ = t_s$,因此该状态为饱和状态。

此时可能为饱和水状态,也可能为湿饱和蒸汽状态或干饱和蒸汽状态,其干度为$0 \leqslant x \leqslant 1$。

(3) $215.5℃ > t_s$,因此该状态为过热蒸汽状态。

其过热度为 $t - t_s = 215.5 - 179.88 = 35.62$ （℃）

答：170.9℃时工质处于未饱和水状态，过冷度为8.98℃；179.88℃时工质处于饱和状态，干度为 $0 \leqslant x \leqslant 1$；215.5℃时工质处于过热蒸汽状态，过热度为35.62℃。

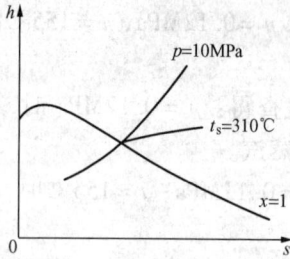

图3－8　【例题3－6】图

【**例题3－6**】　某锅炉省煤器内工质的绝对压力为12MPa，最高温度为310℃，试利用 $h - s$ 图确定此省煤器是否为沸腾式省煤器？

解：由 $h - s$ 图（见图3－8）查得 $p = 12$MPa 时，$t_s = 324.64$℃。因为310℃ $< t_s$，省煤器出口水尚未沸腾，所以，此省煤器为非沸腾式省煤器。

答：此省煤器为非沸腾式省煤器。

【**例题3－7**】　用 $h - s$ 图确定下列水蒸气的 h、s 及 v。

（1）$p_1 = 1$MPa，$x_1 = 0.95$；

（2）$t_2 = 250$℃的干蒸汽；

（3）$p_3 = 13$MPa，$t_3 = 535$℃。

解：如图3－9所示。

（1）在 $h - s$ 图上，由 $p_1 = 1$MPa 的定压线与 $x_1 = 0.95$ 的定干度线的交点，确定湿饱和蒸汽状态点1，过1点的纵坐标即为所求焓值，横坐标即为所求熵值，过1点的定容线对应的比体积值即为所求比体积值。因此，$h_1 = 2682$kJ/kg，$s_1 = 6.36$kJ/（kg·K），$v_1 = 0.185$m³/kg。

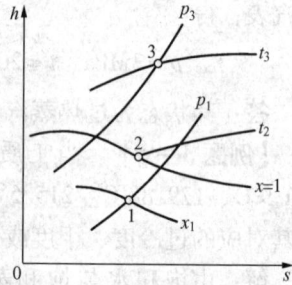

图3－9　【例题3－7】图

（2）在 $h - s$ 图上，由 $t_2 = 250$℃的定温线与 $x = 1$ 的干饱和蒸汽状态曲线的交点，确定状态点2。因此 $h_2 = 2800$kJ/kg，$s_2 = 6.07$kJ/（kg·K），$v_2 = 0.05$m³/kg。

（3）在 $h - s$ 图上，由 $p_3 = 13$MPa 的定压线与 $t_3 = 535$℃的定

温线的交点，确定状态点 3。因此，$h_3 = 3432\text{kJ/kg}$，$s_3 = 6.56\text{kJ/}$（kg·K），$v_3 = 0.034\text{m}^3/\text{kg}$。

第三节 水蒸气的热力过程及其参数对热力设备的影响

本节主要分析水蒸气定压过程与绝热过程的状态参数变化规律和能量转换规律，并介绍高参数水蒸气对热力设备的影响。

一、水蒸气的热力过程

水蒸气的基本热力过程包括定容过程、定压过程、定温过程和绝热过程。本节只介绍热力工程中应用较为广泛的定压过程和绝热过程，且认为过程均为可逆过程。

分析水蒸气热力过程的任务和理想气体一样：确定过程的终态参数及过程中的能量转换。所不同的是水蒸气状态参数的确定要使用水蒸气表或焓熵图，水蒸气的焓、熵也不再是温度的单值函数。水蒸气热力过程中的能量转换关系，仍依据热力学基本定律。

（一）分析水蒸气热力过程的一般步骤

（1）根据初态的两个已知的独立状态参数，通常为（p，t）、（p，x）或（t，x），在水蒸气表或图上查出其他初态参数。

（2）由初态点，根据过程特性（如定压、定熵等），加上一个终态参数，确定终态点，并由水蒸气表或图查出其他终态参数。

（3）根据已求得的初、终态状态参数，计算内能变化量、热量及功量，并分析过程中的能量转换关系。

（二）定压过程

1. 初、终状态参数的确定

定压过程是指工质压力保持不变的过程。例如：锅炉中水的预热、汽化和过热过程、乏汽在凝汽器中的凝结过程、给水在回热器中的预热过程、空气预热器中空气的吸热过程等都是定压过程。

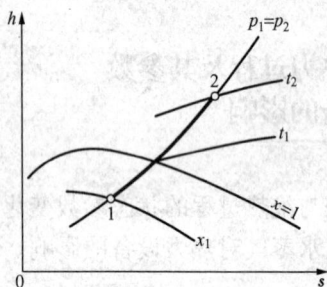

图 3-10 水蒸气定压过程的焓熵图

已知水蒸气从初态 p_1、x_1 定压加热到终态 t_2。根据 p_1、x_1，可在 $h-s$ 图上由定压线 p_1 和定干度线 x_1 的交点确定出初状态点 1（见图 3-10），并查出其他初态参数 v_1、t_1、h_1 及 s_1。根据定压过程特性，由过 1 点的定压线与定温线 t_2 的交点确定出终态点 2，并查出终态点的其他参数 v_2、h_2 及 s_2。连接定压线上的 1、2 两点，可得定压过程线 1-2。初、终态的内能按公式 $u=h-pv$ 计算。

2. 状态参数的变化规律

由 $h-s$ 图可以看出定压过程状态参数的变化规律为：定压加热时，温度升高，比体积增加，焓及熵增大（内能是 T、v 的函数，也一定增加）；定压放热时，温度降低，比体积、内能、焓及熵减小。当然，在湿饱和蒸汽区，定压过程中工质的温度不变。

3. 能量计算及能量转换规律

定压过程的内能变化量为

$$\Delta u_p = u_2 - u_1 = (h_2 - h_1) - p(v_2 - v_1)$$

由容积功的定义可知容积功为

$$w_p = p(v_2 - v_1)$$

技术功为

$$w_{t,p} = 0$$

根据热力学第一定律 $q = \Delta u + w$，可知工质与外界交换的热量为

$$q_p = (h_2 - h_1) - p(v_2 - v_1) + p(v_2 - v_1) = h_2 - h_1$$

定压过程中，外界加给水蒸气的热量全部转变为水蒸气焓的

增量而储存于工质内部，定压过程的热量等于焓差。

（三）绝热过程

1. 初、终状态参数的确定

绝热过程是指在与外界没有热量交换情况下所进行的过程。如汽轮机为了减少散热损失，汽缸外侧包有绝热材料，而工质的膨胀过程极快，在极短的时间内来不及散热，其热量损失很小，可忽略不计。因此，工质在汽轮机中的膨胀过程为绝热过程。

已知水蒸气从初态 p_1、t_1 可逆绝热膨胀到终态 p_2。根据 p_1、t_1，可在 $h-s$ 图上确定出初状态点 1（见图 3-11），并查出其他初态参数 v_1、h_1 和 s_1；根据可逆的绝热过程是定熵过程的特性，过 1 点作垂直线（定熵线）交 p_2 定压线于终态点 2，从 2 点查出终态点的其他参数 v_2、t_2、h_2 及 s_2。连接定熵线上的 1、2 两点，可得

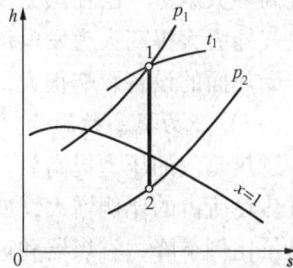

图 3-11 水蒸气定熵
过程的焓熵图

定熵过程线 1-2。初、终态的内能按公式 $u=h-pv$ 计算。

2. 状态参数的变化规律

可逆绝热过程的初、终状态参数的变化为：绝热膨胀时，比体积增大，压力和温度下降，内能和焓减小，熵不变；绝热压缩时，比体积减小，压力和温度上升，内能和焓增大，熵不变。

3. 能量计算及能量转换规律

绝热过程热量为零，即 $q_s=0$

内能变化量为 $\Delta u_s = u_2 - u_1 = (h_2 - h_1) - (p_2 v_2 - p_1 v_1)$

根据 $q=\Delta u+w$，得容积功为

$$w_s = -\Delta u = (h_1 - h_2) - (p_1 v_1 - p_2 v_2)$$

由 $q=\Delta h+w_t$，得技术功为

$$w_{t,s} = -\Delta h = h_1 - h_2$$

闭口系统的绝热过程中，水蒸气的膨胀功全部由内能的减少

转换而来；开口系统的绝热过程中，水蒸气的技术功全部由焓降转换而来。

综合火力发电厂中水蒸气的定压、绝热过程，可以看到，工质在锅炉中定压吸热，吸收的热量用来增加其焓值；进入汽轮机后，工质绝热膨胀做功，将在锅炉中获得的焓转换为技术功对外输出，从而实现热能向机械能的转化。

二、水蒸气状态参数对热力设备的影响

高参数水蒸气已在热力发电厂中普遍应用，这是因为高参数水蒸气能大大提高火力发电厂的热效率。采用高参数水蒸气，对锅炉受热面的设备影响很大，主要体现如下。

（一）压力提高的影响

过热蒸汽的压力提高后，水的汽化热的比例减小，而预热热和过热热所占的比例增大，如图 3 – 12 所示。因此，蒸发受热面吸热量比例下降，省煤器和过热器吸热量比例上升。这使得锅炉炉膛水冷壁的受热面积减小，水平烟道中过热器的受热面积将增

蒸汽压力		蒸汽温度	再热温度	给水温度	预热热	汽化热	过热热	再热热
MPa	at	℃	℃	℃				
15.7	16	375		100	15.8%	70.9%		13.3%
38.26	39	450		172	16.3%	64.0%		19.7%
98.11	100	540		215	19.2%	53.6%		27.2%
137.4	140	570		240	23.3%	42.5%		34.2%
156.8	170	555	555	240	17.8%	36.9%	28.5%	

图 3 – 12　不同参数锅炉的热量分配比例

大，尾部烟道中省煤器的受热面积增大。因此使锅炉各个受热面的布置发生变化：不必把锅炉炉膛中的水冷壁都作为蒸发受热面，可把部分过热受热面由水平烟道移入炉膛。顶棚过热器、屏式过热器就是为此而设置的。

随着压力的升高，汽、水的密度逐渐接近，达到临界压力时，汽、水密度差消失。因此，具有汽包的自然循环锅炉会因压力的提高而增加汽、水循环的困难，同时，对汽水分离装置的要求也提高了。当压力在17MPa以上时，必须采用强迫循环锅炉和高质量的汽水分离设备。

此外，随着压力的提高，对承压设备及元件的耐压强度要求提高了，应采用优质材料；随着压力的提高，蒸汽的比体积减小，使汽、水管道及设备的尺寸减小，质量减轻；随着压力的提高，对锅炉的安全可靠性要求更高，必须有高质量的自动控制设备和人才。

（二）温度提高的影响

温度提高后，过热器的受热面积增大，要求设备承受的耐热性能提高，必须更合理地布置过热器受热面和采用耐热性能好的材料。

【例题3-8】 已知蒸汽从压力 $p_1 = 17$MPa、温度 $t_1 = 550$℃ 可逆绝热膨胀到压力 $p_2 = 0.005$MPa，求过程中1kg蒸汽所做的技术功。

解：在 $h-s$ 图上由已知 $p_1 = 17$MPa 的定压线和 $t_1 = 550$℃ 的定温线的交点，确定状态点1，并查得 $h_1 = 3426$kJ/kg。

由1点沿等熵线与 $p_2 = 0.005$MPa 的定压线交于状态点2，并查得 $h_2 = 1982$kJ/kg。

由公式 $w_t = h_1 - h_2$ 得 $w_t = 3426 - 1982 = 1444$ （kJ/kg）

答：该过程中1kg蒸汽所做的技术功为1444kJ/kg。

第四节 蒸 汽 的 流 动

本节介绍喷管的概念、类型，渐缩喷管、缩放喷管的流动特性，喷管的流速、流量计算，节流的基本特性及其应用。

一、喷管与扩压管

（一）喷管的定义

凡是用来使流体降压增速的短管都称为喷管。在火力发电厂中，喷管的应用非常广泛。喷管是汽轮机的重要部件，汽轮机的做功过程由两个连续的过程组成：具有一定压力和温度的过热蒸汽首先进入喷管，在喷管中降压增速，将蒸汽的热能转变为动能；从喷管中流出的高速度蒸汽冲击汽轮机叶片并带动汽轮机轴旋转，将蒸汽的动能转变成机械能。由此可见，喷管在火力发电厂的热功转换过程中起着重要的作用。此外，喷管在锅炉气力除灰系统和测定流量时都有应用。

（二）喷管的类型

喷管按截面的变化情况分为三种类型，如图 3 – 13 所示。流道截面沿流动方向逐渐减小的喷管，称为渐缩喷管；流道截面沿流动方向逐渐增大的喷管，称为渐扩喷管；沿流动方向，截面积先收缩而后再扩大的喷管称缩放喷管，又称拉伐尔喷管。在热动工程上，常用的喷管为渐缩喷管和缩放喷管。

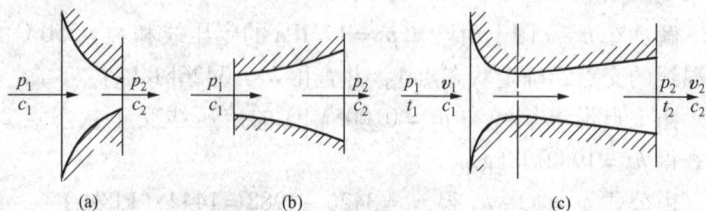

图 3 – 13　喷管的种类
（a）渐缩喷管；（b）渐扩喷管；（c）缩放喷管

（三）蒸汽在喷管中流动的两个假定

1. 蒸汽的流动是稳定流动

工质稳定流动时，流道中任何一点的状态参数和运动参数都不随时间而发生变化，仅与其所处的空间位置有关。蒸汽在喷管流道的同一截面的不同点，由于受摩擦力及传热等的影响，流速、压力、温度等参数也有所不同，但为研究问题简便起见，取同一截面上某参数的平均值作为该截面上各点该参数的值，这样问题就可简化为沿流动方向上的一维稳定流动。

2. 蒸汽的流动为绝热流动

工质在喷管内流动时，流速很大，来不及与外界进行热量交换，因此，可认为蒸汽在喷管中的流动是绝热流动。

（四）扩压管

扩压管是使气流速度降低，压力升高的短管。气流在扩压管中的流动过程为：高速低压的气流，进入扩压管后，速度逐渐降低，压力逐渐升高，最后以较高的压力流出。显然，气流在扩压管中的能量转换过程与喷管中的能量转换过程正好相反。在火力发电厂中，扩压管的应用也很多，如凝汽器的抽气器、射水器、通风机等设备上都装有扩压管。

二、稳定流动基本方程

（一）连续流动方程式

稳定流动中，任一截面的一切参数均不随时间而变化，因此，流经一定截面的质量流量也为一定值。单位时间内流过设备任何截面的质量流量都相等的流动，称为连续流动。稳定流动一定是连续流动。

如图 3 - 14 所示，一任意流道。在流道中任取截面 1 - 1 和 2 - 2。截面 1 - 1 的截面积为 A_1，工质的比体积为 v_1，流速为 c_1，质量流量为 q_{m1}。截面 2 - 2 的截面积为 A_2，工质的比体积为 v_2，流速为 c_2，质量流量为 q_{m2}。

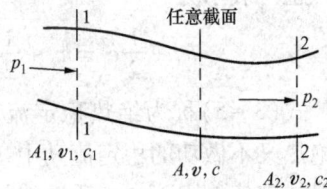

图 3 - 14　连续流动示意图

因为质量流量 q_m 等于流过的体积流量（Ac）乘以密度 ρ，即 $q_m = Ac\rho = \dfrac{Ac}{v}$。也就是 $q_{m1} = \dfrac{A_1 c_1}{v_1}$，$q_{m2} = \dfrac{A_2 c_2}{v_2}$，根据质量守恒定

律有：$q_{m1} = q_{m2} = q_m$，所以

$$q_m = \frac{A_1 c_1}{v_1} = \frac{A_2 c_2}{v_2} = \frac{Ac}{v} \quad\quad (3-4)$$

式（3-4）称为一元稳定流动的连续性方程式，它描述了流道内流体的流速、比体积和截面面积之间的关系。该式表明：在连续稳定流动中，工质在单位时间内流过流道任意截面的质量流量是一个不变的常数。

连续性方程式是根据质量守恒定律得到的，因此适用于任何工质（理想气体、实际气体）、任何过程（可逆过程、不可逆过程）的稳定流动。连续性方程式是计算喷管截面积和流量的基本公式。

（二）稳定流动的能量方程式

工质在任一流道内作稳定流动时，服从稳定流动的能量方程式，即

$$q = (h_2 - h_1) + \frac{1}{2}(c_2^2 - c_1^2) + g(z_2 - z_1) + w_s$$

应用于喷管可简化为

$$h_1 + \frac{1}{2}c_1^2 = h_2 + \frac{1}{2}c_2^2$$

也可表示为

$$h_1 + \frac{1}{2}c_1^2 = h_2 + \frac{1}{2}c_2^2 = h + \frac{1}{2}c^2 = 常数 \quad\quad (3-5)$$

式（3-5）称为绝热稳定流动的能量方程式。它表明：工质在绝热又不做功的稳定流动中，任一截面上工质的焓与其动能之和保持定值。因而，工质动能的增加等于工质的焓降。该式适用于任何工质、任何过程的绝热稳定流动。

三、蒸汽在喷管中流动的基本特性

（一）临界流动

1. 马赫数

在物理学中，微弱扰动波（如声波、压力波等）在连续介

质中的传播速度，称为声速。声速不是一个固定不变的数，它与工质的性质和状态有关。在流动过程中，流道各个截面上工质的状态在不断变化，所以各个截面上的声速也在不断变化。流道截面某一状态下的声速，称为当地声速。

任一截面上，工质的流速与当地声速的比值，称为马赫数。用符号 Ma 表示。根据马赫数的值，可将流动分为三类：

$Ma < 1$，即气流速度小于当地声速，称为亚声速流动；

$Ma = 1$，即气流速度等于当地声速，称为等声速流动，又称为临界流动；

$Ma > 1$，即气流速度大于当地声速，称为超声速流动。

2. 临界流动状态

工质处于临界流动（$Ma = 1$）时的状态，称为临界流动状态。此时的截面称为临界截面；参数称为临界参数，如临界流速 c_{cr}（即当地声速）、临界流量 $q_{m,cr}$、临界比体积 v_{cr}、临界焓 h_{cr}、临界压力 p_{cr} 等。

3. 压力比与临界压力比

喷管前后存在压力差是蒸汽在喷管中流动的必要条件。蒸汽在喷管内流动时，其压力的变化方向与流速的变化方向相反。且沿流动方向，压力降得越低，蒸汽的流速增加得就越快。

当喷管入口压力 p_1 一定时，喷管前后的压力差就取决于喷管出口截面的压力 p_2。喷管出口截面压力 p_2 与入口截面压力 p_1 的比值称为喷管的压力比，用符号 β 表示，$\beta = \dfrac{p_2}{p_1}$。喷管的压力比变化时，将直接影响喷管的流速和流量。

临界压力 p_{cr} 取决于喷管入口压力 p_1 和工质的性质。临界压力 p_{cr} 与喷管入口压力 p_1 之比，称为临界压力比 β_{cr}，即

$$\beta_{cr} = \frac{p_{cr}}{p_1} \qquad (3-6)$$

临界压力比仅与工质的性质有关。对过热蒸汽，$\beta_{cr} = 0.546$；对干饱和蒸汽，$\beta_{cr} = 0.577$。

用临界压力比，也可以划分工质的流动状态：

$$\beta = \frac{p_2}{p_1} > \beta_{cr}，\quad 即\ p_2 > p_{cr}，\ 为亚声速流动；$$

$$\beta = \frac{p_2}{p_1} = \beta_{cr}，\quad 即\ p_2 = p_{cr}，\ 为等声速流动；$$

$$\beta = \frac{p_2}{p_1} < \beta_{cr}，\quad 即\ p_2 < p_{cr}，\ 为超声速流动。$$

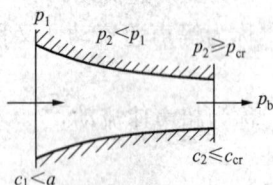

图 3 – 15　渐缩喷管内蒸汽
流动的基本特性

（二）蒸汽在渐缩喷管中的流动特性

如图 3 – 15 所示，p_1 为喷管入口压力，p_2 为喷管出口截面压力，p_b 为喷管出口截面后部空间所处的压力（也叫背压）。c_1 为入口截面流速，c_2 为出口截面流速。

当背压与喷管入口压力相等时，即 $p_b = p_1$，因喷管前后无压力差，蒸汽不能发生流动。此时，流量 $q_m = 0$，流速 $c_2 = c_1 = 0$。

保持喷管入口压力 p_1 不变，逐渐降低背压 p_b，则喷管出口截面压力 p_2 将随着背压 p_b 的减小而减小，同时，喷管出口截面的流速 c_2 随之逐渐增大，喷管的流量 q_m 也逐渐增大。

当背压 p_b 降低到临界压力 p_{cr} 时，喷管出口截面压力 p_2 也随着降低到临界压力 p_{cr}，喷管出口截面的流速 c_2 增大到临界流速 c_{cr}，流量 q_m 增大到最大流量 $q_{m,cr}$，此时，喷管出口截面处于临界流动状态。

继续降低背压，这时，喷管出口截面压力 p_2 不再随之降低，而是始终保持临界压力 p_{cr} 不变。喷管出口截面流速 c_2 也不再增大，而始终保持临界流速 c_{cr} 不变。流量 q_m 也保持临界流量 $q_{m,cr}$。喷管出口截面仍为临界流动。工质流出喷管后，在喷管外继续膨胀，压力降低到背压，但这时已无喷管的约束，膨胀是紊乱的，因此（$p_2 - p_b$）这部分压降不能用来增加工质的动能。

综上所述，对渐缩喷管，喷管出口截面的压力 p_2 和出口截面流速 c_2 有两种可能：

（1）当背压大于临界压力（$p_b > p_{cr}$）时，喷管出口截面的压力等于背压也大于临界压力（$p_2 = p_b$，$p_2 > p_{cr}$）；喷管出口截面流速小于临界流速（$c_2 < c_{cr}$）；通过喷管的流量小于临界流量（$q_m < q_{m,cr}$）。这时渐缩喷管出口截面没有出现临界流动状态，为亚声速流动。

（2）当背压小于或等于临界压力（$p_b \leqslant p_{cr}$）时，喷管出口截面压力等于临界压力（$p_2 = p_{cr}$）；喷管出口截面流速等于临界流速（$c_2 = c_{cr}$）；通过喷管的流量等于临界流量（$q_m = q_{m,cr}$）。这时渐缩喷管出口截面为临界流动状态。

因此，在渐缩喷管中，可对亚声速气流加速，获得亚声速气流或等声速气流。

（三）蒸汽在缩放喷管中的流动特性

当背压小于临界压力（$p_b < p_{cr}$）时，渐缩喷管出口截面流速只能达到当地声速，要想获得超声速气流，必须使管型变化，即在渐缩喷管后加一段渐扩段，也就是采用缩放喷管，如图 3 – 16 所示。

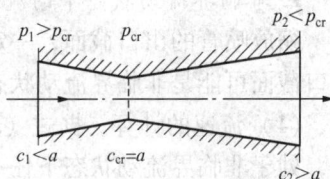

图 3 – 16　缩放喷管内蒸汽流动的基本特性

缩放喷管中，在渐缩与渐扩部分的连接处构成了整个喷管的最小截面，称为喉部。喉部截面的流动状态为临界流动状态，其压力等于临界压力 p_{cr}，流速等于临界流速 c_{cr}，流量等于临界流量 $q_{m,cr}$。

蒸汽在缩放喷管中的膨胀过程为：在渐缩段，工质压力逐渐降低，流速逐渐增大，为亚声速流动；到喉部，压力降低到临界压力，流速增大到临界流速，流量为临界流量，工质处于临界流动状态；在渐扩段，压力从临界压力继续降低到背压，流速从临界流速继续增大到出口截面超声速流速；由于工质的流动为连续流动，任何截面上的质量流量都相等，因此出口截面的流量仍为临界流量。

因此，在缩放喷管中，可对亚声速气流加速，获得超声速气流。

四、喷管的选择与计算

（一）喷管的选择

在工程实际中，为实现预定的对气流加速的目的（即达到预定的出口压力），应结合不同喷管的特性，选择合适的喷管。选择方法为：当 $p_b \geq p_{cr}$ 或 $\beta \geq \beta_{cr}$ 时，选用渐缩喷管；当 $p_b < p_{cr}$ 或 $\beta < \beta_{cr}$ 时，选用缩放喷管。

（二）喷管的计算

喷管的计算主要包括流速的计算、流量的计算和截面积的计算，由于喷管内蒸汽的流动有非临界流动（亚声速和超声速）与临界流动（等声速）之分，计算时要区别对待。

1. 非临界流动状态下的流速、流量与截面积

缩放喷管的出口截面，一定是非临界流动状态；渐缩喷管的出口截面可能是非临界流动状态。

（1）流速的计算。据式（3-5），得气体在喷管中绝热流动时，处于非临界流动状态下任一截面处工质的流速为

$$c_2 = \sqrt{2 \ (h_1 - h_2) \ + c_1^2} \qquad (3-7)$$

式中　c_1、c_2——喷管进、出口截面处工质的流速，m/s；

　　　h_1、h_2——喷管进、出口截面处工质的焓值，J/kg。

由于工质进入喷管的流速 c_1 远远小于工质离开喷管的流速 c_2，所以在工程应用中，常常将 c_1 略去不计，这时

$$c_2 = \sqrt{2 \ (h_1 - h_2)} \qquad (3-8)$$

水蒸气可逆绝热流经喷管时，可以根据已知条件和过程等熵的特性，利用 $h-s$ 图查出 h_1、h_2，再代入式（3-8），即可求得出口的流速 c_2。例如：已知喷管入口状态参数 p_1、t_1 和喷

管出口状态参数 p_2 时，在 h – s 图上查取 h_1、h_2 的方法如图3 – 17所示。

由图 3 – 17 还可以看出，蒸汽在喷管内流动时，状态参数的变化情况是：压力降低、比体积增加、温度降低、焓降低、熵不变。

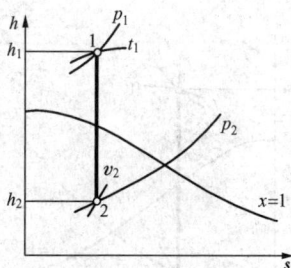

图 3 – 17　计算流速、流量用 h – s 图

（2）流量的计算。当已知出口截面流速时，可由连续性方程式 $q_m = \dfrac{Ac}{v} = \dfrac{A_2 c_2}{v_2}$ 计算喷管的流量为

$$q_m = \frac{A_2}{v_2} \sqrt{2(h_1 - h_2)} \qquad (3 - 9)$$

式中　v_2——喷管出口蒸汽的比体积，m^3/kg，可由图 3 – 17 所示的 h – s 图中查出。

（3）喷管截面面积的计算。根据稳定流动的连续性方程式，可得喷管出口截面面积的计算公式为

$$A_2 = \frac{q_m v_2}{c_2} = \frac{q_m v_2}{\sqrt{2(h_1 - h_2)}} \qquad (3 - 10)$$

2. 临界流动状态下的流速、流量与截面积

缩放喷管的喉部一定是临界流动状态；渐缩喷管在背压小于等于临界压力时，出口截面为临界流动状态。临界流动状态下的流速、流量与截面积的计算公式与非临界流动状态下的流速、流量与截面积计算公式形式相同，只需将非临界流动状态下公式中的出口截面状态“2”改为临界流动状态“cr”即可。

（1）临界流速的计算。公式为

$$c_{cr} = \sqrt{2(h_1 - h_{cr})} \qquad (3 - 11)$$

式中　h_{cr}——喷管临界流动状态下的焓，J/kg。

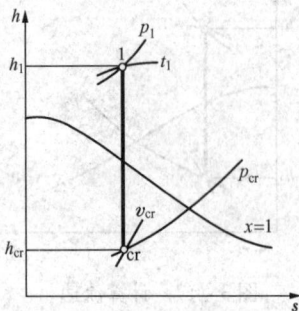

图 3 – 18 计算临界流速、
临界流量用 h – s 图

h_{cr} 也可由已知条件和定熵过程特性在 h – s 图上查得，如图 3 – 18 所示。需要注意的是，在 h – s 图上确定临界流动状态点时，要用临界压力 p_{cr}。对过热蒸汽：$p_{cr} = 0.546p_1$；对干饱和蒸汽：$p_{cr} = 0.577p_1$。

（2）临界流量的计算。公式为

$$q_{m,cr} = \frac{A_{cr}c_{cr}}{v_{cr}} = \frac{A_{cr}}{v_{cr}}\sqrt{2(h_1 - h_{cr})}$$

$$(3 – 12)$$

式中 A_{cr}——喷管临界截面面积，m^2。对缩放喷管，为喉部截面面积；对渐缩喷管，为出口截面面积。

v_{cr}——临界比体积，m^3/kg。可以根据临界压力在图 3 – 18 上查出。

（3）临界截面面积的计算。由式（3 – 12）可得临界截面面积的计算公式为

$$A_{cr} = \frac{q_{m,cr}v_{cr}}{c_{cr}} = \frac{q_{m,cr}v_{cr}}{\sqrt{2(h_1 - h_{cr})}} \qquad (3 – 13)$$

五、有摩擦的绝热流动

前面讨论了工质在喷管中流动时无能量损失的可逆绝热流动，可逆的绝热过程在 h – s 图上是一条等熵的直线，如图 3 – 19 中实线 1 – 2 所示。

可逆的绝热流动是一种理想情况，实际中，由于存在摩擦，工质流动过程中会发生能量消耗，使得蒸汽的部分动能变成热能而重新被气流本身所吸收。因而有摩擦的绝热流动中，熵的变化量大于零，即其终态的熵 s_2' 比没有摩擦时终态的熵 s_2 要大，有摩擦的绝热流动是一个熵增过程，如图 3 – 19 中虚线 1 – 2′ 所示。

由图 3 – 19 可知，实际的绝热流动过程与理想的绝热流动过

程相比,工质经历了相同的压力降,同样从 p_1 膨胀到 p_2。但由于实际过程中存在摩擦,使得出口蒸汽的焓增加。$h_1 - h_2$ 为理想焓降;$h_1 - h_{2'}$ 为实际焓降。焓降 $h_{2'} - h_2$ 即为工质流动过程中由于摩擦造成的动能减少量,称为喷管损失,即

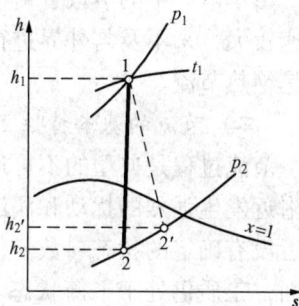

$$h_{2'} - h_2 = \frac{1}{2}(c_2^2 - c_{2'}^2)$$

$$(3 - 14)$$

图 3 - 19 有摩擦的流动过程

式中 h_2、c_2——可逆绝热流动工质出口焓与出口流速;

$h_{2'}$、$c_{2'}$——实际绝热流动工质出口焓与出口流速。

显然,由于喷管损失的存在,使得喷管实际出口流速 $c_{2'}$ 比理想情况下的流速 c_2 小。工程上常用"速度系数" φ 来表示工质出口速度的下降和动能的减少。速度系数的定义为

$$\varphi = \frac{c_{2'}}{c_2}$$

$$(3 - 15)$$

速度系数为经验数据,依喷管的形式、材料及加工精度而定,一般在 $0.92 \sim 0.98$ 之间。渐缩喷管的速度系数较大,缩放喷管则较小。工程计算中常先按理想情况求出 c_2,再据 φ 修正,即

$$c_{2'} = \varphi c_2 = \varphi \sqrt{2(h_1 - h_2)}$$

$$(3 - 16)$$

综上所述,在火力发电厂汽轮机喷管内进行的实际绝热膨胀过程是有能量损失的,是不可逆的绝热过程。其过程线在 $h - s$ 图上不是等熵线而是一条熵增曲线。

六、绝热节流

(一) 节流的定义

工质在管内流动时,中途遇到通道截面突然缩小(如孔板、阀门等部件),由于局部阻力使工质压力降低的现象称为节流。若节流过程中工质和外界不发生热量交换,又称为绝热节流。

由于电厂中的蒸汽管道都有保温层，而且蒸汽流过节流孔时流速较大，来不及与外界进行热交换，因此电厂中的节流都可看作是绝热节流。

（二）节流的基本特性

节流过程是典型的不可逆过程。如图3-20所示，流体在孔口附近发生强烈的扰动和涡流，处于极度的不平衡状态，在孔口附近没有确定的状态参数。但在距孔口较远的1-1截面和2-2截面，工质仍处于平衡状态。对1-1、2-2截面引用绝热稳定流动能量方程式，得

$$h_1 + \frac{1}{2}c_1^2 = h_2 + \frac{1}{2}c_2^2$$

在通常情况下，节流前后流速 c_1 和 c_2 的差别不大，流体动能差与 h_1 和 h_2 相比极小，可忽略不计。因此

$$h_1 = h_2 \qquad\qquad (3-17)$$

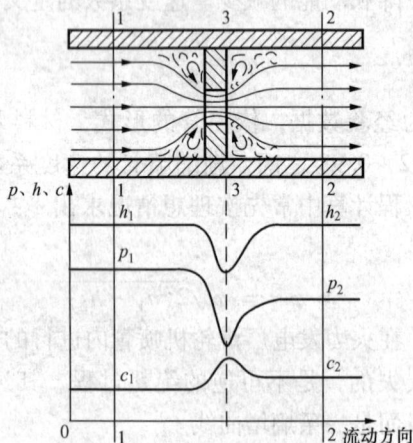

图3-20　绝热节流过程分析

式（3-17）说明，绝热节流前后工质的焓值相等。

虽然节流前后工质的焓值相等，但不能说节流过程是个定焓过程。因为在节流开始时焓值是降低的，此焓降用来增加工质的

动能并使它变成涡流和扰动；然后涡流和扰动的动能又转化为热能重新被工质所吸收，使工质的焓值又恢复到节流前的数值。

（三）节流的参数变化

在 h–s 图上可以很方便地确定水蒸气节流过程中状态参数的变化。

如图 3–21 所示，根据节流前状态参数 p_1、t_1，可确定点 1；从 1 点作水平线与节流后压力 p_2 的定压线交于点 2，此即节流后的状态点。从图 3–21 中可清楚地看出节流前后蒸汽状态参数的变化为：压力和温度降低，熵和比体积增加，焓不变；过热蒸汽发生节流后，温度虽然降低了，但过热度却增加了（如过程 1–2）；在图 3–21 上还可以画出湿

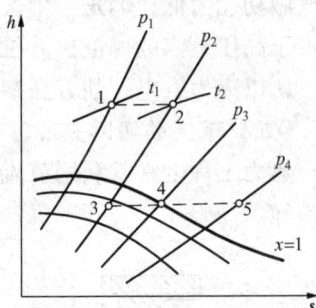

图 3–21　水蒸气绝热节流
前后的参数变化

蒸汽的节流过程 3–4–5，由图可知，湿蒸汽绝热节流后，除靠近临界点的上界线下面一小块区域内的干度减小外，大多数情况下的干度均增加，可以变为干蒸汽（如过程 3–4），进一步节流后甚至会变为过热蒸汽（如过程 4–5）。

（四）节流的能量分析

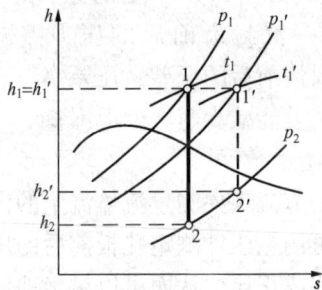

图 3–22　绝热节流后的做功能力

由图 3–22 可以看出，节流前后焓值不变，但是节流前的水蒸气可逆绝热膨胀到 p_2 时所做的技术功为 $h_1 - h_2$；节流后的水蒸气，同样膨胀到 p_2 时所做的技术功为 $h_{1'} - h_{2'}$。显然，$(h_{1'} - h_{2'}) < (h_1 - h_2)$，水蒸气经节流后做功能力降低了。节流使蒸汽的做功能力下降，这是不经济

的，所以对主蒸汽应尽量避免不必要的节流。

节流使做功能量减少了（$h_{2'} - h_2$），称为节流损失。节流损失产生的原因是：绝热节流是熵增过程，该过程中虽然能的数量上没有损失（焓值不变），但能的品质降低，其中的不可用能增加，而可用能减小了。所以，当工质的焓值相同时，熵值较大的蒸汽做功能力低；熵是一个表示过程不可逆程度的状态参数。正是由于高压蒸汽的熵值比低压蒸汽的小，其做功能力比低压蒸汽大，所以火力发电厂朝着高参数方向发展。

（五）节流的实际应用

热力工程上常常利用节流降压的特性为生产服务，主要有以下措施。

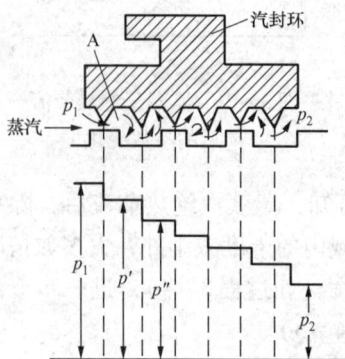

图 3 - 23　蒸汽通过汽封
的节流过程

1. 利用节流减少汽轮机汽封中蒸汽的泄漏量

汽轮机高压端动、静结合处为避免摩擦留有缝隙，高压蒸汽容易由此向外泄漏。为此，常常采用梳齿形汽封以减少蒸汽漏泄量。如图 3 - 23 所示，压力为 p_1 的蒸汽通过每一个汽封齿相当于有一次节流，当汽封齿数增加时，在总压力差（$p_1 - p_2$）不变的条件下，每一汽封齿前后的压力差减小。而漏汽量的大小取决于每一汽封齿前后的压差，压差小，泄漏量也小。所以当增加汽封齿数时，就能减少蒸汽的泄漏量。

2. 利用节流来测量工质流量

工程上常用的孔板流量计是利用节流现象测量流体流量的设备。它利用孔板使流体产生节流，再用差压计测定孔板前后的压力差，而蒸汽的容积流量与该压力差成正比，从而可以精确地计算出流体的流量。

3. 利用节流调节汽轮机功率

因为节流后工质的做功能力必将下降，因此节流是简易可行的调节汽轮机功率的方法。目前，一些小容量机组和特大容量机组多采用节流来调节汽轮机的功率。当主蒸汽参数不变时，利用改变调速汽门的开度来控制进入汽轮机的蒸汽量与参数，以满足电网用户负荷变化的需要。如当负荷减小时，关小调节汽门，使进入汽轮机的蒸汽压力降低，做功能力降低，同时，流量减小，达到降低电负荷的目的。

此外，节流还可以直接用来降低工质的压力，如气焊时使用的氧气瓶，瓶内的压力很高，为降低压力，在瓶口处装一个调节阀，通过改变调节阀门的开度，得到所需要的低压氧气；还可利用节流测定蒸汽干度等。

【例题 3 – 9】 蒸汽进口压力为 $p_1 = 1.6\text{MPa}$，温度为 $t_1 = 400\text{℃}$，经过喷管流入压力为 0.1MPa 的空间，问应选择什么样的喷管？

解： 查水蒸气表或 $h - s$ 图可知，喷管前蒸汽为过热蒸汽，其临界压力比为 $\beta_{cr} = 0.546$。

由 $P_{cr} = \beta_{cr} p_1$，得：$P_{cr} = 0.546 \times 1.6 = 0.8736$（MPa）。

由已知 $P_b = 0.1\text{MPa}$，由于 $p_b < p_{cr}$，所以选择缩放喷管。

答： 由于背压小于临界压力，应选缩放喷管。

【例题 3 – 10】 某喷管的蒸汽进口处压力 p_1 为 1.0MPa，温度为 300℃，若喷管出口处压力 p_2 为 0.6MPa，问该选用哪一种喷管？

解： 查水蒸气表或 $h - s$ 图可知，喷管前蒸汽为过热蒸汽，其临界压力比为 $\beta_{cr} = 0.546$

$$\frac{p_2}{p_1} = \frac{0.6}{1.0} = 0.6 > 0.546$$

答： 压力比大于临界压力比，应选渐缩喷管。

【例题 3 – 11】 ［例题 3 – 9］中若流量 $q_m = 4.5\text{kg/s}$，试计算喷管的流速及截面积。

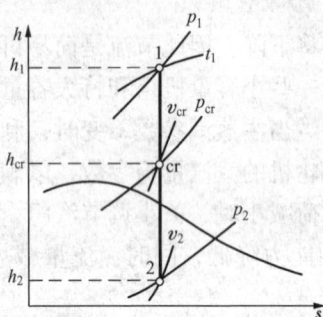

图 3 – 24　[例题 3 – 11] 图

解：喷管出口压力 $p_2 = p_b$ = 0.1MPa

由喷管入口初参数 p_1 = 1.6MPa、$t_1 = 400℃$、临界参数 $p_{cr} = 0.8736$MPa、喷管出口终参数 $p_2 = 0.1$MPa 及过程特性，在 $h - s$ 图（图 3 – 24）上查得 $h_1 = 3256$kJ/kg；$h_{cr} = 3072$kJ/kg；$h_2 = 2640$kJ/kg；$v_{cr} = 0.3$m³/kg；$v_2 = 1.68$m³/kg。

（1）喉部计算：

$$c_{cr} = \sqrt{2(h_1 - h_{cr})} = \sqrt{2 \times (3256 - 3072) \times 10^3} = 606.6 (m/s)$$

$$A_{cr} = \frac{q_{m,cr} v_{cr}}{c_{cr}} = \frac{4.5 \times 0.3}{606.6} = 0.0022 (m^2)$$

（2）出口计算：

$$c_2 = \sqrt{2(h_1 - h_2)} = \sqrt{2 \times (3256 - 2640) \times 10^3} = 1110 (m/s)$$

$$A_2 = \frac{q_m v_2}{c_2} = \frac{4.5 \times 1.68}{1110} = 0.0068 (m^2)$$

答：喷管喉部流速为 606.6m/s，截面积为 0.0022m²；出口流速为 1110m/s，截面积为 0.0068m²。

【例题 3 – 12】　蒸汽在喷管出口的理想速度为 463m/s，喷管的速度系数为 0.95，求蒸汽在喷管出口的实际速度。

解：由公式 $c_{2'} = \varphi c_2$，得

$$c_{2'} = 0.95 \times 463 = 439.9 (m/s)$$

答：蒸汽在喷管出口的实际速度为 439.9m/s。

【例题 3 – 13】　某渐缩喷管的进口压力 $p_1 = 2$MPa，温度 t_1

=400℃，喷管后部空间的压力 $p_b = 1.5$MPa，蒸汽在喷管中流动时存在摩擦阻力，速度系数 $\varphi = 0.95$，求蒸汽在喷管出口的理想速度、实际速度，喷管出口实际焓值及喷管损失（见图3-25）。

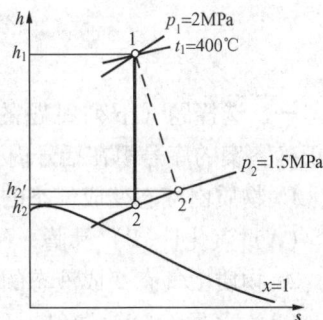

图3-25　［例题3-13］图

解：由水蒸气表或 $h - s$ 图查得，压力 $p_1 = 2$MPa 时，饱和温度 $t_s = 212.37℃$。所以喷管前蒸汽为过热蒸汽，其临界压力比为 $\beta_{cr} = 0.546$。

$p_{cr} = \beta_{cr} p_1 = 0.546 \times 2 = 1.092$MPa，而 $p_b = 1.5$MPa，$p_b > p_{cr}$，所以喷管出口截面压力 $p_2 = p_b = 1.5$MPa。

由 $h - s$ 图查得 $h_1 = 3252$ kJ/kg，$h_2 = 3174$kJ/kg。

喷管出口理想流速为

$$c_2 = \sqrt{2(h_1 - h_2)} = \sqrt{2 \times (3252 - 3174) \times 10^3} = 395(\text{m/s})$$

喷管出口实际流速为

$$c_{2'} = \varphi c_2 = \varphi \sqrt{2(h_1 - h_2)} = 0.95 \times \sqrt{2 \times (3252 - 3174) \times 10^3}$$

$$= 379.2(\text{m/s})$$

由公式 $h_{2'} - h_2 = \dfrac{1}{2}(c_2^2 - c_{2'}^2)$

得喷管出口实际焓值为

$$h_{2'} = h_2 + \frac{1}{2}(c_2^2 - c_{2'}^2) = 3174 + \frac{1}{2}(395^2 - 379.2^2) \times 10^{-3}$$

$$= 3180.1(\text{kJ/kg})$$

蒸汽的喷管损失为

$$h_{2'} - h_2 = 3180.1 - 3174 = 6.1(\text{kJ/kg})$$

答：蒸汽在喷管出口的理想速度为 395m/s，实际速度为 379.2m/s，喷管出口实际焓值为 3180.1kJ/kg，喷管损失为 6.1kJ/kg。

复 习 题

一、选择题（下列每题的四个答案中只有一个正确答案，将正确答案的序号填在括号内）

1. 物质由液态变成气态的过程称为（　　　）。

（A）汽化；（B）沸腾；（C）液化；（D）凝结。

2. 物质由气态变成液态的过程称为（　　　）。

（A）蒸发；（B）凝结；（C）汽化；（D）沸腾。

3. 水沸腾时气体和液体同时存在，气体和液体的温度（　　　）。

（A）不相等；（B）液体温度低；（C）气体温度低；（D）相等。

4. 液体蒸发时的温度（　　　）。

（A）必须是沸点；（B）必须是高温度；（C）可以是任意温度；（D）是饱和温度。

5. 定压下，湿蒸汽变为干蒸汽的过程中，其温度（　　　）。

（A）降低；（B）不变；（C）升高；（D）可能升高也可能降低。

6. 水的沸点随压力的升高而（　　　）。

（A）升高；（B）不变；（C）降低；（D）可能升高也可能降低。

7. 在湿蒸汽中，干饱和蒸汽的质量百分数称为（　　　）。

（A）湿度；（B）干度；（C）过热度；（D）密度。

8. 在定压下对饱和水继续加热，直至变成干饱和蒸汽，该过程的温度（　　　）。

（A）升高；（B）下降；（C）不变；（D）不变或升高。

9. 干饱和蒸汽的比体积随着压力的升高而（　　　）。

（A）增大；（B）减小；（C）不变化；（D）变化很小。

10. 已知工质的压力 p 和温度 t，当 p 低于已知温度下的饱

122

和压力时，工质所处的状态为（　　　）。

（A）未饱和水；（B）饱和水；（C）干饱和蒸汽；（D）过热蒸汽。

11. 已知蒸汽的压力 p 和温度 t，当 t 低于已知压力下的饱和温度时，工质所处的状态是（　　　）。

（A）未饱和水；（B）饱和水；（C）湿饱和蒸汽；（D）过热蒸汽。

12. 水蒸气焓熵图上的湿蒸气区，定压线与定温线的关系为（　　　）。

（A）平行；（B）重合；（C）垂直；（D）相交。

13. 随着锅炉压力的提高，锅炉内吸热是（　　　）。

（A）预热热比例增大，汽化热的比例减小；（B）预热热比例减小，汽化热的比例增大；（C）预热热、汽化热的比例保持不变；（D）预热热、汽化热的比例不确定。

14. 水蒸气的临界参数为（　　　）。

（A）$p_{cr} = 22.129\text{MPa}$，$t_{cr} = 274.15℃$；（B）$p_{cr} = 22.115\text{MPa}$，$t_{cr} = 374.12℃$；（C）$p_{cr} = 224\text{MPa}$，$t_{cr} = 274.15℃$；（D）$p_{cr} = 224\text{MPa}$，$t_{cr} = 374.15℃$。

15. 水的汽化热随着压力的升高而（　　　）。

（A）与压力变化无关；（B）不变；（C）增大；（D）减小。

16. 过热蒸汽的形成经过（　　　）五种状态。

（A）饱和水、未饱和水、湿饱和蒸汽、干饱和蒸汽、过热蒸汽；（B）未饱和水、饱和水、干饱和蒸汽、湿饱和蒸汽、过热蒸汽；（C）未饱和水、湿饱和蒸汽、饱和水、干饱和蒸汽、过热蒸汽；（D）未饱和水、饱和水、湿饱和蒸汽、干饱和蒸汽、过热蒸汽。

17. 压力一定，对液体加热，在沸腾过程中，液体温度将（　　　）。

（A）上升；（B）下降；（C）保持不变；（D）不确定。

18. （　　　）越高，过热蒸汽离饱和状态越远。

（A）温度；（B）湿度；（C）过热度；（D）干度。

19. 若工质在某一热力过程中吸收的热量等于其焓值的增量，则该过程为（   ）过程。

（A）定温；（B）绝热；（C）定压；（D）定容。

20. 工质在有摩擦的绝热流动过程中，其熵是（   ）。

（A）增加的；（B）减小的；（C）不变化；（D）不确定。

21. 蒸汽通过缩放喷管时，其质量流量（   ）。

（A）入口截面最大，喉部次之，出口截面最小；（B）在任何一截面均相等；（C）入口截面最小，喉部次之、出口截面最大；（D）入口截面最大，喉部最小，出口截面次之。

22. 工质通过喷管时，入口压力保持恒定，则通过喷管的蒸汽流量（   ）。

（A）随背压降低一直增大；（B）随背压降低一直减小；（C）随背压降低而增大至一定值后保持不变；（D）与背压无关。

23. 蒸汽在喷管中流动时，蒸汽参数变化规律为（   ）。

（A）温度降低、压力降低、比体积降低；（B）温度降低、压力降低、比体积增加；（C）温度增加、压力降低、比体积增加；（D）温度增加、压力增加、比体积降低。

24. 在缩放喷管的喉部，工质达到临界流动状态，在其渐扩部分，工质（   ）。

（A）压力下降，流速升高；（B）压力上升，流速降低；（C）压力不变，流速升高；（D）压力下降，流速降低。

25. 要使喷管出口蒸汽流速高于临界流速，应使用（   ）。

（A）渐缩喷管；（B）缩放喷管；（C）渐扩喷管；（D）任意喷管都可以。

26. 水蒸气经绝热节流后，（   ）。

（A）压力降低，温度降低，熵增加；（B）压力降低，温度不变，熵增加；（C）压力升高，温度升高，熵减小；（D）压力升高，温度降低，熵减小。

27. 当 $p_b \geqslant p_{cr}$ 时，选用（   ）。

（A）渐缩喷管；（B）缩放喷管；（C）渐扩喷管；（D）任意喷管都可以。

28. 当 $p_b < p_{cr}$ 时，选用（　　）。

（A）渐缩喷管；（B）缩放喷管；（C）渐扩喷管；（D）任意喷管都可以。

29. 当工质的焓值相同时，熵值较大的蒸汽做功能力（　　）。

（A）高；（B）低；（C）不变；（D）不确定。

30. 有摩擦的绝热流动是一个（　　）。

（A）熵减过程；（B）熵增过程；（C）过程中熵不变化；（D）过程中熵的变化不确定。

二、判断题（下列描述中，正确的在括号内打"√"，错误的在括号内打"×"）

1. 一定压力下，蒸汽的凝结温度与液体的沸点相等。
（　　）

2. 在液体表面进行的汽化过程叫蒸发。液体的温度越高蒸发速度越快。　　　　　　　　　　　　　　　　（　　）

3. 液体蒸发时所需的能量可以由外界加热供给，也可以依靠消耗自身的内能。　　　　　　　　　　　　　　（　　）

4. 沸腾只出现在对水加热的情况下。　　　　　（　　）

5. 只有当液体的温度升高到一定值时，才能发生汽化过程。
（　　）

6. 当外界不对液体加热，液体依靠消耗自身内能来蒸发时，液体的温度会因蒸发而下降。　　　　　　　　　（　　）

7. 容器内的水达到饱和状态时，水和蒸汽的温度是不相等的，其中水的温度低，蒸汽的温度高。　　　　　（　　）

8. 水蒸气的饱和温度与饱和压力成一一对应关系、饱和温度随饱和压力的升高而降低。　　　　　　　　　（　　）

9. 在液体内部和表面同时进行的汽化过程，称为沸腾。
（　　）

10. 对饱和水定压加热使其变成干饱和蒸汽的过程中，吸收汽化热但水的温度不发生变化的原因之一是汽化热用来克服外力使体积膨胀对外做膨胀功。（　　）

11. 汽化和凝结互为反过程。（　　）

12. 对容器中的水定压加热，当水与蒸汽处于动态平衡时，此时蒸汽为过热蒸汽。（　　）

13. 水蒸气可以按理想气体来处理。（　　）

14. 同种液体，沸点随压力的升高而增大。（　　）

15. 饱和水的湿度为零。（　　）

16. 过热蒸汽的过热度越高，说明越远离饱和状态。（　　）

17. 液体受热蒸发时，在吸热量相同的情况下，液面上的压力越高，液体蒸发的速度越快。（　　）

18. 干度是湿蒸汽的一个状态参数，它表示湿蒸汽的干燥程度。（　　）

19. 干饱和蒸汽的干度为1。（　　）

20. 在焓熵图中每一条等温线上的温度都相等，等温线从上到下温度值由低到高。（　　）

21. 在水蒸气焓熵图中的湿蒸汽区内等压线即为等温线。（　　）

22. 在一定压力下，液体被加热到一定温度时才会发生沸腾。（　　）

23. 锅炉运行时，若汽包压力突然下降，饱和温度降低，汽水混合物体积膨胀，水位上升，形成虚假水位。（　　）

24. 过热蒸汽的过热度一定等于过热蒸汽的温度减去100℃。（　　）

25. 喷管是用来降压增速的短管。（　　）

26. 蒸汽流经喷管时，沿流动方向，压力降得越低，蒸汽的流速增加得就越快。（　　）

27. 蒸汽在喷管内流动时，其压力的变化方向与流速的变化方向相同。（　　）

28. 节流前后工质的焓值不变，因而节流过程是一个等焓过程。 （　　）

29. 蒸汽在流道中有节流时和没有节流时绝热膨胀到同一压力值，有节流时的绝热焓降减小。 （　　）

30. 压力降低时，由于对应的饱和温度降低，使得部分水蒸发，引起锅炉水体积收缩。 （　　）

三、问答题

1. 饱和状态的特点是什么？

2. 水在沸腾时有何特点？

3. 在汽化阶段，水吸收汽化热而水的温度不发生变化，其原因是什么？

4. 在火力发电厂中，为什么把给水泵安装在比除氧器低几十米的位置？

5. 水蒸气 $T - s$ 图中一点、二线、三区的含义分别是什么？

6. 什么是干度？什么是湿度？

7. 为何超临界压力的锅炉没有汽包？

8. 什么是喷管？什么是扩压管？

9. 工程中常用的喷管有哪几种？各有什么特点？

10. 什么叫绝热节流？

四、计算题

1. 100kg 水蒸气，压力为 10^5Pa，此时的饱和温度 $t_s = 99.63℃$。当压力不变时，若其温度变为 160℃，处于何种状态？若测得 100kg 水蒸气中含蒸汽 35kg，含水 65kg，又处于何种状态？此时的温度应是多少？

2. 已知 $p = 2$MPa，$t = 300℃$，利用水蒸气表判断其状态，并确定其 h。

3. 水蒸气由压力 $p_1 = 13.5$MPa，温度 $t_1 = 550℃$，定熵膨胀到 $p_2 = 0.005$MPa，利用 $h - s$ 图求过程的热量和技术功。

4. 已知蒸汽在喷管中的理想焓降为 49.8kJ/kg，蒸汽进入喷管时的初速度 $c_1 = 40$m/s，求喷管出口蒸汽的理想速度为多少？

5. 汽轮机某级的理想焓降为 64.3kJ/kg，喷管的速度系数 φ =0.96，求喷管出口理想速度 c_2 和出口的实际速度 $c_{2'}$。

6. 主蒸汽管道中，蒸汽流量为 300t/h，蒸汽的参数 p_1 = 8.83MPa，t_1 =535℃，蒸汽的流速为 120m/s，求管道直径。

五、论述题

1. 定压下水蒸气的形成过程分为哪三个阶段？每个阶段所吸收的热量分别叫什么热量？

2. 高压、超高压锅炉中，为什么采用屏式过热器？

3. 为什么不能说节流过程是个定焓过程？

4. 节流前后蒸汽的状态参数如何变化？节流在热力工程中有哪些应用？

第四章

蒸 汽 动 力 循 环

本章以蒸汽动力循环的基本循环——朗肯循环为重点，并在此基础上，介绍回热循环、再热循环及热电合供循环的目的、构成、特点和对它们经济性的分析等内容。

本章所讨论的循环均认为是可逆循环。

第一节 蒸汽动力装置的基本循环——朗肯循环

朗肯循环是蒸汽动力装置的基本循环，是学习其他蒸汽动力循环的基础。为此，在本节中，将通过朗肯循环装置示意图介绍朗肯循环的构成，通过朗肯循环的 $p-v$ 图和 $T-s$ 图，讲述循环的特点，并介绍朗肯循环热经济指标的计算和蒸汽参数对循环热效率的影响，从而给出提高蒸汽动力循环热效率的方法。

一、饱和蒸汽的卡诺循环

根据热力学第二定律，在一定的温度范围内工作的一切循环，以卡诺循环的热效率最高。但以气体作工质时，由于定温过程难以实现，所以在实际循环中难以采用。当采用饱和蒸汽作工质时，在湿蒸汽区，工质的吸、放热过程既定压又定温，定温过程可以实现，也即利用饱和蒸汽进行卡诺循环在实际中可以实现。该循环的 $T-s$ 图如图 4-1 所示。4-1 是工质在锅炉内的定温（定压）吸热过程；1-2 是工质在汽轮机内的绝热膨胀做功过程；2-3 是工质在凝汽器内的定温（定压）放热过程；3-4 是工质在压气机内的绝热压缩升压过程。

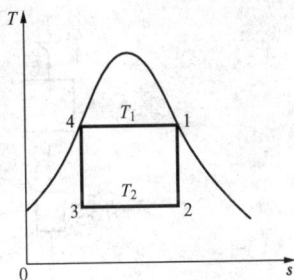

图 4-1 饱和蒸汽卡诺循环的 $T-s$ 图

由图 4−1 可知，压缩机压缩的工质是湿蒸汽（状态点 3），压缩机尺寸庞大，消耗很大的压缩功，使循环净功大大减少；同时，饱和蒸汽的上限温度只能在临界温度 374.12℃ 以下，而下限温度只能在环境温度以上，使卡诺循环可以利用的温差不大，其热效率不高。所以，虽然饱和蒸汽的卡诺循环可以实现，但在实际中仍难以采用。

针对饱和蒸汽卡诺循环存在的两个缺陷，人们进行了如下改进：使定压定温放热过程终态点（3 点）由湿蒸汽状态变为饱和水状态，以减小压缩泵的尺寸和循环的压缩功；同时，使工质的定温吸热过程改为定压吸热过程，并使定压吸热过程的终态点（1 点）由干饱和蒸汽状态变为过热蒸汽状态，以提高工质吸热时的上限温度。这样改进的结果，就构成了一个切实可行的蒸汽动力循环——朗肯循环。

二、朗肯循环的装置系统

图 4−2 为朗肯循环装置示意图。朗肯循环装置主要由锅炉、汽轮机、凝汽器和给水泵组成。工质在上述四个热力设备中的工作过程是：水首先在锅炉（包括省煤器、水冷壁和过热器）定压吸热变成过热蒸汽，过热蒸汽经管道送入汽轮机内绝热膨胀做功，使汽轮机转动并带动发电机发电。汽轮机中做完功的蒸汽（叫乏汽）排入凝汽器，把热量放给循环水（也叫冷却水）而定

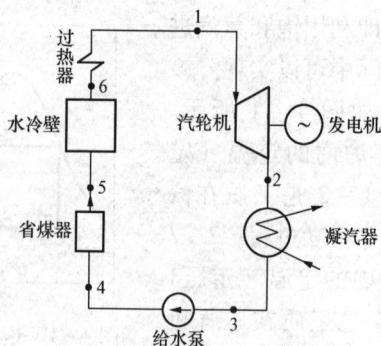

图 4−2　朗肯循环装置示意图

压凝结成饱和水（称为凝结水），凝结水经给水泵绝热压缩升压后（这时的水叫给水）再次送入锅炉加热，从而完成循环。

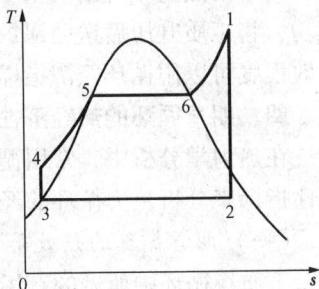

图 4 - 3 朗肯循环的 $T - s$ 图

三、朗肯循环的 $T - s$ 图

图 4 - 3 为朗肯循环的 $T - s$ 图。图中各过程线的含义分别为：

4 - 1：给水在锅炉中的定压加热过程。工质从热源吸收热量 q_1，温度由 t_2 升至 t_1。该过程分为三个阶段进行：4 - 5 为未饱和水（给水）在省煤器的定压（p_1）预热阶段；5 - 6 为工质在炉内水冷壁中定压定温汽化阶段；6 - 1 为工质在过热器中的定压过热阶段。

1 - 2：过热蒸汽在汽轮机内的绝热膨胀过程。过程中工质对外做技术功。

2 - 3：乏汽在凝汽器中的定压定温放热凝结过程。乏汽凝结成 p_2 压力下的饱和水。工质向冷源放出热量 q_2。

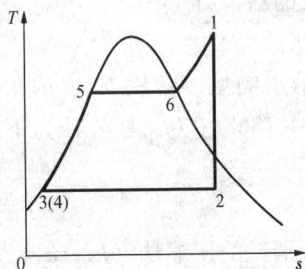

图 4 - 4　朗肯循环的
简化 $T - s$ 图

3 - 4：凝结水在给水泵中的绝热压缩过程。工质消耗外界的压缩功。由于该过程工质温度略有升高，可以忽略不计，3、4 两点几乎重合，所以朗肯循环的 $T - s$ 图可简化成图 4 - 4 的形状。

在 $T - s$ 图上，封闭曲线 4 - 5 - 6 - 1 - 2 - 3 - 4 围成的面积可以表示该循环的有效热 $q_0 = w_0$，而吸热过程 4 - 5 - 6 - 1 线下的面积可以表示该循环的吸热量 q_1。

由上述分析可知，在朗肯循环中，工质在热源（锅炉）吸收热量 q_1，将其中的 $q_0 = q_1 - q_2$ 在汽轮机中转变成了有用功 w_0，

而将其余的热量 q_2 放给了冷源（凝汽器）。最后，消耗水泵的压缩功，将工质升压后送回锅炉完成一个循环。朗肯循环热变功的有效程度可以用循环经济指标来评价。

四、朗肯循环的热经济性指标

在热力学分析中，常用循环热效率、汽耗率及热耗率等热经济性指标来分析热力循环的经济性。

（一）朗肯循环的热效率

工质在循环中所做的有用功 w_0 应等于汽轮机所做功 w_t 减去水泵所消耗的压缩功 w_p（kJ/kg），即

$$w_0 = w_t - w_p = (h_1 - h_2) - (h_4 - h_3)$$

工质在循环中吸收的总热量即为工质在锅炉定压吸收的热量 q_1，应等于 4 - 1 过程的焓差，即

$$q_1 = h_1 - h_4 \quad \text{kJ/kg}$$

故朗肯循环的热效率为

$$\eta_{t,R} = \frac{(h_1 - h_2) - (h_4 - h_3)}{h_1 - h_4} \qquad (4-1)$$

式中　h_1——进入汽轮机的过热蒸汽的焓，kJ/kg；

　　　h_2——汽轮机排汽的焓，kJ/kg；

　　　h_3——排汽压力（p_2）下凝结水的焓，常用 h'_2 表示，当压力较低时，$h_3 = h'_2 \approx 4.1868 t_{s2}$（$t_{s2}$ 为 p_2 压力下的饱和温度），kJ/kg；

　　　h_4——锅炉给水的焓，kJ/kg。

在 p_1、t_1 较低时，由于给水泵所消耗的压缩功（$h_4 - h_3$）远远小于蒸汽在汽轮机所做的功（$h_1 - h_2$），所以在计算中常常忽略泵功，认为 $w_p = h_4 - h_3 \approx 0$，即在图 4 - 3 中，3、4 两点重合，$h_4 = h_3 = h'_2$，这样式（4 - 1）可写为

$$\eta_{t,R} = \frac{h_1 - h_2}{h_1 - h'_2} \qquad (4-2)$$

式（4 - 1）和式（4 - 2）中的焓值可根据电厂控制表盘上

锅炉过热蒸汽的压力 p_1、温度 t_1 及凝汽器压力 p_2 及过程特性在水蒸气表或 $h-s$ 图上查出。

应当说明,在高温、高压的朗肯循环中,泵功不能忽略,朗肯循环热效率只能按式（4-1）计算。

显然,朗肯循环的热效率可以用 $T-s$ 图上的面积直观地表示出来,如图 4-3 所示。它等于封闭曲线 4-5-6-1-2-3-4 围成的面积 (w_0) 与吸热过程 4-5-6-1 线下的面积 (q_1) 之比。

（二）朗肯循环的汽耗率和热耗率

1. 汽耗率和热耗率的概念

汽耗率表示每产生 $1kW \cdot h$（即 3600kJ）的功所消耗的蒸汽量（kg）,用符号 d 表示,即

$$d = \frac{D}{P} \quad kg/(kW \cdot h) \qquad (4-3)$$

式中 D——汽轮机每小时消耗的蒸汽量,kg/h;

P——汽轮机每小时产生的功,kW。

经推导

$$d = \frac{3600}{w_0} \quad kg/(kW \cdot h) \qquad (4-4)$$

式（4-4）为汽耗率的计算式,适用于任何正向循环。

热耗率表示产生 $1kW \cdot h$（即 3600kJ）的功所消耗的热量（kJ）,用符号 q_t 表示,即

$$q_t = \frac{Q_1}{P} \quad kJ/(kW \cdot h) \qquad (4-5)$$

经推导

$$q_t = \frac{3600}{\eta_t} \quad kJ/(kW \cdot h) \qquad (4-6)$$

式（4-6）为热耗率的计算式,适用于任何正向循环。

2. 朗肯循环的汽耗率和热耗率

将朗肯循环的有用功 $w_0 = h_1 - h_2$ 及热效率 $\eta_{t,R}$ 分别代入式 (4-4) 和式 (4-6)，可得

朗肯循环汽耗率为

$$d_R = \frac{3600}{(h_1 - h_2)} \quad kg/(kW \cdot h) \qquad (4-7)$$

朗肯循环的热耗率为

$$q_{t,R} = \frac{3600}{\eta_{t,R}} \quad kJ/(kW \cdot h) \qquad (4-8)$$

对某一循环来讲，循环的热效率 η_t 越高，汽耗率 d 越低，热耗率 q_t 越低时，循环的热经济性越高。

五、蒸汽参数对循环热效率的影响

循环热效率是衡量火力发电厂热经济性的重要指标。提高蒸汽动力循环的热效率对节约一次能源，提高电厂的经济性有着非常重要的意义。由于朗肯循环是蒸汽动力装置的基本循环，我们可以通过分析朗肯循环热效率来寻找提高循环热效率的方法。

由朗肯循环热效率公式 (4-2) 可以看出，朗肯循环的热效率取决于 h_1、h_2 和 h_2' 值。而它们又取决于蒸汽初参数 p_1、t_1 和终压 p_2。那么，p_1、t_1 和 p_2 变化时，对 η_t 会有怎样的影响呢？

（一）提高蒸汽初温 t_1 对循环热效率的影响

可以证明，蒸汽的初压 p_1 和终压 p_2 保持不变时，提高蒸汽初温 t_1 可使朗肯循环热效率 $\eta_{t,R}$ 提高。提高 t_1 使 $\eta_{t,R}$ 提高的根本原因是提高了循环的吸热平均温度 $\overline{T}_1$。这与我们前面讨论的提高循环热效率的基本途径的结论是一致的。

表 4-1 是 $p_1 = 2.943MPa$，$p_2 = 0.00393MPa$ 时，t_1 的提高与 $\eta_{t,R}$ 之间的关系。

表 4-1　　　　　　蒸汽初温 t_1 对循环热效率的影响

t_1（℃）	350	400	450	500	550	600	700
$\eta_{t,R}$	0.355	0.368	0.374	0.383	0.389	0.392	0.415

由表 4-1 可以看出，随着 t_1 的提高，$\eta_{t,R}$ 的提高并不明显。

提高 t_1 后，带来的其他影响有：①初温提高后，1kg 工质的做功量 w_0 增大，使朗肯循环汽耗率 $d_R = \dfrac{3600}{w_0}$ 减小；②由于提高 t_1 使 $\eta_{t,R}$ 增加，则热耗率 $q_{t,R} = \dfrac{3600}{\eta_{t,R}}$ 随之减小；③提高初温 t_1 使排汽干度增加，可减少汽轮机末几级叶片的水冲击、汽蚀，减小湿汽损失，有利于汽轮机的安全、经济运行；④t_1 的提高受金属材料耐热强度的限制，目前，国产机组 t_1 的最高值一般在 560℃左右，国外机组的 t_1 也很少超过 600℃；⑤t_1 提高后，锅炉过热器高温段和汽轮机高压端要使用优质合金材料，使设备投资费用增加。

（二）提高蒸汽初压 p_1 对循环热效率的影响

当蒸汽的初温 t_1 和终压 p_2 不变时，提高蒸汽初压 p_1，可使朗肯循环热效率 $\eta_{t,R}$ 提高。p_1 提高后，使 $\eta_{t,R}$ 提高的根本原因是提高了循环的吸热平均温度 $\overline{T}_1$。

表 4-2 是 $t_1 = 500℃$，$p_2 = 0.00393\,\mathrm{MPa}$ 时，p_1 的提高与 $\eta_{t,R}$ 之间的关系。

表 4-2　　　　蒸汽初压 p_1 对循环热效率的影响

p_1（MPa）	0.981	2.943	5.887	8.83	11.773	29.334
$\eta_{t,R}$	0.34	0.38	0.41	0.42	0.43	0.44

由表 4-2 可以看出，随着 p_1 的提高，$\eta_{t,R}$ 的提高逐渐放慢。

提高 p_1 带来的其他影响有：①提高初压 p_1 会使排汽干度降低，不利于汽轮机的安全、经济运行。所以 p_1 的提高受到排汽干度的限制。②初压 p_1 提高后，$\eta_{t,R}$ 提高，朗肯循环的热耗率 $q_{t,R} = \dfrac{3600}{\eta_{t,R}}$ 将随之降低，热经济性得到提高。③随初压 p_1 的提高，蒸汽比体积减小，使有关设备的尺寸、质量都减小，可节省钢材，减少投资费用。但 p_1 提高后，对设备耐压强度的要求也随之提高。

实际应用中，为部分地消除 p_1 提高后排汽干度降低带来的不利影响，往往采用同时提高 p_1 和 t_1 的办法，用 t_1 提高时排汽干度的增加来抵消 p_1 提高时排汽干度的降低。

（三）降低蒸汽终压 p_2 对朗肯循环热效率的影响

当蒸汽的初温 t_1 和初压 p_1 不变时，降低蒸汽终压 p_2 可使朗肯循环热效率 $\eta_{t,R}$ 提高。p_2 降低后，使 $\eta_{t,R}$ 提高的根本原因是降低了循环的放热平均温度 $\overline{T}_2$。

表 4 – 3 是 p_1 = 2.943MPa，t_1 = 500℃ 时，p_2 的降低与 $\eta_{t,R}$ 之间的关系。

表 4 – 3　　　蒸汽终压 p_2 对循环热效率的影响

p_2（MPa）	0.0981	0.0491	0.0196	0.00981	0.00491	0.00392
$\eta_{t,R}$	0.238	0.306	0.333	0.355	0.374	0.381

由表 4 – 2 可以看出，随着 p_2 的降低，$\eta_{t,R}$ 的提高很明显。

降低 p_2 带来的其他影响有：①p_2 降低后，1kg 工质的做功量 w_0 增大，使朗肯循环汽耗率 $d_R = \dfrac{3600}{w_0}$ 减小，使热经济性增加；②p_2 降低后排汽干度下降，对汽轮机安全工作不利；③p_2 降低后，排汽比体积相应增加，汽轮机尾部尺寸增大；④p_2 的降低受环境温度的限制。目前，火力发电厂的排汽压力在 0.004MPa 左右。

通过上述分析可知，提高可逆的朗肯循环热效率的方法是：提高蒸汽的初参数 p_1、t_1；降低蒸汽的终参数 p_2。上述方法遵循的是提高蒸汽动力装置循环热效率的基本途径——提高吸热平均温度 $\overline{T}_1$ 和降低放热平均温度 $\overline{T}_2$。

提高蒸汽的 p_1、t_1 后，因循环热效率提高，故使运行费用下降，但因采用高参数蒸汽后，设备投资费用和部分运行费用又将增加，因而中小型机组不宜采用高参数。究竟多大容量的机组采用高参数较为合适，须经全面的技术经济比较后才能确定。目前，我国采用的功率和参数的配套情况见表 4 – 4。

表 4－4 国产机组蒸汽参数规范

参数等级 特性	低参数	中参数	高参数	超高参数	亚临界参数
初压 p_1（MPa）	1.3	3.5	9.0	13.5	16.5
初温 t_1（℃）	340	435	535	550，535	550，535
功率 P（MW）	0.5～3	6～25	50～100	125，200	200，300，600

六、有摩擦阻力的实际朗肯循环

由于在锅炉和凝汽器存在着温差传热，在汽轮机和水泵中有摩擦阻力，使得实际的蒸汽动力循环中的全部过程均为不可逆过程。为简化分析，假定在朗肯循环中，只有蒸汽在汽轮机内的绝热膨胀过程因存在摩擦阻力损耗为不可逆过程。则实际朗肯循环的 $T-s$ 图如图 4－5 所示。

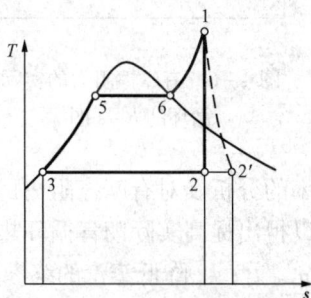

图 4－5 有摩擦阻力的朗肯循环示意图

考虑到汽轮机内的不可逆损失，绝热膨胀过程就不再是定熵过程 1－2，而是熵增过程 1－2′（见图 4－6）。则蒸汽通过汽轮机时实际所做的技术功为 $w'_t = h_1 - h_{2'}$，实际循环热效率为

$$\eta'_{t,R} = \frac{h_1 - h_{2'}}{h_1 - h'_2} \tag{4-9}$$

式中 $h_{2'}$——汽轮机出口乏汽实际状态点的焓，kJ/kg；

h'_2——汽轮机排汽压力下饱和水的焓，kJ/kg。

显然，有摩擦阻力的朗肯循环热效率低于可逆朗肯循环的热效率，不可逆损失使循环热效率下降。因此，要提高实际循环的热效率，必须尽可能地减少循环的不可逆程度，也就是要尽可能减少不可逆所造成的各种损失，即除了降低汽轮机中工质绝热膨胀时的不可逆性外，更重要的是减少温差传热的不可逆性。且在

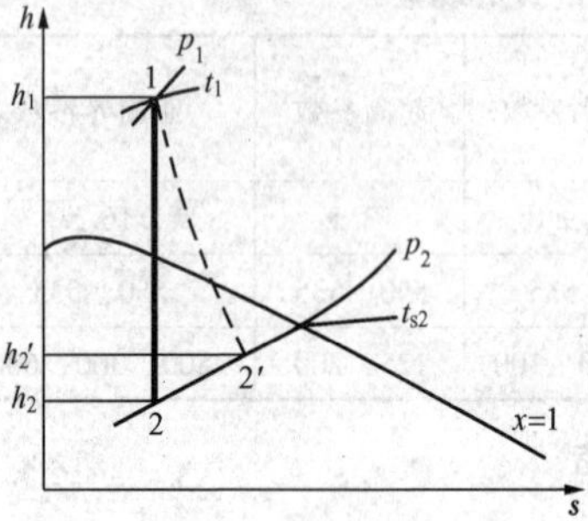

图 4-6 有摩擦阻力的实际
循环的 h-s 图

温差传热的不可逆因素中，大部分由锅炉中高温传热温差（工质吸热平均温度与热源温度之间的温差）所引起，小部分由凝汽器中的低温传热温差（工质放热平均温度与冷源温度之间的温差）所引起（具体数值见本节［例题 4-1］）。温差传热是造成循环热效率较低的主要原因。

综合对可逆朗肯循环热效率的分析及对有摩擦阻力的实际朗肯循环热效率的分析结果，可以得出提高实际朗肯循环热效率的方法为：①提高蒸汽的初参数 p_1、t_1；②降低蒸汽的终参数 p_2；③尽量减少实际循环中的各种能量损失。

由于朗肯循环是所有蒸汽动力循环的基本循环，所以上述结论不仅适用于朗肯循环而且也适用于其他所有蒸汽动力循环。

【例题 4-1】 国产 300MW 汽轮发电机组，工质从温度为 1500℃的高温热源（炉膛）吸热，向温度为 20℃的冷源（冷却水）放热，蒸汽最高压力为 16.17MPa，蒸汽最高温度为 565℃，凝汽器内蒸汽压力为 0.0049MPa。循环中工质的吸热平均温度为 553K，工质的放热平均温度为 303K。试求热机以卡诺循环方式工作时的热效率，以及该实际循环的理论热效率（可逆循环热效率），并分析这两种循环热效率不同的原因。

解： 按卡诺循环方式工作时，热效率为

$$\eta_{t,C} = 1 - \frac{T_2}{T_1} = 1 - \frac{(273+20)}{(273+1500)} = 83.5\%$$

实际循环的理论热效率为

$$\eta_t = 1 - \frac{\overline{T_2}}{\overline{T_1}} = 1 - \frac{303}{553} = 45.2\%$$

若考虑实际循环中的各种能量损失，实际循环的热效率还会更低。

实际循环的理论热效率远远低于相同温度范围内卡诺循环热效率的原因，是工质在实际循环中的吸热平均温度（$\overline{T_1} = 553\text{K}$）远远低于热源温度（$T_1 = 1500 + 273 = 1773\text{K}$），二者之间的温差（$\Delta T_1 = T_1 - \overline{T_1} = 1773 - 553 = 1220\text{K}$）大；而工质在实际循环中的放热平均温度（$\overline{T_2} = 303\text{K}$）与冷源温度（$T_2 = 20 + 273 = 293\text{K}$）之间的温差（$\Delta T_2 = \overline{T_2} - T_2 = 303 - 293 = 10\text{K}$）小。所以，对该实际循环，提高其循环热效率的途径为提高工质的吸热平均温度 $\overline{T_1}$ 和减少实际循环的能量损失。

【例题 4 – 2】 国产 300MW 汽轮机发电机组，其新蒸汽参数为 $p_1 = 17\text{MPa}$，$t_1 = 560\,℃$，汽轮机排汽压力 $p_2 = 0.005\text{MPa}$，若按朗肯循环工作，求该循环的热效率、汽耗率、热耗率、排汽干度及每小时的汽耗量和热耗量。

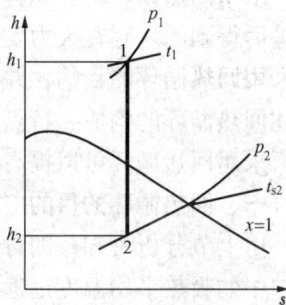

图 4 – 7 ［例题 4 – 2］图

解：如图 4 – 7 所示，由 h – s 图查得：$h_1 = 3426\text{kJ/kg}$，$h_2 = 1982\text{kJ/kg}$，$t_{s2} = 33\,℃$，$x_2 = 0.757$，则 $h'_2 = 4.1868 t_{s2} = 4.1868 \times 33 = 138\text{kJ/kg}$，故

循环热效率

$$\eta_{t,R} = \frac{h_1 - h_2}{h_1 - h'_2} = \frac{3426 - 1982}{3426 - 138} = 0.439$$

汽耗率

$$d_R = \frac{3600}{h_1 - h_2} = \frac{3600}{3426 - 1982} = 2.49 \quad [\text{kg/(kW} \cdot \text{h)}]$$

热耗率

$$q_{t,R} = \frac{3600}{\eta_{t,R}} = \frac{3600}{0.439} = 8200.5 \quad [\text{kJ/(kW} \cdot \text{h)}]$$

每小时的汽耗量

$$D = Pd_R = 300000 \times 2.49 = 747000 (\text{kg/h}) = 747 (\text{t/h})$$

每小时的热耗量

$$Q_1 = Pq_{t,R} = 300000 \times 8200.5 = 2.46 \times 10^9 (\text{kJ/h})$$

答： 该循环的热效率为 0.439，汽耗率为 2.49kg/（kW·h），热耗率为 8200.5kJ/（kW·h），排气干度为 0.757，每小时的汽耗量、热耗量分别为 747t/h、2.46×10^9kJ/h。

第二节 给水回热循环

给水回热循环是在朗肯循环的基础上，为提高循环热效率而改进后得到的。它在火力发电厂中有着极为广泛的应用。本节介绍采用回热循环的目的，并结合回热循环装置示意图和 $T-s$ 图，讲述回热循环的构成、特点及循环热经济性指标的计算，并定性分析采用回热循环可以提高经济性的原因。

一、回热循环的目的

由上节分析可知，朗肯循环热效率较低的主要原因是工质在锅炉中的吸热平均温度远远低于热源温度。而降低排汽压力的同时又造成给水温度太低，使循环的吸热平均温度降低。所以，如果能设法提高锅炉给水温度，则循环的平均吸热温度将会得以提高，因而循环热效率也就能相应提高。

为了实现上述目的，人们常常将在汽轮机中做了部分功的蒸汽从汽轮机中抽出来，用以加热进入锅炉前的给水。这样不仅避免了抽汽的冷源损失，锅炉的给水温度也同时提高了。而所谓给水回热，就是利用汽轮机抽汽以加热给水的方法。在朗肯循环基础上，采用给水回热的循环，叫做给水回热循环，简称回热循环。

火力发电厂大多采用多级抽汽回热。现仅以一级抽汽回热循环为例，说明回热循环方式、热经济指标的计算方法及热经济性分析的思路。

二、回热循环装置系统图及 $T-s$ 图

图 4 - 8 为一级抽汽的回热循环装置系统示意图。

与朗肯循环相比，具有一级抽汽的回热循环增加了一个回热加热器和一台凝结水泵以及相应的抽汽管道。其装置系统图与朗肯循环的区别有两方面：一是有工质流量的变化；二是有热力过程的差异。

一级抽汽的回热循环的工作过程为：假设压力为 p_1、温度为 t_1 的 1kg 过热蒸汽进入汽轮机绝热膨胀做功，至汽轮机某个中间压力 p_0 时抽出 αkg 蒸汽（称之为抽汽）送入回热加热器定压放热以加热给水，

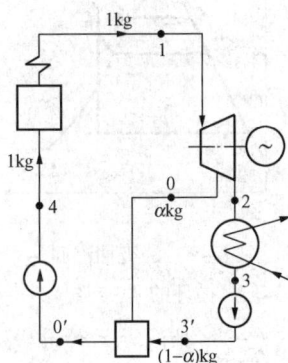

图 4 - 8 一级抽汽回热循环装置示意图

αkg 抽汽定压凝结成 p_0 压力下的饱和水。汽轮机中剩下的 $(1-\alpha)$ kg 蒸汽继续绝热膨胀做功至排汽压力 p_2，然后，$(1-\alpha)$ kg 乏汽被送入凝汽器，定压凝结成 p_2 压力下的饱和水，再经凝结水泵绝热压缩升压至 p_0 压力后，进入回热加热器定压 (p_0) 吸收 αkg 抽汽放出的热量，并在这里与 αkg 抽汽凝结成的水汇合成 1kg p_0 压力下的饱和水，再经给水泵绝热压缩升压至 p_1 压力后重新进入锅炉，完成一个循环。显然，给水回热循环将给水温度由朗肯循环中 p_2 压力下的饱和温度 t_{s2} 提高到了 p_0 压力下的饱和温度 t_{s0}，从而改善了吸热过程，提高了工质吸热平均温度，同时也减小了冷源损失。

图 4 - 9 为一级抽汽回热循环的 $T-s$ 图，图上的各热力过程线的含义如下。

4 - 5 - 6 - 1：1kg 工质在锅炉中的定压 (p_1) 吸热过程；1 - 0：1kg 蒸汽在汽轮机内的绝热膨胀做功过程；0 - 0′：αkg 抽汽在回热加热器中的定压 (p_0) 放热过程；0 - 2：$(1-\alpha)$kg 蒸汽在汽轮机内继续绝热膨胀做功的过程；2 - 3：$(1-\alpha)$ kg 乏汽在

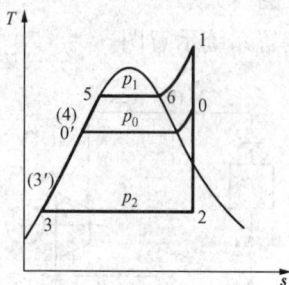

图 4 - 9 一级抽汽回热
循环的 $T - s$ 图

凝汽器中的定压（p_2）定温放热凝结过程；$3 - 0'$：$(1 - \alpha)$ kg 凝结水在回热加热器中的定压（p_0）吸热过程。

三、一级抽汽回热循环热经济指标的计算

由于回热循环的工质既有状态的变化，又有流量的变化，所以在计算各热经济指标时，必须首先计算抽汽率 α。

（一）抽汽率的计算

进入汽轮机的 1kg 蒸汽中所抽出的蒸汽量（kg），称为抽汽率，用符号 α 表示。

抽汽率可由回热加热器的热平衡方程来确定，如图 4 - 10 所示。若不考虑回热加热器的散热损失，则 αkg 抽汽所放出的热量等于 $(1 - \alpha)$ kg 凝结水所吸收的热量，即

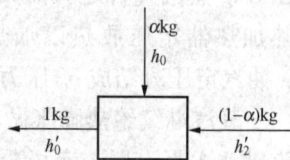

图 4 - 10 抽汽率计算用图

$$\alpha(h_0 - h_0') = (1 - \alpha)(h_0' - h_2')$$

则

$$\alpha = \frac{h_0' - h_2'}{h_0 - h_2'} \tag{4 - 10}$$

式中　h_0'——抽汽压力 p_0 下饱和水的焓，可据 p_0 查水蒸气表，或由 $h_0' = 4.1868t_{s0}$ 计算（t_{s0} 为 p_0 压力下的饱和温度），kJ/kg；

　　　　h_0——p_0 压力下抽汽的焓，kJ/kg；

　　　　h_2'——乏汽压力 p_2 下饱和水的焓，可据 p_2 查水蒸气表，或由 $h_2' = 4.1868t_{s2}$ 计算（t_{s2} 为 p_2 压力下的饱和温度），kJ/kg。

若循环中有 n 次抽气，可用上述方法建立 n 个热平衡方程

式，并按从高压到低压的回热加热器顺序，即可求得 $\alpha_1 \sim \alpha_n$。

（二）回热循环的热效率、汽耗率及热耗率的计算

回热循环中，工质从锅炉吸收的热量为：$q_1 = h_1 - h'_0 \mathrm{kJ/kg}$。如果不计泵所消耗的压缩功，则回热循环的有用功为：$w_0 = \alpha(h_1 - h_0) + (1 - \alpha)(h_1 - h_2)\mathrm{kJ/kg}$。根据循环热效率定义，可得一次抽汽回热循环的热效率为

$$\eta_{\mathrm{t,h}} = \frac{\alpha(h_1 - h_0) + (1 - \alpha)(h_1 - h_2)}{h_1 - h'_0} \qquad (4-11)$$

据汽耗率计算式，可得一次抽汽回热循环的汽耗率为

$$d_{\mathrm{h}} = \frac{3600}{w_{0,\mathrm{h}}} = \frac{3600}{\alpha(h_1 - h_0) + (1 - \alpha)(h_1 - h_2)} \quad \mathrm{kg/(kW \cdot h)}$$

$$(4-12)$$

据热耗率计算式，可得一次抽汽回热循环的热耗率为

$$q_{\mathrm{t,h}} = \frac{3600}{\eta_{\mathrm{t,h}}} \quad \mathrm{kg/(kW \cdot h)} \qquad (4-13)$$

上述公式中各焓值可由 $h-s$ 图（见图 4-11）和水蒸气表查得。

对多级抽汽回热循环热经济指标的计算，关键是求出循环的有用功 w_0。若不计泵功，则 w_0 应等于各级抽汽所做功与排汽所做功之总和。

四、回热循环的分析

与同参数朗肯循环比较，回热循环利多弊少，因而，火力发电厂的蒸汽动力装置循环广泛采用回热循环。下面作简要分析。

（1）回热循环热效率高于同参数朗肯循环的热效率。这是

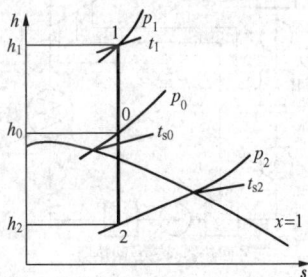

图 4-11　一级抽汽回热
循环的 $h-s$ 图

由于回热循环既提高了给水温度，使吸热平均温度升高，又使抽汽不再进入凝汽器内凝结放热，减少了冷源损失。从根本上说，回热循环是通过提高吸热过程平均温度来提高其热效率的。

（2）由于每1kg蒸汽在汽轮机中热变功的量减少了，使回热循环的汽耗率比同参数朗肯循环汽耗率大。但回热循环的热耗率由于循环热效率的提高而降低。

（3）采用回热循环后，因汽耗率增大，加大了汽轮机抽汽前各级的流通面积，但抽汽使汽轮机低压缸的流通面积减小，改善了蒸汽的流动，有利于汽轮机结构的改进。同时，由于排入凝汽器的蒸汽量减少，可减小凝汽器的换热面积及辅助设备的尺寸，降低循环水泵的负荷。又由于锅炉的给水温度升高，使省煤器受热面减少。所以，采用回热循环后，所节约的汽轮机、凝汽器和省煤器的金属材料的投资可以有效地补偿回热装置所增加的设备费用。即使从设备费用上看，回热循环也是有利的。

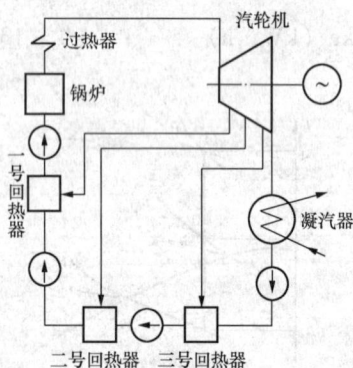

图4-12　多级抽汽的回热
循环装置系统

（4）抽汽压力越高，给水温度越高，则吸热平均温度越高，热效率也就越高；但同时蒸汽在汽轮机中膨胀做功的数值也相应地减小。常采用技术经济的综合比较，确定最佳的抽汽压力，从而确定适宜的给水温度。经综合分析，最有利的给水温度约为锅炉压力下饱和温度的0.65～0.75倍。

为了既能提高给水温度，又能使抽汽在汽轮机中多做功，工程上常采用分级抽汽的方法，如图4-12所示。目前，在火力发电厂中，低压机组多采用3～5级回热抽汽，高压机组多采用7～9级回热抽汽。

国产机组采用的回热参数如表4-5所示。

表 4 - 5　　　　　　　国产机组回热参数及级数

循环初参数 p_1（MPa）/t_1（℃）	3.5/435	9.0/535	13.5/550/550	16.5/550/550
给水温度（℃）	150 ~ 170	220 ~ 230	230 ~ 250	250 ~ 270
回热级数	3 ~ 5	5 ~ 7	6 ~ 8	7 ~ 9

【例题 4 - 3】　如图 4 - 8 所示，某电厂汽轮机进口蒸汽参数为 $p_1 = 2.6$MPa，$t_1 = 420$℃，凝汽器内压力 $p_2 = 0.004$MPa。利用一级抽汽加热凝结水，使凝结水温升高到抽汽压力下的饱和温度。抽汽压力 $p_0 = 0.12$MPa。求抽汽率、热效率和汽耗率，并与同参数的朗肯循环热效率比较。

解：由 $h - s$ 图及水蒸气表查得：

$$h_1 = 3283\text{kJ/kg}, h_0 = 2604\text{kJ/kg}, h_0' = 439.36\text{kJ/kg},$$
$$h_2 = 2144\text{kJ/kg}, h_2' = 121.41\text{kJ/kg}$$

抽汽率为

$$\alpha = \frac{h_0' - h_2'}{h_0 - h_2'} = \frac{439.36 - 121.41}{2604 - 121.41} = 0.128$$

回热循环热效率为

$$\eta_{\text{t,h}} = \frac{\alpha(h_1 - h_0) + (1 - \alpha)(h_1 - h_2)}{h_1 - h_0'}$$

$$= \frac{0.128(3283 - 2604) + (1 - 0.128)(3283 - 2144)}{3283 - 439.36}$$

$$= 0.38 = 38\%$$

回热循环汽耗率为

$$d_{\text{h}} = \frac{3600}{\alpha(h_1 - h_0) + (1 - \alpha)(h_1 - h_2)}$$

$$= \frac{3600}{0.128 \times (3283 - 2604) + (1 - 0.128)(3283 - 2144)}$$

$$= 3.3[\text{kg/(kW · h)}]$$

同参数朗肯循环热效率为

$$\eta_{\text{t,R}} = \frac{h_1 - h_2}{h_1 - h_2'} = \frac{3283 - 2144}{3283 - 121.41} = 0.36 = 36\%$$

回热循环相对提高热效率为

$$\Delta\eta_{\mathrm{t}} = \frac{\eta_{\mathrm{t,h}} - \eta_{\mathrm{t,R}}}{\eta_{\mathrm{t,R}}} = \frac{0.38 - 0.36}{0.36} = 0.056 = 5.6\%$$

同参数朗肯循环汽耗率为

$$d_{\mathrm{R}} = \frac{3600}{h_1 - h_2} = \frac{3600}{3283 - 2144} = 3.16[\,\mathrm{kg/(kW \cdot h)}\,]$$

回热循环汽耗率增加为

$$\Delta d = d_{\mathrm{h}} - d_{\mathrm{R}} = 3.3 - 3.16 = 0.14[\,\mathrm{kg/(kW \cdot h)}\,]$$

答：该回热循环的抽汽率为 0.128，热效率为 38%，汽耗率为 3.3kg/（kW·h）。同参数朗肯循环热效率为 36%，汽耗率为 3.16kg/（kW·h）。采用回热循环后，循环热效率提高了，同时汽耗率也增加了。

第三节　再　热　循　环

目前，火力发电厂的高参数、大容量机组大多采用蒸汽中间再热。本节将以朗肯循环为基础，介绍再热循环的目的，并通过一次中间再热循环装置示意图和 $T - s$ 图，讲述再热循环的构成及特点，并定性说明采用再热循环对热机及热经济性的影响。

一、再热循环的目的

从朗肯循环的分析中知道，提高蒸汽的初压、初温可提高循环热效率。但提高蒸汽的初压会引起排汽干度的下降，虽然同时提高初温可以适当降低乏汽湿度，但初温的提高又受到金属材料耐热强度的限制。在初温不允许继续提高的情况下，为了能继续提高初压，以提高循环热效率，且不使汽轮机排汽干度过低，人们在朗肯循环的基础上引入了蒸汽中间再过热的办法，即再热循环的目的是为了提高排汽干度。同时，现在它已成为大型机组提高循环热效率的一种必要措施。

所谓蒸汽中间再过热，是指将在汽轮机高压缸内膨胀到某一中间压力的蒸汽，全部送回锅炉再热器定压加热至初温后再送回汽轮机低压缸继续膨胀做功的过程，简称为再热。在朗肯循环基础上，采用了蒸汽中间再过热的循环叫再热循环。

二、一次再热循环装置系统图及其 $T-s$ 图

图 4-13 为一次中间再热循环的装置系统图和 $T-s$ 图。工质在锅炉定压加热后送入汽轮机高压缸绝热膨胀做功，然后从汽轮机中抽出并送回锅炉再热器中定压加热至初温后，回到汽轮机低压缸继续绝热膨胀做功；排汽进入凝汽器定压、定温放热，凝结成排汽压力下的饱和水，由给水泵绝热压缩升压后送回锅炉，完成一个循环。显然该循环与朗肯循环所不同的是增加了再热器中的等压加热过程，而且汽轮机的绝热膨胀过程也是由高、低压缸分别完成的。

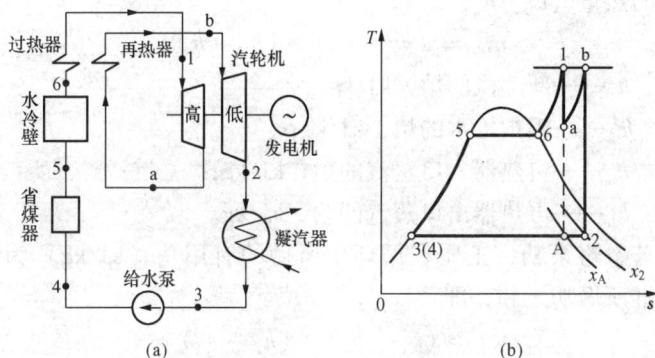

图 4-13 一次中间再热循环
（a）装置系统图；（b）$T-s$ 图

上述各过程线的意义分别是：

4-5-6-1：给水在锅炉的定压（p_1）加热过程，温度由 t_2 升至 t_1；

1-a：过热蒸汽在汽轮机高压缸内的绝热膨胀过程，压力从 p_1 降至再热压力 p_a，温度由 t_1 降至 t_a；

a-b：蒸汽在再热器中的定压（p_a）加热过程，温度由 t_a 升至蒸汽初温 $t_b = t_1$；

b-2：再热蒸汽在汽轮机低压缸内的绝热膨胀过程，压力从再热压力 p_a 降至终压 p_2，温度由 $t_b = t_1$ 降至 t_2；

2-3：排汽在凝汽器内的定压（p_2）定温（t_2）放热凝结过程；

3-4：凝结水在给水泵内的绝热压缩过程，压力从 p_2 升至 p_1，温度略有升高，可忽略不计（在 $T-s$ 图上，3、4 两点重合为一点）。

三、一次中间再热循环热经济性指标

1. 一次中间再热循环的热效率

在一次中间再热循环中，工质从热源吸收的总热量（kJ/kg）为工质从锅炉定压吸收的热量（$h_1 - h'_2$）与工质在再热器定压吸收的热量（$h_b - h_a$）之和，即

$$q_{1,z} = (h_1 - h'_2) + (h_b - h_a)$$

式中　h_1——新蒸汽的焓，kJ/kg；

　　　h'_2——锅炉给水的焓，kJ/kg；

　　　h_a——再热器入口蒸汽的焓，kJ/kg；

　　　h_b——再热器出口蒸汽的焓，kJ/kg。

若忽略泵功，工质在循环中所做的有用功（kJ/kg）为高、低压缸所做功之和，即

$$w_{0,z} = (h_1 - h_a) + (h_b - h_2)$$

据循环热效率定义，可得一次再热循环热效率为

$$\eta_{1,z} = \frac{w_{0,z}}{q_{1,z}} = \frac{(h_1 - h_a) + (h_b - h_2)}{(h_1 - h'_2) + (h_b - h_a)} \qquad (4-14)$$

2. 一次再热循环的汽耗率和热耗率

据汽耗率计算式，可得一次再热循环汽耗率[kg/(kW·h)]为

$$d_z = \frac{3600}{w_{0,z}} = \frac{3600}{(h_1 - h_a) + (h_b - h_2)} \qquad (4-15)$$

据热耗率计算式，可得一次再热循环热耗率[kJ/(kW·h)]为

$$q_{t,z} = \frac{3600}{\eta_{t,z}} \qquad (4-16)$$

上述公式中各焓值可由 $h-s$ 图（见图 4-14）和水蒸气表查得。

四、再热循环的分析

（1）采用蒸汽中间再热后，汽轮机的排汽干度由原来的 x_A 提高到 x_2 [见图 4-13（b）]，增强了汽轮机工作的安全性；同时，排汽干度的提高也为进一步提高蒸汽初压，从而提高循环热效率扫清了道路。

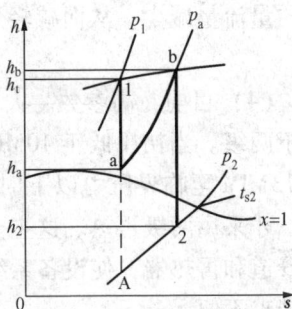

图 4-14　一次中间再热
循环的 $h-s$ 图

（2）正确选择再热压力，同时提高排汽干度和循环热效率。由图 4-13（b）可知，再热循环可以看作是由朗肯循环 1A3561 和附加循环 b2Aab 叠加而成的，只要再热压力选择得不太低，使附加循环的吸热平均温度高于朗肯循环的吸热平均温度，则整个再热循环的热效率就会大于朗肯循环热效率。根据已有的设计与运行经验，再热压力一般选择为初压 p_1 的 20% ~ 30%。这时可使再热循环的热效率相应提高 2.5% ~ 4.5%，即正确地选择再热压力，不仅可以提高排汽干度，还能提高循环热效率。因而，蒸汽中间再热循环被高参数大功率机组普遍采用，成为大型机组提高循环热效率的必要措施。

表 4-6 为国产再热机组的参数。

表 4-6　　　　　国产再热机组的初参数和再热参数

功率（MW）	125	200	300	600
初压（MPa）/初温（℃）	13.5/550	13/535	16.5/550	16.5/535
再热压力（MPa）/再热温度（℃）	2.6/550	2.5/535	3.5/550	3.6/535

（3）与同参数朗肯循环相比，由于再热循环的有用功和热

效率均大于朗肯循环，使再热循环的汽耗率和热耗率均小于朗肯循环，热经济性提高。同时，汽耗率降低使通过设备的水和蒸汽的质量流量减少，从而减轻了水泵和凝汽器的负担，这也是有利的。

（4）目前，高参数、大功率汽轮发电机组的再热级数一般小于两级。当初压低于 10MPa 时，一般不采用中间再热；初压在 13MPa 至临界压力以下时，一般采用一级再热；超临界参数时，才采用两级再热。这主要是由于再热次数增多时，增加了蒸汽管道和再热器，使设备系统复杂，投资费用增大，给运行和维修带来不便。

【例题 4 - 4】 国产 125MW 汽轮发电机组进汽参数为 p_1 为 13.24MPa，温度 t_1 为 550℃，高压缸排汽压力为 2.55MPa，再热蒸汽温度为 550℃，排汽压力为 5kPa，试比较再热循环的热效率与简单朗肯循环的热效率，并求排汽干度变化多少？

解： 从水蒸气焓熵图及表中查得：高压缸进汽焓 $h_1 =$ 3467kJ/kg，高压缸排汽焓 $h_a = 2987$kJ/kg；中压缸进汽焓 $h_b =$ 3573kJ/kg，简单朗肯循环排汽焓 $h_A = 2013$kJ/kg，再热循环排汽焓 $h_2 = 2272$kJ/kg，再热循环排汽压力下饱和水的焓 $h_2' =$ 137.8kJ/kg。

再热循环热效率为

$$\eta_{t,z} = \frac{(h_1 - h_a) + (h_b - h_2)}{(h_1 - h_2') + (h_b - h_a)} = \frac{(3467 - 2987) + (3573 - 2272)}{(3467 - 137.8) + (3573 - 2987)}$$

$$= 0.455 = 45.5\%$$

简单朗肯循环的热效率为

$$\eta_{t,R} = \frac{h_1 - h_A}{h_1 - h_2'} = \frac{3467 - 2013}{3467 - 137.8} = 0.437 = 43.7\%$$

采用再热循环后，循环热效率提高了

$$\Delta\eta_t = \frac{(\eta_{t,z} - \eta_{t,R})}{\eta_{t,R}} = \frac{0.455 - 0.437}{0.437} = 0.0412 = 4.12\%$$

从水蒸气焓熵图中可查得，简单朗肯循环的排汽干度为 $x_A =$

0.7735，再热循环的排汽干度为 $x_2 = 0.881$ ，排汽干度提高了 Δx

$$= \frac{x_2 - x_A}{x_A} = \frac{0.881 - 0.7735}{0.7735} = 0.139 = 13.9\%$$

答：采用再热循环使循环热效率提高了 4.12% ，使排汽干度提高了 13.9% 。

第四节　热电合供循环

随着电力事业的发展及人民生活水平的提高，热电联产及集中供热将越来越广泛地被采用。本节将通过热电合供循环的定义及循环装置示意图，介绍热电合供循环的目的、构成及特点。

一、热电合供循环的目的

在工程应用中，尽管我们采用了提高初参数 p_1、t_1，降低终参数 p_2 以及在朗肯循环的基础上采用回热、再热等一系列措施来提高循环热效率，但实际循环的热效率仍低于 50% 。即尚有 50% 的热能不可避免地放给冷源而散失于大气中。而另一方面，印染、纺织、造纸、化工等工业需要利用低压蒸汽，人们的日常生活中也需要采暖和供给热水。如果适当地提高凝汽式机组的排汽压力，使排汽温度具有较高的数值，则排汽的热量就可以直接或间接地用于工业和生活了。一般说来，如果使汽轮机的排汽压力提高到 0.118MPa，排汽温度就可达到 104℃，就能供一般取暖用；把排汽压力提高到 0.8～1.3MPa，则可满足一般工业需要。

采取了上述措施后，就能兼顾供热和发电的需要。从理论上讲，蒸汽排出的热量可以全部地被利用，从而提高了热能利用率，提高了电厂的经济效益，节约了能源，这就是热电合供循环的目的所在。

这种既供电又供热的循环，称为热电合供循环，既供电又供热的发电厂称为热电厂。

二、热电合供循环方式

热电厂的供热方式有两种：一种是采用背压式汽轮机供热，

另一种是采用调节抽汽式汽轮机供热。

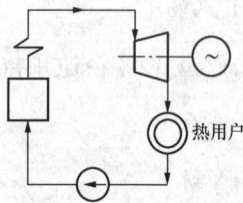

图4-15 背压式汽轮机热电合供循环装置示意图

（一）背压式汽轮机热电合供循环

1. 循环装置示意图

排汽压力高于0.1MPa的汽轮机称为背压式汽轮机。图4-15为背压式汽轮机热电合供循环装置示意图。

由图4-15可看出，在背压式汽轮机热电合供循环方式中，汽轮机的排汽全部供给热用户，蒸汽在热用户放出热量而凝结，凝结水经给水泵升压后送回锅炉。所以，背压式汽轮机热电合供循环与凝汽式汽轮机动力循环的主要区别为：①排汽不再通过凝汽器向大气散热，而是通过换热器或直接向热用户供热；但和朗肯循环相比，热用户在循环中所起的作用与朗肯循环的凝汽器是类似的，它们都使排汽定压凝结，所不同的是，排汽在凝汽器中放出的热量损失掉了，而在热用户中放出的热量被利用起来了。②为满足热用户的需要，排汽压力一般在0.1MPa以上。

2. 循环热经济指标分析

热电合供循环的热经济性必须用循环热效率和能量利用系数同时加以衡量。

显然，背压提高后，蒸汽在汽轮机中的做功量减少，循环的热效率一定低于同参数朗肯循环的热效率。即有 $\eta_{t,B} < \eta_{t,R}$。

但从能量利用的角度来看，热电合供循环的能量利用系数 K 比凝汽式汽轮机动力循环要高。

$$K = \frac{\text{已利用的能量}}{\text{工质从热源得到的能量}}$$

式中已利用的能量包括功量和送到热用户的热量。对背压式汽轮机热电合供循环，在理想情况下，K 值可为1，但因各种损失，实际的 K 值仅为0.7左右。

背压式汽轮机热电合供循环的优点是能量利用系数高，没有凝汽器等辅助设备，系统简单，投资低；但其缺点是供电、供热互相影响，往往不能同时满足热负荷和电负荷的需要。为解决这一矛盾，可采用调节抽汽式汽轮机供热。

（二）调节抽汽式汽轮机热电合供循环

1. 循环装置示意图

图 4-16 为调节抽汽式汽轮机热电合供循环装置示意图。

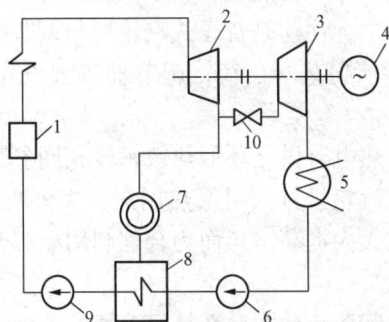

图 4-16　调节抽汽式汽轮机热电合供循环装置示意图
1—锅炉；2—汽轮机高压缸；3—汽轮机低压缸；4—发电机；
5—凝汽器；6—凝结水泵；7—热用户；8—加热器；9—给水
泵；10—调节阀

由图 4-16 可以看到：通过调节阀的开度变化，可以调节汽轮机低压缸与热用户之间的进汽量，从而达到同时满足热、电负荷需要的目的。例如，当热负荷增大而电负荷不变时，可增大锅炉的蒸发量并同时关小调节阀，这时，进入汽轮机高压缸的蒸汽量增加，高压缸多做功，而关小调节阀可减少进入低压缸的蒸汽量而使热用户的蒸汽量增加，从而使热负荷增加；同时，低压缸的做功量减少。当调节阀的开度适当时，可以使低压缸少做的功等于高压缸多做的功，从而达到电负荷不变，使热负荷增加的目的。反之，热负荷减小时，可以用低压缸多做的功来补偿高压缸少做的功。同样，当电负荷变化时，也可调节。

2. 循环的热经济指标分析

调节抽汽式汽轮机热电合供循环的最大优点是能同时满足热、电负荷的需要，因而被热电厂广泛采用。该循环的热效率也较背压式汽轮机高（但仍较相同参数的朗肯循环要低）。但在该循环中，由于有部分蒸汽进入凝汽器，造成部分热量损失，即使在理想情况下，能量利用系数 K 也小于 1。所以这种供热方式较背压式汽轮机供热方式的能量利用系数要低。

在实际应用中，往往是背压式汽轮机与调节抽汽式汽轮机并列使用。背压机承担基本负荷，调节抽汽式汽轮机承担尖峰负荷。

综上所述，热电合供循环的热效率较相同参数的朗肯循环要低。但由于它将汽轮机排汽引入热用户，大大减小了冷源损失，使能量利用系数大大提高，从而为合理利用能源开辟了广阔的前景。

三、提高实际蒸汽动力循环热经济性的方法

综上所述，提高实际蒸汽动力循环热经济性的方法有：

（1）改变蒸汽参数，即提高循环中蒸汽的初参数 p_1、t_1，降低蒸汽的终参数 p_2，可提高循环热效率。

（2）改善循环方式，在朗肯循环基础上采用给水回热、蒸汽中间再热循环方式，可提高循环热效率；采用热电合供循环，可提高能量利用系数。

（3）尽可能减少实际循环中的各种能量损失，可提高实际蒸汽动力循环的热经济性。

◆━ 复 习 题

一、选择题（下列每题的四个答案中只有一个正确答案，将正确答案的序号填在括号内）

1. 火力发电厂广泛采用的基本循环为（　　）。

（A）朗肯循环；（B）卡诺循环；（C）再热循环；（D）回

热循环。

2. 提高机组循环热效率的方法之一是（   ）。

（A）降低蒸汽初温；（B）提高蒸汽初温和初压；（C）提高排汽压力；（D）增大蒸汽流量。

3. 提高蒸汽初温度主要受到（   ）的限制。

（A）锅炉传热温差；（B）燃料特性；（C）金属耐高温性能；（D）汽轮机末级叶片湿度。

4. 当蒸汽初温和初压保持不变，排汽压力降低，循环热效率（   ）。

（A）提高；（B）不变；（C）降低；（D）可能降低也可能提高。

5. 朗肯循环是由（   ）组成的。

（A）两个等温过程，两个绝热过程；（B）两个等压过程，两个绝热过程；（C）两个等压过程，两个等温过程；（D）两个等容过程，两个绝热过程。

6. 每产生 1kW·h 的功所消耗的蒸汽量（kg）叫（   ）。

（A）汽耗率；（B）热耗率；（C）热效率；（D）汽耗量。

7. 在朗肯循环中，有很大一部分热量在凝汽器中被冷却水带走损失掉了，这部分热量约占锅炉中工质吸热量的（   ）%以上。

（A）10；（B）20；（C）50；（D）90。

8. 如果汽轮机进汽温度及排汽压力不变，提高蒸汽初压，则汽轮机末级湿度（   ）。

（A）减小；（B）不变；（C）增大；（D）可能减小，也可能增大。

9. 当忽略水泵的压缩功时，朗肯循环热效率计算公式为（   ）。

（A）$\eta_t = (h_1 - h_1') / (h_1 - h_2')$；（B）$\eta_t = (h_1 - h_2) / (h_1 - h_2')$；（C）$\eta_t = (h_1 - h_1') / (h_1 - h_2)$；（D）$\eta_t = (h_1 - h_2) / (h_1 - h_1')$。

10. 朗肯循环汽耗率计算公式 $d = 3600/(h_1 - h_2)$ 中，h_1 与 h_2 分别表示（　　）焓。

（A）锅炉过热器出口蒸汽焓与锅炉给水；（B）汽轮机进口蒸汽焓与排汽；（C）汽轮机排汽焓与凝结水；（D）汽轮机排汽焓与锅炉给水。

11. 目前凝汽式发电厂的循环热效率为（　　）。

（A）25%～30%；（B）35%～45%；（C）55%～65%；（D）80%以上。

12. 提高循环热效率的合理方法为（　　）。

（A）提高新蒸汽初压、初温，降低排汽压力；（B）提高新蒸汽初温，降低初压，降低排汽压力；（C）提高新蒸汽初压、初温，提高排汽压力；（D）提高新蒸汽初压，降低初温，提高排汽压力。

13. 造成火力发电厂循环热效率低的主要原因是（　　）。

（A）锅炉效率低；（B）发电机损失；（C）工质与高温热源的温差传热；（D）汽轮机机械能损失。

14. 利用汽轮机中间抽汽来加热锅炉给水的循环称为（　　）循环。

（A）中间再热；（B）回热；（C）热电合供；（D）卡诺。

15. 采用给水回热循环是减少（　　）的有效办法。

（A）冷源损失；（B）抽汽损失；（C）机械损失；（D）汽耗率。

16. 回热循环中，进入汽轮机的每千克蒸汽在汽轮机中做出的功量和同参数朗肯循环相比（　　）。

（A）增加；（B）不变；（C）变化不大；（D）减少。

17. 回热循环的汽耗率较同参数朗肯循环的汽耗率（　　）。

（A）小；（B）大；（C）相等；（D）不能确定。

18. 回热循环的热效率较同参数朗肯循环的热效率（　　）。

（A）高；（B）低；（C）相同；（D）可能高或相同。

19. 采用回热循环后与具有相同参数及功率的纯凝汽式循环

156

相比，它的（　　）。

（A）汽耗量减少；（B）热耗量减少；（C）做功的总焓降增加；（D）冷源损失增加。

20. 采用中间再热循环后，1kg 蒸汽在汽轮机中的总焓降（　　）。

（A）减小；（B）不变；（C）变化很小；（D）增大。

21. 采用中间再热循环可以使（　　）。

（A）汽耗率增大，热效率提高；（B）排汽干度提高，末级叶片寿命提高；（C）凝汽器面积增大；（D）汽耗率减小，排汽干度降低。

22. 再热式汽轮机组是将（　　）的蒸汽再次加热成具有新蒸汽初温的再热蒸汽。

（A）中压缸出口；（B）低压缸中部；（C）高压缸出口；（D）高压缸中部。

23. 中间再热使循环热效率得到提高的必要条件是（　　）。

（A）再热附加循环热效率大于基本循环热效率；（B）再热附加循环热效率小于基本循环热效率；（C）基本循环热效率必须大于40％；（D）再热附加循环热效率不能太低。

24. 选择不同的蒸汽中间再热压力对再热循环热效率的影响是(　　)。

（A）蒸汽中间再热压力越高，循环热效率越高；（B）蒸汽中间再热压力为某一值时，循环热效率最高；（C）汽轮机乏汽湿度最小时，相应的蒸汽中间再热压力使循环热效率最高；（D）蒸汽中间再热压力越低，循环热效率越高。

25. 热电合供循环中常采用的汽轮机一般有（　　）机组。

（A）凝汽式；（B）再热式；（C）调节抽汽式；（D）回热式。

26. 背压式机组的缺点是其发电功率随（　　）的改变而波动。

（A）电网负荷；（B）冷却水量；（C）运行时间；（D）热负荷。

27. 为了使火力发电厂的（　　）得到充分利用，有些火力发电厂采用了热电合供方案。

（A）电能；（B）热能；（C）凝结水；（D）生水。

28. 采用热电合供循环的目的是为了提高（　　　）。

（A）循环热效率；（B）排气干度；（C）热能利用率；（D）过热度。

二、判断题（下列描述中，正确的在括号内打"√"，错误的在括号内打"×"）

1. 朗肯循环中，工质在热力设备内不断地进行定压吸热、绝热膨胀、定压放热、绝热压缩等四个过程，使热能不断地转变为机械能。（　　　）

2. 以汽轮机为原动机的火力发电厂中，燃料的化学能转变为电能的过程是在卡诺循环的基础上完成的。（　　　）

3. 对火力发电厂，提高蒸汽的初压、初温及排汽压力都能使循环热效率提高。（　　　）

4. 朗肯循环中，乏汽在凝汽器中让冷却水带走的热量（即冷源损失）要占循环中加给工质热量的50%以上。（　　　）

5. 循环热效率是评价热力循环热功转换效果的主要指标。（　　　）

6. 蒸汽的初压和终压不变时，提高蒸汽初温可提高朗肯循环热效率。（　　　）

7. 利用汽轮机排汽加热给水的循环叫给水回热循环。（　　　）

8. 采用回热循环可以减少冷源损失，以提高循环热效率。（　　　）

9. 和同参数朗肯循环相比，采用回热循环后，由于循环热效率增大，所以循环的汽耗率将降低。（　　　）

10. 在朗肯循环基础上采用回热循环以后，汽耗率和热耗率均减小。（　　　）

11. 火力发电厂采用蒸汽中间再热、给水回热循环都能提高电厂的循环热效率。（　　　）

158

12. 再热压力选择适当时，再热循环不但可以提高循环热效率，而且可以提高汽轮机乏汽的干度。　　　　　（　　）

三、简答题

1. 什么是热力循环？火力发电厂常见的循环有哪几种？

2. 火力发电厂的能量转换过程主要是在哪些设备中完成的？这些设备分别实现了什么能量转换？

3. 朗肯循环是由哪些热力过程组成的？

4. 为提高朗肯循环的热效率，主要采用哪几种热力循环方式？

5. 写出朗肯循环热效率计算公式，并根据公式分析影响热效率的因素。

6. 提高朗肯循环热效率的途径有哪些？

7. 为什么回热循环比同参数的朗肯循环热效率高？

8. 什么叫中间再热循环？

9. 为什么蒸汽中间再热能提高电厂的热经济性？

10. 什么叫热电合供循环？

11. 为什么采用热电合供循环能提高经济性？

12. 在相同的初终参数下，为什么再热循环的汽耗率小于朗肯循环的汽耗率，而回热循环的汽耗率却大于朗肯循环的汽耗率？

四、计算题

1. 某发电厂汽轮机按朗肯循环工作，新蒸汽压力为 3.5MPa，新蒸汽温度为 435℃，排汽压力为 0.005MPa。求循环的热效率及热耗率。

2. 某汽轮发电机额定功率为 300MW，带额定功率时的主蒸汽流量为 935t/h，求汽耗率 d 是多少？

3. 某一理想的朗肯循环，给水压力 4.41MPa，给水温度 172℃，过热汽压 3.92MPa，汽温 450℃，排汽压力 $p_2 =$ 0.0055MPa，试求循环热效率（已知给水焓 $h_4 = 728kJ/kg$，过热蒸汽焓 $h_1 = 3332kJ/kg$，凝结水焓 $h_3 = 144.91kJ/kg$，排汽焓 $h_2 =$

2130kJ/kg)。

4. 某台纯凝汽式汽轮机，新蒸汽压力为 $p_1 = 16.5MPa$，温度 $t_1 = 550℃$，汽轮机排汽压力为 $0.004MPa$，试问该台汽轮机循环热效率、汽耗率、热耗率及排汽干度为多少？

5. 某一次抽汽回热循环蒸汽的初参数 $p_1 = 13.5MPa$，温度 $t_1 = 535℃$，抽汽压力 $p_0 = 0.5MPa$，排汽压力 $p_2 = 0.006MPa$，如果汽轮机的功率 $P = 200MW$，试求该循环的热效率、每小时的汽耗量及抽汽量各为多少？

6. 某再热循环，新蒸汽压力为 $p_1 = 16.5MPa$，温度 $t_1 = 550℃$，高压缸排汽压力为 $3.5MPa$，再热汽温为 $550℃$，汽轮机排汽压力为 $0.004MPa$，试求该循环的热效率、汽耗率、热耗率及排汽干度，并与同参数朗肯循环进行比较。

五、论述题

1. 循环热效率表明了什么？为什么循环热效率不能等于1？

2. 为什么蒸汽动力装置不采用卡诺循环而采用朗肯循环？

3. 火力发电厂中汽轮机为什么采用多级回热抽汽？怎样确定回热级数？

4. 蒸汽动力循环采用中间再热的主要目的是什么？为什么要选择中间再热压力？如何选择合适的中间再热压力？

5. 蒸汽初压的改变对中间再热循环热效率及排汽干度有什么影响？

第二篇 传热学

第五章

传热的基本方式

在温差作用下的热量传递，是一种十分常见的自然现象。凡有温差的地方，就有热量自发地由高温物体向低温物体的传递。根据热量传递的物理本质不同，传热有三种不同的基本方式：热传导、热对流、热辐射。本章主要介绍传热三种基本方式的概念、基本换热规律及热流量的计算。

第一节 热 传 导

本节介绍热传导的基本概念、基本定律、平壁与圆筒壁的一维稳定热传导；并简要介绍不稳定导热及其应用。

一、热传导基本概念

热传导简称导热，是指物体内部热量从温度较高的部分传递到温度较低的部分以及温度较高的物体把热量传递给与之接触的温度较低的另一物体的热量传递过程，如图5－1所示。无论在固体、液体和气体中都会发生导热过程，但是单纯的导热过程往往只能在固体中进行。火力发电厂中运行着的锅炉炉墙、汽轮机的汽缸壁和保温层等都是利用导热的方式传递热量的。

（一）温度场与等温面

1. 温度场

热量传递是由温差引起的，因而导热过程的进行与物体内部的温度分布紧密相连。某一时刻物体内各点温度分布的情况，称为温度场。

物体内的温度既可随空间坐标而改变，也可随时间而改变。

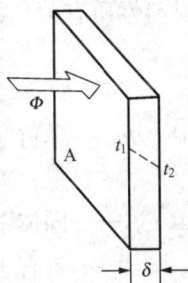

图5－1　通过固体壁面的导热

物体内各点的温度随时间而改变的温度场，称为不稳定温度场，如热机在启动、停机或变工况时的温度场。在不稳定温度场中发生的导热，称为不稳定导热；物体内各点的温度不随时间而改变的温度场，称为稳定温度场，如热机在正常稳定运行时的温度场。在稳定温度场中发生的导热，称为稳定导热。温度只沿一个坐标轴发生变化的稳定温度场内发生的导热，称为一维稳定导热。

2. 等温面

同一时刻，温度场中具有相同温度值的点组成的面，称为等温面。等温面可以是平面，也可以是曲面。由于等温面上各点温度相等，温度差为零，因此，导热只能沿着等温面的法线方向，并且朝着温度降低的一边进行。

（二）导热基本定律

导热基本定律又称傅立叶定律。对均质固体壁面的一维稳定导热，单位时间内通过固体壁面的导热量与壁面两侧的温度差及垂直于热流方向的截面积成正比，与壁面厚度成反比，并与壁面的材料性质有关。数学表达式为

$$\Phi = \lambda \frac{t_1 - t_2}{\delta} A \qquad (5-1)$$

式中　Φ——单位时间内通过壁面的导热量，即壁面导热的热流量，W；

$t_1 - t_2$——固体壁面两侧的温差，℃；

A——垂直于热流方向的固体壁面面积，m^2；

δ——固体壁面的厚度，m；

λ——热导率，W/（m·K）。

单位时间内通过单位面积的传热量，称为热流密度，以 φ 表示，即

$$\varphi = \frac{\Phi}{A} = \frac{t_1 - t_2}{\dfrac{\delta}{\lambda}} \qquad (5-2)$$

式中 $\dfrac{\delta}{\lambda}$ ——材料层阻止导热的能力，称为导热热阻，用 R_λ 表示。对各种换热方式，在热量传递过程中沿热流方向都会遇到阻力，都存在热阻，只是不同换热方式的热阻表达形式不同。式 (5-2) 可写为

$$\varphi = \frac{\Delta t}{R_\lambda} = \frac{温压}{热阻} \qquad (5-3)$$

式 (5-3) 与电工学中的欧姆定律 $I = \dfrac{U}{R}$ 完全相似。热流密度 φ 对应着电流强度 I；温压 Δt 对应着电压 U；热阻 R_λ 对应着电阻 R。

由式 (5-3) 可得出普遍适用于各种换热方式的结论，即：热流密度与温压成正比，与热阻成反比。

（三）热导率

热导率是反映材料导热性能好坏的物性参数。其物理意义是：沿导热方向厚度为 1m，温度降落为 1K 时每秒钟通过每平方米壁面的导热量，单位为 W/（m·K）。λ 值越大，材料的导热能力越强。

实验证明：各种材料的热导率很不相同，同一种材料，热导率和物质的温度、压力、湿度及结构等因素有关。

一般情况下，金属的热导率值最大，其他固体的次之，液体更小，气体最小。而金属中，纯金属的导热性能最好，合金钢由于加入了合金元素而使导热性能降低。表 5-1 列出了常用的几种金属和非金属材料的热导率。

物质的热导率随温度变化，对于大多数工程材料，其热导率可近似地认为是温度的线性函数，即 $\lambda = \lambda_0(1 + bt)$ W/（m·K）。工程计算中，一般采用所论温度范围内的平均热导率。

固体中热导率小的材料常用作保温。习惯上把热导率 $\lambda < 0.23$ W/（m·K）的材料称为绝热材料或保温材料。保温材料都是多孔体或纤维材料，利用空隙中的静止空气得到隔热效果。当材料空隙中渗入水分时，由于水的热导率为空气的热导率的 20 ~

30 倍，因而使材料的热导率显著增大。所以作为热绝缘材料，应力求保持干燥，避免与潮湿的环境直接接触，常在表面增加防潮保护层。

表 5 – 1　　　　　　　　　　　各种物质的热导率

物　质　名　称		热导率 λ［W/（m·K）］
金属（20℃）	纯铜	398
	碳钢	36.7
	铸铁	39.2
	纯铝	236
建筑材料	红砖（25℃）	0.49
	水泥（30℃）	0.30
	泥土（20℃）	0.83
绝热材料	膨胀珍珠岩（25℃）	0.021 ~ 0.062
	膨胀蛭石（20℃）	0.051 ~ 0.07
	矿渣棉（30℃）	0.058
	玻璃丝（35℃）	0.058 ~ 0.07
液体	水（20℃）	0.599
气体	空气（20℃）	0.0259

二、平壁的稳定导热

（一）单层平壁的稳定导热

由同一材料构成的平壁，称为单层平壁。如图 5 – 2 所示，一单层平壁，厚度为 δ，热导率为 λ，两表面温度均匀，分别为 t_1 和 t_2，且 $t_1 > t_2$。

由傅立叶导热定律，单层平壁的热流密度为

$$\varphi = \frac{t_1 - t_2}{\dfrac{\delta}{\lambda}} \qquad (5 - 4)$$

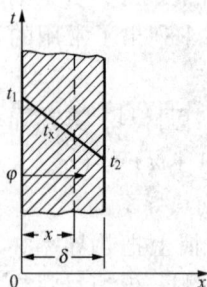

图 5 – 2　单层平壁的导热

166

单层平壁的导热热阻为 $R_\lambda = \dfrac{\delta}{\lambda}$ （m² · K）/W。

对于材料均匀、壁面两侧表面温度均匀的单层平壁稳定导热，有以下结论：

（1）等温面是平行于壁表面的平面；

（2）热流密度与壁面两侧温差成正比，与导热热阻成反比；

（3）壁内温度分布是一条直线（见图5-2）。

（二）多层平壁的稳定导热

由几层不同材料叠在一起组成的平壁为多层平壁。在热力工程中遇到的平壁通常都是多层平壁。如锅炉的炉墙，内层用耐火砖砌筑、外加保温层、外表为金属密封护板。

图5-3所示为三层平壁的导热。设各层的厚度分别为 δ_1、δ_2 和 δ_3，各层材料的热导率分别为 λ_1、λ_2 和 λ_3，两个外表面温度为 t_1 和 t_4，且 $t_1 > t_4$。各层之间接触良好，其直接接触的两表面温度分别为 t_2 和 t_3。

在稳定导热情况下，通过每一层的热流密度相等，且等于通过三层平壁的热流密度，即

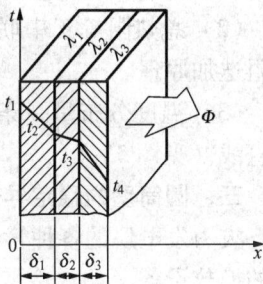

图5-3 多层平壁的导热

$$\varphi = \frac{t_1 - t_2}{\dfrac{\delta_1}{\lambda_1}} = \frac{t_2 - t_3}{\dfrac{\delta_2}{\lambda_2}} = \frac{t_3 - t_4}{\dfrac{\delta_3}{\lambda_3}}$$

每层温差为

$$t_1 - t_2 = \varphi \frac{\delta_1}{\lambda_1}$$

$$t_2 - t_3 = \varphi \frac{\delta_2}{\lambda_2}$$

$$t_3 - t_4 = \varphi \frac{\delta_3}{\lambda_3}$$

两个外表面温差为

$$t_1 - t_4 = \varphi\left(\frac{\delta_1}{\lambda_1} + \frac{\delta_2}{\lambda_2} + \frac{\delta_3}{\lambda_3}\right)$$

通过三层平壁的热流密度为

$$\varphi = \frac{t_1 - t_4}{\dfrac{\delta_1}{\lambda_1} + \dfrac{\delta_2}{\lambda_2} + \dfrac{\delta_3}{\lambda_3}} = \frac{\Delta t}{R_\lambda} \qquad (5-5)$$

$$R_\lambda = \frac{\delta_1}{\lambda_1} + \frac{\delta_2}{\lambda_2} + \frac{\delta_3}{\lambda_3}$$

式中　R_λ——三层平壁总热阻，等于各层平壁的热阻之和。

对多层平壁的稳定导热有以下结论：

（1）热流密度与总温差成正比，与总热阻成反比。

（2）总热阻等于串联热路上各局部热阻之和。该结论称为热阻迭加原理。

（3）温度分布呈一条折线，而在每一层壁内温度分布均呈一直线（见图 5-3）。

三、圆筒壁的稳定导热

火力发电厂的各种管道（蒸汽管道、水管道和油管道）、大量的换热设备（如水冷壁、省煤器、过热器和再热器）以及锅炉的汽包等，都是圆筒结构。由于圆筒壁的内外表面积不相等，使得单位面积的热流量 φ 不是常数，但单位管长的热流量不变。所以，对圆筒壁导热，一般计算单位管长的热流量 φ_l（W/m）。工程上，当圆筒壁的 d_2/d_1 <2 时，可采用简化方法计算。

（一）单层圆筒壁的导热

如图 5-4 所示为单层圆筒壁导热示意图。

单层圆筒壁导热热流量为

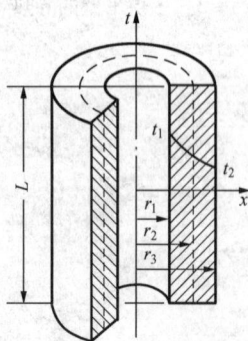

图 5-4　单层圆筒
壁的导热

$$\Phi = \overline{A}\varphi = \pi \overline{d}l \frac{t_1 - t_2}{\dfrac{\delta}{\lambda}}$$

单层圆筒壁单位管长的热流量为

$$\varphi_l = \frac{\Phi}{l} = \frac{\pi \overline{d}l}{l} \cdot \frac{t_1 - t_2}{\dfrac{\delta}{\lambda}} = \frac{t_1 - t_2}{\dfrac{\delta}{\lambda}} \pi \overline{d} \qquad (5-6)$$

式中　$\overline{A}$——平均导热面积，$\overline{A} = \pi \overline{d}l$，$\text{m}^2$；

　　　$\overline{d}$——圆筒壁平均直径，$\overline{d} = \dfrac{1}{2}(d_1 + d_2)$，$\text{m}$；

　　　δ——圆筒壁壁厚，$\delta = \dfrac{1}{2}(d_2 - d_1)$，$\text{m}$；

　　　l——圆筒壁管长，m。

单层圆筒壁单位管长热阻为

$$R_{\lambda l} = \frac{\delta}{\pi \lambda \overline{d}}$$

单层圆筒壁内稳定导热时，单位管长热流量与温差成正比，与单位管长热阻成反比。壁内温度分布为对数曲线，如图 5-4 所示。

（二）多层圆筒壁的导热

如图 5-5 所示为三层圆筒壁的导热。各层直径分别为 d_1、d_2、d_3、d_4；各层热导率分别为 λ_1、λ_2 和 λ_3；各层表面温度分别为 t_1、t_2、t_3、t_4，且 $t_1 > t_4$。则单位管长的热流量为

$$\varphi_l = \frac{\Delta t}{R_{\lambda l}} = \frac{t_1 - t_4}{\dfrac{\delta_1}{\pi \overline{d_1}\lambda_1} + \dfrac{\delta_2}{\pi \overline{d_2}\lambda_2} + \dfrac{\delta_3}{\pi \overline{d_3}\lambda_3}} \qquad (5-7)$$

式中：$\delta_1 = \dfrac{1}{2}(d_2 - d_1)$，$\delta_2 = \dfrac{1}{2}(d_3 - d_2)$，$\delta_3 = \dfrac{1}{2}(d_4 - d_3)$，$\overline{d_1}$

$= \dfrac{1}{2}(d_1 + d_2)$，$\overline{d_2} = \dfrac{1}{2}(d_2 + d_3)$，$\overline{d_3} = \dfrac{1}{2}(d_3 + d_4)$。

单位管长总热阻为

$$R_{\lambda l} = \frac{\delta_1}{\pi \overline{d_1}\lambda_1} + \frac{\delta_2}{\pi \overline{d_2}\lambda_2} + \frac{\delta_3}{\pi \overline{d_3}\lambda_3}$$

对多层圆筒壁的稳定导热有以下结论：

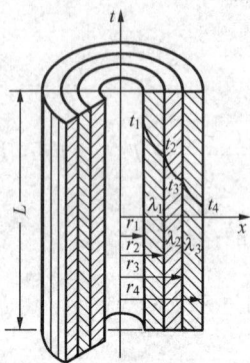

图 5-5 多层圆筒壁的导热

（1）当内、外壁温度均匀且不等时，等温面为同心圆柱面；

（2）单位管长热流量与总温差成正比，与单位管长总热阻成反比；

（3）每一层壁内温度分布呈一条对数曲线（见图 5-5）。

四、导热的增强与削弱

（一）导热的增强

要增强导热，就要设法减小导热热阻。可选用热导率较大的材料以及减小材料的壁厚。例如火力发电厂凝汽器的管材，通常选用热导率很大的铜材；由于水的热导率是空气或氢气的数倍，因而发电机冷却由空冷或氢冷改为双水冷后，冷却效果好，提高了发电机的出力。

运行中的换热设备，当管内结垢和管外积灰时，由于水垢和灰垢的热导率很小，大大增加了导热热阻，减弱了传热，浪费燃料，而且结垢还会使管壁温度显著升高，甚至把管子烧坏发生爆管。因此锅炉受热面要及时除灰，锅炉用水必须符合水质标准，以减轻积灰和结垢引起的不良后果。

（二）导热的削弱

为减少蒸汽管道、锅炉炉墙等热力设备的热量损失，提高设备经济性，应设法在管子表面增加热阻，采用在管外表面敷设保温材料的方法。当周围温度在 25℃ 时，凡介质温度高于 50℃ 的设备和管道，均应进行保温；保温后保温表面的最高温度也不得超过 50℃。工程实际中，对保温材料的要求有以下几方面：

（1）热导率及密度小，且具有一定的强度；

（2）耐高温，即高温下不易变质和燃烧；

（3）高温下性能稳定，对被保温的金属没有腐蚀作用；

（4）价格低，施工方便。

膨胀珍珠岩、膨胀蛭石和超细玻璃棉等是发电厂普遍采用的新型轻质保温材料。

五、不稳定导热

工程实际中，有着大量的稳定导热过程，也同样会涉及许多不稳定导热情形。例如火力发电厂的各种热力设备在启停或负荷变化时，设备内部的温度都处在不断变化之中，这时发生的导热即为不稳定导热；物体被加热或冷却时，也是不稳定导热过程。不稳定导热的问题非常复杂，下面以图5-6所示平壁为例，分析不稳定导热的基本特点。

（一）不稳定导热的基本特点

一单层平壁，开始时两侧温度相等，均为 t_0（图5-6中直线 AD 所示）。若左侧表面温度突然升高到 t' 且维持不变，而平壁其余部分的温度仍保持原来的温度（图5-6中 HBD 所示）。这时由于平壁两侧存在温差，发生导热，热量由平壁左侧传递到右侧，壁内温度从左到右依次升高（图5-6中 HCD、HE、HF 所示）。随着加热过程的进行，右侧壁面温度逐渐升高，两侧温差逐渐减小，传热量也随着逐渐减小，直至最

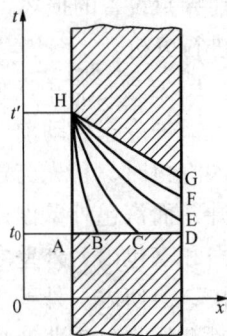

图5-6　不稳定导热过程中平壁的温度变化

后建立起稳定导热状态，平板内温度分布不再变化（图5-6中直线 HG 所示）。

由以上分析可见，不稳定导热过程中，热流量 Φ 沿途处处不等；物体内部各处的温度随时间不断发生变化。

从图5-6还可以看出，不稳定导热过程中，壁两侧的温度差比稳定导热时大得多。这时，壁内侧温度远大于外侧温度。温度高的内侧要发生膨胀但受到温度低的外侧的阻碍，于是在内壁附近引起一个附加的压缩应力；而内壁的膨胀又使得外壁受到一个拉伸应力。这种由于温度分布不均匀引起的热应力会对热力设备产生不利影响，热应力较大时，会使壁面产生变形

甚至裂纹。

由物体内部温度分布不均引起的热应力，其大小与温差成正比；而影响温差的主要因素是壁的厚度、温升速度和热扩散率；温差与壁面厚度的平方成正比，与壁面的温升速度成正比，与热扩散率成反比。

（二）发电厂不稳定导热实例

发电厂锅炉、汽轮机启停过程中的不稳定导热，对机组热力设备的安全性有很大影响。如果操作不当，由此而产生的热应力可能导致设备的损坏。下面分别以冷态下锅炉、汽轮机启动为例来进行分析。

1. 启动过程中汽包壁热应力分析

锅炉冷态启动前，汽包金属壁面温度接近室温。当高温水进入汽包时，首先与汽包下壁接触，且内壁先受热，温度随即上升，而汽包外壁温度升高缓慢。这样就形成了汽包上、下部之间和汽包内、外壁之间的温差。若进水温度较高、进水速度较快，会使内、外壁之间的温差加大，产生较大的热应力，严重时会使汽包弯曲变形和管座焊口产生裂纹。因此，一般规定冷炉进水温度不超过90℃并适当控制进水速度，尤其开始时更要缓慢。

锅炉点火升压后，水温逐渐升高产生蒸汽。初期，锅炉水循环尚未正常建立，汽包下半部的水处于不流动状态，对汽包壁的加热很缓慢，下半部温度升高不多；而汽包上半部与蒸汽接触，温度升高很快，这样就形成了汽包上壁温度高、下壁温度低的状况。锅炉升压速度越快，上、下壁温差越大，严重时使汽包趋于拱背状变形。

为此，我国有关规程规定了汽包上、下壁温差和内、外壁温差的最大值。为控制汽包上、下壁温差和内、外壁温差不超限，必须按锅炉启动曲线严格控制升温升压速度，这是防止汽包温差过大的重要措施和根本措施。此外，对汽包强制循环锅炉和自然循环锅炉可采用锅炉底部蒸汽推动投入，利用蒸汽加热锅水等；

对自然循环锅炉还可采用水冷壁下联箱适当放水等措施。

2. 启动过程中汽缸壁热应力分析

汽轮机启动过程与锅炉类似。冷态启动前，汽缸内、外壁温度都接近室温，当温度较高的蒸汽冲转汽轮机时，汽缸内壁与蒸汽直接接触温度很快升高，而汽缸壁其余部分升温缓慢，这样就造成内、外壁的温差较高。温升速度越快，内、外壁温差越大。

另外，汽轮机启动过程中，由于汽缸法兰比汽缸壁厚的多，因而法兰的内、外壁温差比汽缸的内、外壁温差大得多，法兰中的温差成为影响安全的主要矛盾之一。此外，螺栓与法兰又是局部接触，启动时汽缸壁温度又比螺栓温度高。汽缸、法兰、螺栓膨胀不一致，产生的热应力严重时将会引起塑性变形或拉断螺栓以及造成水平结合面翘起和汽缸裂纹等后果。为此，应严格控制上、下汽缸之间，汽缸内、外壁之间，法兰内、外壁之间，法兰上、下之间等温差，保证温差在规定范围以内。

为控制温差，启动过程中，必须按机组启动曲线严格控制温升速度；在大功率机组中，设置法兰螺栓加热系统，在汽轮机启动时用蒸汽直接加热法兰，使法兰均匀受热以减小内、外壁温差；对高参数大型汽轮机的高、中压缸采用双层缸结构，汽缸分内、外两层，在内、外缸之间设有夹层，夹层内通入一定参数的蒸汽，在汽轮机启动时对汽缸起加热作用，停机时对汽缸起冷却作用。双层缸减小了内、外壁温差，加快了启动、停机的速度，还减少了金属材料的消耗量。此外，汽缸壁外敷设优质保温材料不仅可以减小汽缸壁的散热损失，也减小了启、停过程中汽缸壁的温差。

【例题 5－1】 已知平壁面积 $A = 40\text{m}^2$，壁的厚度为 $\delta = 25\text{mm}$，热导率为 $\lambda = 0.2\text{W}/(\text{m} \cdot \text{K})$，通过壁面的导热量 $\Phi = 3\text{kW}$，求壁两侧温差。

解：由公式 $\Phi = \lambda \dfrac{t_1 - t_2}{\delta} A$，得 $\Delta t = t_1 - t_2 = \dfrac{\Phi \delta}{\lambda A} = $

$$\frac{3 \times 10^3 \times 25 \times 10^{-3}}{0.2 \times 40} = 9.375(℃)$$

答：两表面间的温差为 9.375℃。

【例题 5-2】 锅炉水冷壁管壁厚为 5mm，其内壁温度为 $t_2 = 330℃$，外壁温度为 $t_1 = 342℃$，热导率 $\lambda_1 = 48 \text{W}/(\text{m} \cdot \text{K})$，若其内壁结了一层 1.2mm 厚的水垢，水垢的热导率 $\lambda_2 = 1.2 \text{W}/(\text{m} \cdot \text{K})$，求结垢前后水冷壁管单位面积的导热量（视圆管为平壁）。

解：结垢前水冷壁管单位面积的导热量为

$$\varphi_1 = \frac{t_1 - t_2}{\dfrac{\delta_1}{\lambda_1}} = \frac{342 - 330}{\dfrac{0.005}{48}} = 115200(\text{W}/\text{m}^2)$$

结垢后水冷壁管单位面积的导热量为

$$\varphi_2 = \frac{t_1 - t_2}{\dfrac{\delta_1}{\lambda_1} + \dfrac{\delta_2}{\lambda_2}} = \frac{342 - 330}{\dfrac{0.005}{48} + \dfrac{0.0012}{1.2}} = 10868(\text{W}/\text{m}^2)$$

答：结垢前后水冷壁管单位面积的导热量分别为 115200W/m^2 和 10868W/m^2。

【例题 5-3】 一炉墙，厚度 $\delta = 370\text{mm}$，墙内表面温度 $t_1 = 1530℃$，墙外表面温度 $t_2 = 420℃$。若炉墙的热导率 $\lambda = 0.8(1 + 0.0009\bar{t}) \text{W}/(\text{m} \cdot \text{K})$，试求出通过炉墙每平方米面积的散热量。

解：为确定炉墙的热导率，先计算其平均温度为

$$\bar{t} = \frac{1530 + 420}{2} = 975 （℃）$$

炉墙热导率为

$$\lambda = 0.8(1 + 0.0009\bar{t}) = 0.8(1 + 0.0009 \times 975)$$

$$= 1.502 \text{W}/(\text{m} \cdot \text{K})$$

热流密度为
$$\varphi = \frac{t_1 - t_2}{\dfrac{\delta}{\lambda}} = \frac{1530 - 420}{\dfrac{0.37}{1.502}} = 4440(\text{W}/\text{m}^2)$$

答：耐火砖墙每平方米散热量为 $4440W/m^2$。

【例题 5 - 4】 一容器壁厚为 $\delta_1 = 5mm$，热导率 $\lambda_1 = 212W/(m \cdot K)$。内表面附着一层厚度为 $\delta_2 = 1mm$ 的水垢，水垢的热导率 $\lambda_2 = 2W/(m \cdot K)$。已知容器外表面温度为 $t_1 = 260℃$，水垢内表面温度为 $t_3 = 180℃$，求容器壁面的热流密度以及器壁同水垢接触面的温度。

解：由公式 $\varphi = \dfrac{t_1 - t_3}{\dfrac{\delta_1}{\lambda_1} + \dfrac{\delta_2}{\lambda_2}}$，得

$$\varphi = \frac{260 - 180}{\dfrac{0.005}{212} + \dfrac{0.001}{2}} = \frac{80}{0.00002 + 0.0005}$$

$$= \frac{80}{0.00052} = 154(kW/m^2)$$

又因为 $\varphi = \dfrac{t_1 - t_2}{\dfrac{\delta_1}{\lambda_1}}$，所以 $t_2 = t_1 - \varphi \dfrac{\delta_1}{\lambda_1}$

$$t_2 = 260 - 154 \times 10^3 \times \frac{0.005}{212} = 256(℃)$$

答：通过容器壁的热流密度为 $154W/m^2$；器壁同水垢接触面上的温度为 $256℃$。

第二节 对 流 换 热

本节主要介绍对流换热的概念、影响对流换热的因素，分析工程中常见的自然对流换热、强迫对流换热、凝结换热与沸腾换热等对流换热形式的规律。

一、对流换热基本概念

热对流是指流体中温度不同的各部分发生相对位移时的热量传递。由于热对流发生时，流体直接接触的各部分也在发生导

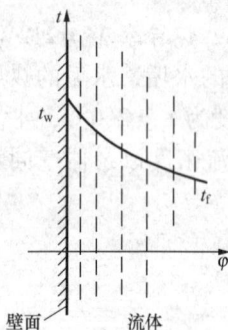

图5-7 对流换热

热，因此，热对流总是和流体的导热同时发生。工程中最常见的，是流动着的流体与固体壁面间产生相对运动而进行的热量交换，称为对流换热，如图5-7所示。例如：锅炉过热器、省煤器中，高温烟气与管子外表面的热量交换；流过过热器的蒸汽、流过省煤器的水与管子内表面的热量交换等都是对流换热的实例。

对流换热既包含流体和固体壁面、流体与流体的导热，又包含流体的热对流，是导热与热对流的联合作用，这就使得对流换热过程十分复杂，影响对流换热的因素也很多。

（一）对流换热计算的基本公式

对流换热发生时，对流换热量与壁面面积、流体与壁面间的温差成正比，即

$$\Phi = \alpha_c A \Delta t \qquad (5-8)$$

式（5-8）称为牛顿冷却公式。当流体被加热时，$\Delta t = \bar{t}_w - \bar{t}_f$；当流体被冷却时，$\Delta t = \bar{t}_f - \bar{t}_w$。

式中　Φ——对流换热量，W；

　　　A——对流换热面积，m^2；

　　　$\bar{t}_w$——壁面的平均温度，℃；

　　　$\bar{t}_f$——流体的平均温度，℃；

　　　α_c——对流换热系数，W/（$m^2 \cdot K$）。

对流换热的热流密度为

$$\varphi = \frac{\Phi}{A} = \alpha_c \Delta t = \frac{\Delta t}{\dfrac{1}{\alpha_c}} \quad W/m^2 \qquad (5-9)$$

对流换热热阻为 $R_c = \dfrac{1}{\alpha_c}$。对流换热系数越大，对流换热热

阻越小。

（二）影响对流换热系数的因素

从牛顿冷却公式可以看出，对流换热系数是表示流体与固体表面之间换热能力强弱的一个物理量。对流换热系数越大，对流换热越强烈。

对流换热的过程非常复杂，但是计算对流换热量的公式却很简单，影响对流换热的一切复杂因素都集中到对流换热系数这一物理量上。影响对流换热系数的主要因素如下。

1. 流体的种类和性质

流体的种类和物理性质不同，对流换热程度也不同。例如物体在水中要比在空气中冷却得快。影响对流换热的物理参数主要有热导率、比热容、密度和动力黏度等。

运动情况相同时，热导率越大、密度越大、比热容越大、黏度越小，对流换热系数越大。所以，液体的对流换热系数高于气体；而水的热导率、密度和比热容是液体中比较高的，因此，水是很好的对流换热介质。

2. 流体流动发生的原因

按照流体流动发生的原因，流体的流动分为自然流动和强迫流动。自然流动是流体各部分温度不同而产生的密度差引起的流动，如锅炉炉墙、汽轮机本体设备周围空气的运动都是自然流动；强迫流动是在外力（例如水泵、通风机）作用下产生的流动，如锅炉省煤器内的水、凝汽器中的循环水的流动都属于强迫流动。火力发电厂的大多数流动都是强迫流动。

由于自然流动和强迫流动产生的原因不同，因而所遵循的规律也不同。自然流动的发生及其强度完全取决于过程的受热情况、流体的种类、温度差以及过程进行处的空间大小和位置；而强迫流动的情况取决于流体的种类和物性、流体的温度、流动速度以及流道的形状和大小。

在自然流动情况下进行的对流换热称为自然对流换热；在强迫流动情况下进行的对流换热称为强迫对流换热。同一种流体，强迫对流时的换热系数大于自然对流时的换热系数，强迫对流时的对流换热更强烈。

3. 流体流动的状态

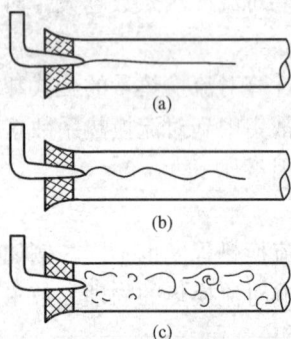

图 5 - 8　流体在管内的流动状态
(a) 层流；(b) 过渡状态；(c) 紊流

流体的流动存在着两种不同的状态。图 5 - 8 为滴管沿轴心线向水流滴入红墨水后观察到的流动结果示意图。流速较低时，红墨水成一条直线，这时的流体质点只沿平行于管轴心线的流线分层流动，层与层之间互不掺混，这种流动状态称为层流，如图 5 - 8 (a) 所示。提高水流速度到一定数值，红墨水的流动变成波动状，如图 5 - 8 (b) 所示。继续提高水流速度，红墨水的流动呈现杂乱的分布，流体不再做分层运动，流体各质点之间相互混合与掺杂，这种流动状态称为紊流，如图 5 - 8 (c) 所示。

流体的流动状态不同，对流换热规律也不同。层流状态下，沿壁面法线方向依靠各层分子的导热逐层传递热量，由于流体的热导率较小，因而换热较弱；层流状态下的对流换热热阻集中在近壁附近，由于黏性力作用使流体流速发生剧烈变化的薄层（称为层流边界层）内。紊流状态下，由于流体具有黏性，在靠近流道壁面处，总有一薄层流体仍然保持着层流的特征，称这一薄层为紊流时的层流底层。在层流底层，流体和固体壁面仍依靠导热传递热量，在层流以外的紊流区域，热量的传递主要依靠流体各部分剧烈位移的热对流。因此，紊流状态时的对流换热比层流时要强烈。

紊流时，由于层流底层的热阻远大于紊流区域的热阻，大部分的温度降落发生在层流底层，如图 5 - 9 所示。因此，增加流体的流速，使层流底层的厚度 δ 减小，可以使对流换热大大增强。

178

4. 壁面的几何因素

换热表面的大小、几何形状、表面光洁度以及流体与壁面间的相对位置等因素，都直接影响对流换热过程。例如，比较流体在直管内流动和流体在管外绕流，如图 5 - 10 (a) 所示，若流体为层流流动，管内流动就不会产生漩涡，而管外绕流时会在管子背面形成漩涡，因而后者换热比前者强烈；又如，热平板表面加热空气时，热表面向上时空气的扰动较强烈，而热表面朝下时空气流动较平静，因此热面朝上时的换热系数比热面朝下时的换热系数大，如图 5 - 10 (b) 所示。

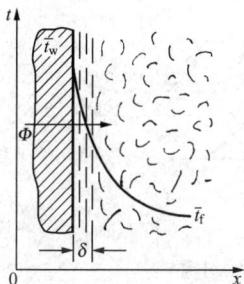

图 5 - 9　紊流时壁面附近
温度的变化特性
δ—层流底层的厚度

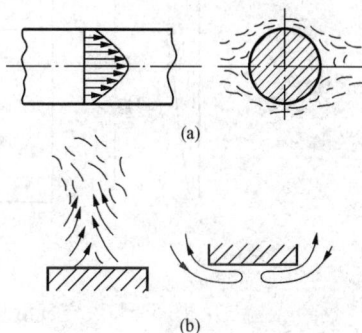

图 5 - 10　几何因素的影响
(a) 几何形状不同；(b) 相对位置不同

5. 流体有无相态的变化

在对流换热过程中，若流体发生相态变化（如水沸腾、蒸汽凝结），则可以大大提高对流换热系数，使对流换热更强烈。

二、无相变时的对流换热

流体无相变时，对流换热的主要热阻在层流边界层和紊流时的层流底层，其厚度直接影响对流换热系数的大小，也即影响对流换热的强弱程度。

（一）流体自然流动时的对流换热

自然对流换热是一种较为普遍的换热方式。火力发电厂锅炉炉墙、蒸汽管道、加热器表面以及输电线、变压器等外表面的散热，生活中用炉子或暖气片取暖等都属于自然对流换热。

图 5 – 11 为锅炉炉墙引起的自然对流换热，靠近墙壁的空气受热，则密度减小而沿壁面向上流动，周围空间的冷空气过来补充而形成自然对流。

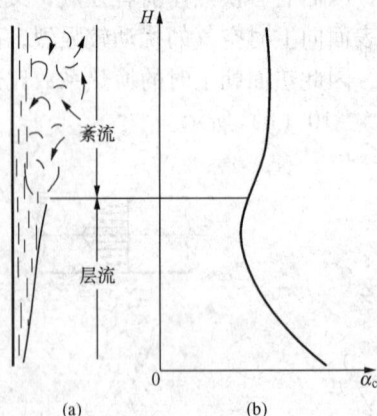

图 5 – 11　空气沿竖壁的自然对流
(a) 自然对流的两种流态；
(b) 自然对流换热系数 α_c 的变化规律

自然对流时，促使流体运动的力是浮升力，阻止流体运动的力是黏性力。二者的相对大小决定了自然对流时也呈现出层流和紊流两种流态。空气沿壁面向上流动时，起始段温度升高不多，浮升力作用弱，流体流速小，为层流；当气流沿热表面流动了相当距离后，温度升高到足以使浮升力的影响超过黏性力时，流动过渡为紊流。

自然对流换热的主要热阻在下部层流边界层和上部紊流区的层流底层。在气流的流动过程中，随着热阻的变化，沿炉壁高度 H 的对流换热系数 α_c 也在不断变化：在下部层流区，热阻随着边界层厚度的增加而增加，α_c 逐渐下降；到上部紊流区，层流底层的厚度减小，α_c 逐渐增大直到最后达到稳定。

火力发电厂中，各类热力管道的散热属于自然对流换热。管道的外径不大，水平放置时，管壁四周的空气流动多属层流，只有到了圆管顶部，两侧气流汇合后才变成紊流，如图 5 - 12 所示。

（二）流体强迫流动时的对流换热

强迫流动时的对流换热有流体在管内纵向流动时的对流换热和流体在管外横向流动时的对流换热两种。

1. 管内强迫对流换热

流体在管内沿轴线方向的流动，称为纵向冲刷，强迫流动的流体在管内纵向冲刷时与管壁面之间的对流换热称为管内强迫对流换热。火力发电厂中，水在凝汽器、高低压加热器、省煤器管内流动以及蒸汽在过热器管内流动都是强迫对流换热的实例。

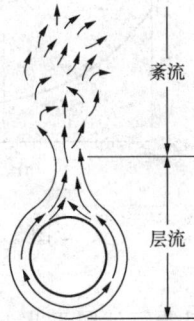

图 5 - 12　空气沿水平热管道四周的自然对流

管内强迫对流换热的换热强度主要取决于管内流体的流动状态、流体的物性和管子的几何尺寸。同一种流体，管内紊流时的换热要比管内层流时的换热强烈；管径一定时，增大管内流体的流速，可以使对流换热增强。此外，管内强迫对流换热还受热流方向、弯管、管子入口段的影响：即流体受热时的换热系数比被冷却时的换热系数高；流体流过弯管时，由于受到离心力的扰动作用，使弯管的对流换热比直管的强（对螺旋管必须考虑这一影响）；流体在管内流动时，在距进口的一段管段内，α_c 会发生变化，入口段后，α_c 趋于不变。入口段 α_c 的变化如图 5 - 13 所示。

2. 流体在管外横向流动时的换热

流体在管外流动，方向与管子轴线相垂直的流动称为横向冲刷，其对流换热称为横向冲刷换热。锅炉中的烟气流过过热器、

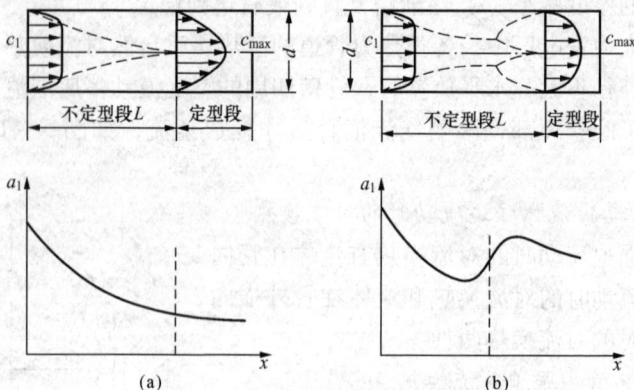

图 5 – 13   入口段对流换热系数的变化

(a) 层流；(b) 紊流

省煤器等就属于此类换热。

（1）流体横向冲刷单管时的换热。流体横向冲刷单管时，流体是沿管周流动的。在管子前半周，流体与管壁接触，层流边界层逐渐形成并逐渐加厚，对流换热系数 α_c 剧烈下降。在管子后半周，流体脱离管壁而形成漩涡（如河水流过桥墩时，桥墩后面出现漩涡一样），α_c 又升高，如图 5 – 14 所示。

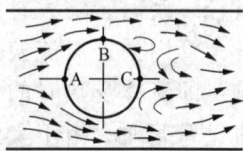

图 5 – 14   流体横向流过
单管时的流动情况

（2）流体横向冲刷管束时的换热。在实际工程中，经常遇到的是流体横向冲刷管束时的情况，这时，流体将受到各排管子的连续干扰。管束排列方式、管子排数、相对节距等都对换热有影响。

管束的排列方式一般分为顺排和叉排两种。叉排时，流体对管束的扰动和冲刷比顺排更强烈，如图 5 – 15 所示。电厂中的省煤器、管式空气预热器等多采用叉排布置。

对于同一种排列方式，各排的放热系数也不同。流体进入管束的第一、二排时，管子对流体的扰动小，α_c 较小；随排数的增加，α_c 逐渐增大最后趋于稳定。

　　同一种排列方式，管子的相对节距对换热也有影响。如图 5-16 所示，当流体进入两根管子之间时，流动截面的宽度为 (s_1-d)，分两部分斜插到后排管子之间，流动截面宽度为 2$(s_2'-d)$。若 (s_1-d) 比 2$(s_2'-d)$ 大，则流体流速增加，α_c 增大；反之流速减小，α_c 减小。

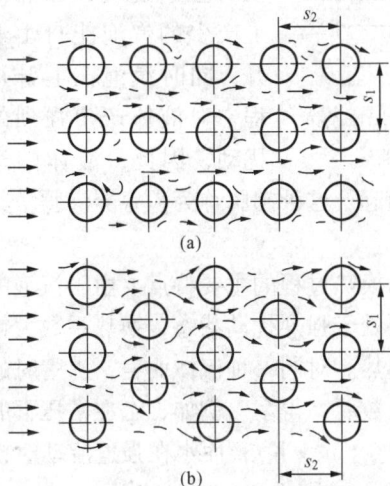

图 5-15　流体横向流过
管束时的流动情况
（a）顺排；（b）叉排

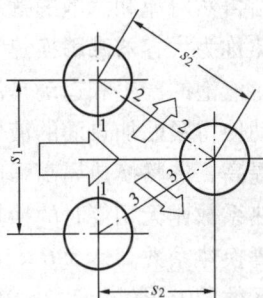

图 5-16　叉排管束中的流动

三、有相变时的对流换热

　　有相变的对流换热与无相变的对流换热有很大区别，换热强度远大于无相变的对流换热。有相变时的对流换热包括沸腾换热和凝结换热两种情况。

　　（一）大容器沸腾换热

　　1. 大容器沸腾换热的特点

　　如图 5-17（a）所示，一盛水的大容器，容器底部受热。

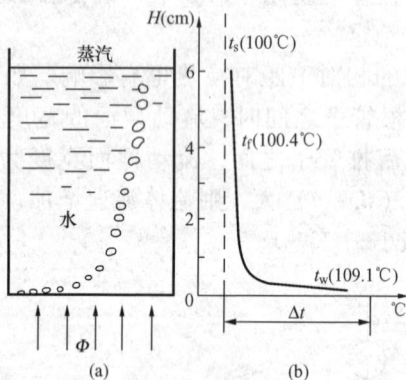

图 5 - 17　大容器中水的沸腾及温度分布

(a) 示意图；(b) 温度分布曲线

随着加热过程的进行，当容器底面温度上升到一定温度后，就会在底面产生汽泡。汽泡在加热面上不断产生、扩大和脱离，这种现象称为沸腾。此大容器中液体没有强迫运动，加热面上产生的汽泡能自由上升，同时汽泡在上升过程中对液体产生强烈的扰动，因此，液体的运动由自然对流和汽泡的扰动引起，这种沸腾称为大容器沸腾，其换热称为大容器沸腾换热。

汽泡的产生和运动是沸腾换热过程的主要特点。由于汽泡的运动使得紧贴加热面的液体层处于强烈扰动状态，换热系数大幅度提高，沸腾换热属高强度换热。对同一种流体而言，沸腾时的换热系数比无相变时的换热系数要高得多。例如，水在常压下的沸腾换热系数高达 $5.6 \times 10^4 \mathrm{W}/$（$\mathrm{m}^2 \cdot \mathrm{K}$）；而水在强迫流动时换热系数的上限仅为 $1.2 \times 10^4 \mathrm{W}/$（$\mathrm{m}^2 \cdot \mathrm{K}$）。

实验证明，沸腾过程中水的温度 t_f 略高于对应压力下的饱和温度 t_s，但是一般认为，水沸腾时的温度为给定压力下对应的饱和温度 t_s，在沸腾过程中，温度保持不变。而在紧贴加热面的薄层内，水的温度有显著升高，与加热面接触的那部分液体，其温度等于加热面的壁温。沸腾时加热面壁温与水在对应压力下的饱和温度之差称为沸腾温差，即 $\Delta t = t_\mathrm{w} - t_\mathrm{s}$。图 5 - 17（b）中 $\Delta t = 9.1 \mathrm{℃}$。沸腾温差是沸腾的动力；沸腾温差越大，汽泡生成的频率就越高，沸腾换热系数就越大；而沸腾温差的数值随热流密度 φ 的增大而增大。因此，沸腾换热系数 α_c 是沸腾温差 Δt 或热流密度 φ 的函数。

2. 大容器沸腾的三种状态

实验表明，随沸腾温差 Δt 的变化，大容器沸腾会出现不同的沸腾状态。图 5 – 18 为水在一个大气压下沸腾时换热系数 α_c 随沸腾温差 Δt 和热流密度 φ 的变化规律。

（1）自然对流。沸腾温差 $\Delta t < 5℃$ 时，加热表面上产生的汽泡很少，汽泡的生成和运动都很慢，相当于液体自由运动时的换热状况，因此，这一阶段称为自然对流。这一阶段的 $\alpha_c < 1200 W/（m^2 \cdot K）$，见图 5 – 18 中的 AB 段。

（2）泡态沸腾。沸腾温差 $\Delta t = 5 \sim 25℃$ 时，随着 Δt 的增大，加热面上产生的汽泡显著增加，大量的汽泡在

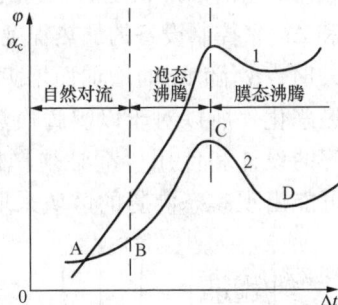

图 5 – 18 一个大气压下水沸腾及温度时 φ、α_c 与 Δt 的关系

1—φ 与 Δt 的关系；2—α_c 与 Δt 的关系

液体内部产生强烈的扰动，使 α_c 值急剧增大，可高达 $5.8 \times 10^4 W/（m^2 \cdot K）$。这一阶段称为泡态沸腾，见图 5 – 18 中 BC 段。泡态沸腾使换热增强。

（3）膜态沸腾。当 $\Delta t > 25℃$ 时，由于加热面上汽泡数量剧烈增加，汽泡来不及脱离加热面，在加热面上堆积、汇合，形成一层蒸汽膜覆盖于加热面上，把液体与加热面隔开。这时加热面与水之间的热量传递，必须穿过这层汽膜才能进行。由于蒸汽的导热性能很差，汽膜的导热热阻很大，使换热系数 α_c 迅速下降，换热恶化。这一阶段称为膜态沸腾，见图 5 – 18 中 CD 段。汽膜是膜态沸腾的主要热阻。

膜态沸腾使换热恶化，致使加热面温度升高而被烧坏。换热器中，要严格控制膜态沸腾的出现。

3. 临界热流密度

泡态沸腾向膜态沸腾的转折点称为沸腾换热的临界点，见图

5-18 中 C 点。此点的温差、热流密度和沸腾换热系数分别称为临界温差、临界热流密度和临界沸腾换热系数。如水在一个大气压下的大容器沸腾中各临界值为：$\Delta t_{cr} = 25℃$；$\varphi_{cr} \approx 1.25 \times 10^6 W/m^2$；$\alpha_{c,cr} \approx 5.8 \times 10^4 W/ (m^2 \cdot K)$。

临界点的确定在工程实际中有很重要的意义：即可以根据 φ_{cr} 和 Δt_{cr} 来控制设备的加热程度和确定最有利的加热温度。当 $\varphi < \varphi_{cr}$ 时，α_c 随 Δt 的增加而增大；当 $\varphi > \varphi_{cr}$ 时，发生膜态沸腾，换热恶化。所以对于以沸腾换热方式传热的设备，如锅炉水冷壁等的设计和使用，都必须严格控制热流密度小于 φ_{cr}；或者在可能出现膜态沸腾的区域采取保护措施，防止壁温飞升烧坏壁面。

（二）管内沸腾换热

液体在管内流动时的沸腾，称为管内沸腾，其换热称为管内沸腾换热。锅炉水冷壁和沸腾式省煤器内的热量交换就属于管内沸腾换热。

管内沸腾换热时，由于液体汽化吸收大量的汽化热，同时由于汽泡的形成和脱离，使加热面不断受到冷流体的冲刷和强烈的扰动，因此换热强度远比无相变的对流换热大得多。

1. 管内沸腾换热

流体在管内沸腾时，随着汽液混合物中含汽量的不同，流动情况和换热规律也不同。图 5-19 为水在一受

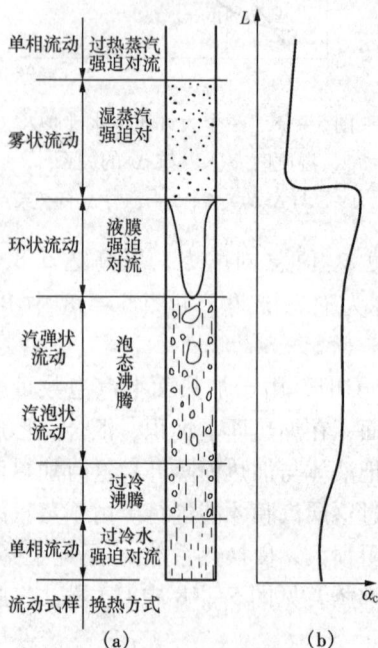

图 5-19 垂直管内沸腾时的流动
情况及放热系数的变化

（a）流动状况示意图；

（b）对流换热系数的变化

热均匀的垂直管中由下而上沸腾时的流动情况及对流换热系数的变化，可分为六个阶段。

（1）过冷水强迫对流换热阶段。该阶段内管内壁温度低于水的饱和温度，管壁与水之间的换热方式属于无相变强迫对流换热。沿着水的流动方向，水温升高，对流换热系数 α_c 略有增加。

（2）过冷沸腾换热阶段。该阶段内管壁温度已高于水的饱和温度，但是管子中心部分水的温度尚未达到饱和温度，为未饱和水。管壁上产生的汽泡在脱离壁面后进入未饱和水中，发生凝结而消失。这时的沸腾称为过冷沸腾。由于汽泡的产生和消失使水受到较大的扰动，α_c 显著升高。

（3）泡态沸腾换热阶段。该阶段内管子整个截面上水的温度都已达到饱和温度，壁面上产生的汽泡不再消失，汽泡被水流带走。在开始阶段，小汽泡分散夹带在水流当中，形成"汽泡状流动"。随着小汽泡逐渐汇合成大的汽弹，并沿管中央流动，形成"汽弹状流动"。由于汽泡数量的增多，汽泡的运动引起水的强烈扰动，α_c 迅速增大且为一常数 $[5800\sim12000\text{W}/（\text{m}^2\cdot\text{℃})]$，管壁温度略高于水温。沸腾换热的强度在这一阶段取决于汽泡的产生和运动，故称为泡态沸腾。

（4）液膜的强迫对流换热阶段。该阶段内汽水混合物中的含汽量进一步增加，在管子中心部分形成一个高速流动的汽柱，把液体挤压在管壁四周，形成"环状水膜"，此时的流动称为"环状流动"。液膜较薄时，管壁上无汽泡产生，这时的汽化过程发生在液膜和汽柱的分界面上，液膜因蒸发而不断减薄，α_c 显著增加。

（5）湿蒸汽的强迫对流换热阶段。由于液膜的不断减薄，该阶段内蒸汽流将液膜撕破，水分散成小水滴夹带在汽流当中，称为雾状流动。此时，管壁直接与蒸汽接触 α_c 急剧下降，管壁温度大幅度升高，这种现象又叫蒸干。随着水滴的继续蒸发，流速不断增加，α_c 又逐渐上升，壁温有所下降。

（6）过热蒸汽的强迫对流换热阶段。该阶段内水全部蒸发完毕，管内的换热为管壁与过热蒸汽的无相变换热。随着蒸汽温度的升高，壁温逐渐升高。

亚临界压力直流锅炉水冷壁中的沸腾过程与上述情况大致类似。对自然循环炉，由汽包进入水冷壁的水过冷度很小，从水冷壁进入汽包的汽水混合物中多数是水，因此，水冷壁中发生的主要是上述（3）、（4）两种情况，（1）、（2）阶段发生在省煤器中。

水在水平管内沸腾和垂直管内的沸腾大致相似，但若流速较小，可能出现汽水分层现象。这时管子上部为蒸汽，下部为水。由于蒸汽的对流换热系数比水的对流换热系数小得多，使得上部管壁温度可能比下部管壁温度高出很多，由此产生的热应力可能超过管材的允许温度。因此，锅炉蒸发受热面应尽量避免水平布置。如果需要水平布置或微倾斜布置的管子，要保证足够的流速，以防止出现汽水分层现象。

2. 管内沸腾换热的恶化

管内沸腾和大容器沸腾一样会出现换热恶化。它包括以下两类膜态沸腾。

第一类膜态沸腾：热流密度大于临界热流密度时，在过冷沸腾阶段和泡态沸腾阶段可能会产生大量的汽泡，来不及脱离壁面而聚积成一层汽膜贴在管壁上，将水和管壁隔开。汽膜热阻使 α_c 急剧下降，管壁温度飞升，换热恶化。

第二类膜态沸腾：发生在由"环状流动"向"雾状流动"的过渡区。由于蒸汽干度很高，液膜被撕破时，在管内形成不连续、不稳定的汽膜，使管壁直接与蒸汽接触，α_c 急剧下降，壁温飞升，换热恶化。也称为蒸干。

对于 $p \leqslant 14\mathrm{MPa}$ 的自然循环锅炉，一般不会发生膜态沸腾和蒸干现象。水冷壁管中的沸腾属于泡态沸腾，α_c 值很高，管壁温度和水温较接近。但对于亚临界压力直流锅炉，一般会由于 $\varphi > \varphi_{cr}$，而产生第一类膜态沸腾；且水冷壁中蒸汽干度从 0 变到 1，必然会出现蒸干现象。所以，对这类锅炉的沸腾恶化问题，要认真对待。

为防止沸腾换热恶化，措施有：①设计高参数直流锅炉时，必须选用比临界热流密度小得多的热流密度，并把含汽量较高的受热面布置在低热负荷区，使之不超过临界值；②适当增加工质的流速，以冲刷加热面上的汽膜，使汽膜难以形成；③在炉内高热负荷区采用内螺纹管以及在水冷壁中装扰流子等。

（三）凝结换热

当蒸汽与低于相应压力下饱和温度的冷壁面接触时，就会凝结成水并附着在壁面上，这种现象叫凝结换热。例如发电厂汽轮机的凝汽器中，水蒸气与铜管外壁的热量交换即为凝结换热；汽轮机在冷态启动过程中，蒸汽与汽缸内壁的换热形式主要是凝结换热。

按照凝结水能否润湿冷却壁面分类，有两种不同的凝结方式。如果凝结水能够润湿冷却壁面，并在壁面上形成一层完整的液膜，这种形式的凝结称为膜状凝结；如果凝结水不能润湿冷却壁面，只在壁面上形成小液珠，这些小液珠逐渐发展增大，直至沿壁面滚下，这种形式的凝结称为珠状凝结。珠状凝结时，由于蒸汽与冷却壁面之间没有液膜的隔离，所以热阻小，换热系数可达膜状凝结的 10 余倍。但生产实际中遇到的凝结多为膜状凝结。

1. 膜状凝结的特点

图 5-20 为蒸汽在竖壁上凝结时流动状态与换热系数的变化规律。

由于重力的作用，液膜总是自上而下的流动，开始时流速小，液膜很薄呈层流状态，由于凝结表面上有新蒸汽不断凝结，

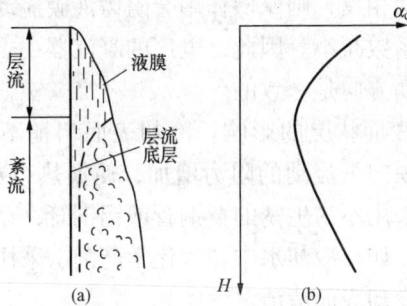

图 5-20　竖壁上的膜状凝结

（a）流动状况；（b）对流换热系数的变化

液膜逐渐增厚，流速逐渐加快，最后液膜呈紊流状态，但在紧靠壁面的很薄一层液膜中仍有保持层流流动的层流底层。

显然，膜状凝结时，蒸汽所放出的热量是经过液膜层而传递给壁面的，因此凝结液膜是凝结换热的主要热阻，其厚度和流态直接影响凝结换热的强弱，即 $\alpha_c = f$（液膜）。开始时，层流段液膜由薄变厚，热阻由小变大，凝结换热系数由大变小；当液膜由层流变紊流时，主要热阻在层流底层，随着层流底层的减薄，换热系数逐渐增大。

2. 影响凝结换热的因素

（1）蒸汽中含有不凝结气体的影响。当蒸汽中含有空气等不凝结气体时，这些气体附着在冷却表面，形成很大的热阻，使换热效果明显下降。实验证明，蒸汽中含 1% 的空气时，换热系数将降低 50% 以上。发电厂中，在凝汽器设备中装有抽气器，目的就是不断地将凝汽器内的空气排除，保证凝汽器的正常工作；在高压加热器上设置空气管，以及时排出加热蒸汽中含有的不凝结气体，增强传热效果。

（2）蒸汽的流速和流向的影响。蒸汽流速和流向对凝结换热的影响很大。当蒸汽流速大于 10m/s 时，蒸汽和液膜之间会产生明显的摩擦作用。如果蒸汽的流动方向和液膜流动方向一致，会使液膜减薄、热阻变小、换热增强；反之，蒸汽流动方向和液膜流动方向相反，则摩擦作用会阻碍液膜流动，使液膜减速并增厚，换热系数减小。因此，电厂的凝汽器中，蒸汽的流动方向与液膜的流动方向是一致的。

（3）冷却表面状况的影响。冷却表面粗糙不平或结垢、锈蚀等，会使液膜向下流动的阻力增加，使换热系数减小。因此，凝汽器管一般采用不易生锈的黄铜管或铝铜管；运行中对凝汽器铜管定期清洗，如在冷却水中加入化学药剂、采用机械和胶球清洗等，以保持冷却表面清洁。

（4）管子排列方式的影响。凝汽器中，蒸汽是在管子外面凝结的，管子横放时，凝结液膜短而薄；竖放时液膜长而厚，经计算比较，同一跟管子横放时比竖放时凝结换热系数大 1.7 倍，因此电厂凝汽器中的管束均为水平布置。

管束的排列方式一般有顺排、叉排和辐向排列三种，如图 5 - 21 所示。当管子数目相同时，下排管子受上排管子凝结液下落的影响以顺排为最大，辐向排列居中，叉排最小。因此，叉排时的 α_c 最大，而辐向排列时的 α_c 又比顺排大。辐向排列时，汽流由外圆向中心的流动较均匀，因而在发电厂大型机组的凝汽器中得到广泛应用。为减少凝结液对下排管子的影响，在凝汽器一定位置上装有斜挡板，以便及时将凝结液排出。

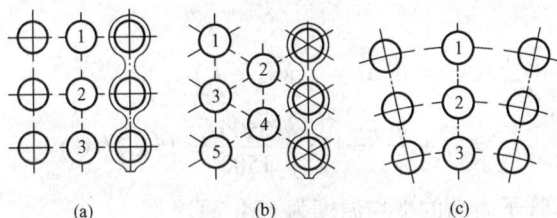

图 5 - 21　管束的排列方式
(a) 顺排；(b) 叉排；(c) 辐向排列

综上所述，我们有以下结论：①液体的对流换热系数比气体的大；②同一种流体，有相态变化时的对流换热比无相态变化时强烈，强迫流动比自然流动换热强烈；③其他条件相同时，横向冲刷的换热比纵向冲刷强烈；横向冲刷时，叉排的换热又比顺排强烈。

表 5 - 2 列出了几种流体在不同换热方式下对流换热系数 α_c 的大致范围。

表 5 - 2　　　　　　　对流换热系数的大致范围

流体种类及换热方式	对流换热系数 [W/ (m²·℃)]	流体种类及换热方式	对流换热系数 [W/ (m²·℃)]
空气自然对流	5 ~ 50	过热蒸汽强迫对流	500 ~ 3500
空气强迫对流	25 ~ 500	水沸腾	2500 ~ 50000
水自然对流	200 ~ 1000	水蒸气膜状凝结	4500 ~ 18000
水强迫对流	250 ~ 15000	水蒸气珠状凝结	45000 ~ 140000

【例题 5－5】　　水在某容器内沸腾，如压力保持 2MPa，对应的饱和温度 $t_s = 212.37℃$，加热面温度保持 228℃，沸腾换热系数为 81500W／（$m^2 \cdot K$），求单位加热面上的换热量。

解：由公式 $\varphi = \alpha_c \Delta t = \alpha_c(t_w - t_s)$，得

$$\varphi = 81500 \times (228 - 212.37) \times 10^{-3} = 1273.85(kW/m^2)$$

答：单位加热面上的换热量是 $1273.85kW/m^2$。

【例题 5－6】　　某锅炉空气预热器，空气的平均温度为 $\overline{t_f} = 153℃$，空气与管束间的对流换热系数为 $\alpha_c = 1500W／（m^2 \cdot K）$，空气与管束间的换热量为 $\varphi = 2500W/m^2$，求管子表面的平均温度 $\overline{t_w}$。

解：由公式 $\varphi = \alpha_c \Delta t = \alpha_c(\overline{t_w} - \overline{t_f})$，得

$$\overline{t_w} = \overline{t_f} + \frac{\varphi}{\alpha_c} = 153 + \frac{2500}{1500} = 154.7(℃)$$

答：管子表面的平均温度为 154.7℃。

第三节　辐 射 换 热

本节介绍热辐射与辐射换热的基本概念、性质，热辐射基本定律，两物体间的辐射换热，气体辐射等。

一、热辐射基本概念

（一）热辐射的本质与特点

在自然界中，存在一种完全不同于导热和热对流的换热方式，例如：冬天在太阳下感到暖和；打开锅炉炉膛的炉门，脸上会感到灼热。这些热量传递是依靠热辐射来完成的。

热辐射是辐射现象中的一种。辐射是指物质对外发射电磁波在空间传递能量的过程。所传递的能量称为辐射能。电磁波的波长从零到无穷大，不同波长的电磁波落到物体上，可产生不同的具体效应。其中波长为 $0.4 \sim 1000\mu m$（$1\mu m = 10^{-6}m$）范围内的电磁波投射到物体上，能被物体吸收并转变为热能，这些电磁波称

为热射线，它包括可见光和红外线，如图 5 - 22 所示。热射线是由于热的原因引起物体内部电子的振动而产生的。热射线的传播过程就是热辐射。

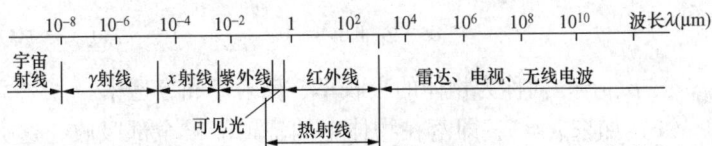

| 10⁻⁸ | 10⁻⁶ | 10⁻⁴ | 10⁻² | 1 | 10² | 10⁴ | 10⁶ | 10⁸ | 10¹⁰ | 波长λ(μm) |

波长范围图示（宇宙射线、γ射线、x射线、紫外线、可见光、红外线、热射线、雷达、电视、无线电波）

图 5 - 22　电磁波波谱

只要温度高于绝对零度，任何物体都会发生热辐射。自然界中物体的温度都高于绝对零度，因此，物体总在不断地将自身的热能转换为辐射能向外界传递。物体在向外辐射的同时也在不断地吸收周围物体投射到它上面的辐射能，并将吸收的辐射能转换为热能。物体间相互辐射和吸收的总效果，即为辐射换热。两个温度不同的物体间的辐射换热，必然引起净热量从温度高的一方传递到温度低的一方。总的效果是温度高的物体把热量传递给温度低的物体。

辐射换热与导热和对流换热有着本质的差别：辐射换热不需要任何介质，在真空中同样可以进行；辐射换热不仅有能量的转移，而且伴随能量形式的转换，即热能转换为辐射能再转换为热能。

（二）吸收率、反射率及穿透率

辐射能投射到一个物体上，一部分被物体吸收，另一部分被物体反射，其余部分则穿透物体。图 5 - 23 表示投射到物体表面的辐射能被吸收、反射和穿透的情况。

设投射到物体上的总辐射能为 G，被物体吸收的能量为 G_α，反射的能量为 G_ρ，穿透的能量为 G_τ。则

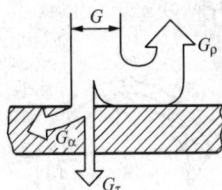

图 5 - 23　物体对投入辐射的吸收、反射和穿透

$$G_\alpha + G_\rho + G_\tau = G$$

$$\frac{G_\alpha}{G} + \frac{G_\rho}{G} + \frac{G_\tau}{G} = 1$$

即
$$\alpha + \rho + \tau = 1 \tag{5-10}$$

α、ρ、τ 分别称为物体的吸收率、反射率和穿透率。

（1）如果 $\alpha = 1$，即落在物体上的辐射能被全部吸收，这类物体称为黑体。吸收力很强的煤烟和黑丝绒，α 约为 $0.92 \sim 0.96$。

（2）如果 $\rho = 1$，即落在物体上的辐射能全部被物体反射出去，这类物体称为白体。若反射为有规律的镜面反射，称为镜体；若反射为不规则的漫反射，称为绝对白体。磨光的金属表面，$\rho = 0.97$。

（3）如果 $\tau = 1$，即落在物体上的辐射能全部穿透物体，这类物体称为透热体。不含 CO_2 和 H_2O 等三原子气体的空气可视为透热体。

在自然界中，并没有绝对的黑体、白体和透热体。α、ρ、τ 的值取决于物体特性、温度及表面状况等因素。一般地，对于固体和液体，由于分子排列紧密，辐射能在投入到表面上时，在进入物体很小的距离内即被吸收完毕。大多数工程材料，如各种金属、耐火材料、砖、木材等，即使在厚度很小时，也几乎是不透热的，这时 $\tau = 0$，$\alpha + \rho = 1$。可见，吸收能力强的物体，其反射能力必然差。

黑体对研究热辐射具有重大意义，虽然没有天然的黑体，但可以用人工的方法近似得到黑体模型。图 5-24 是一个人工黑体模型。进入小孔的辐射能，经过腔壁多次吸收后，漏出的辐射能几乎为零。小孔的面积越小，吸收率就越接近 1。如果腔内受热，腔内从小孔发射出来的辐射能

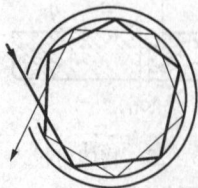

图 5-24 黑体模型

也几乎为零。锅炉炉膛的窥视孔就可以看成是这种人工黑体的实例。

锅炉炉膛内，火焰和水冷壁之间的热量交换中，辐射换热占主导地位，而对流换热量不超过总换热量的5%。火焰和水冷壁之间的辐射换热过程为：火焰的温度很高，它的辐射力很强，火焰辐射的能量投射到水冷壁管表面后，一部分被水冷壁吸收转换为热能，剩余的被反射。反射出去的辐射能在穿过火焰时又被火焰吸收了一部分，其余的到达另一水冷壁上，于是又被部分地吸收、部分地反射，如此循环下去，火焰的辐射能被水冷壁吸收的越来越多；与此同时，水冷壁发出的辐射能也同样经历了被火焰和水冷壁自身多次吸收和反射的过程。由于火焰的温度比水冷壁高，总的结果是火焰把热量传给了水冷壁。

二、热辐射基本定律

（一）辐射四次方定律

1. 辐射力与黑度

辐射力是指物体单位时间内单位表面积向空间发射的总辐射能，以 E 表示，单位为 W/m^2。辐射力反映了物体发射辐射能的能力。物体的辐射力随物体表面温度发生变化，在相同的温度下，黑体的辐射力（以 E_b 表示）最大。

实际物体的辐射力与同温度下黑体的辐射力之比，称为实际物体的黑度，以 ε 表示，即

$$\varepsilon = \frac{E}{E_b} \qquad (5-11)$$

黑度表示了实际物体辐射力接近黑体辐射力的程度，是分析和计算热辐射的一个重要的数据。实际物体的黑度 ε 总是小于1的，它的大小取决于物体的种类及其表面状况并随温度而变。磨光的金属表面具有较小的黑度，氧化了的金属表面和表面粗糙的物体具有较大的黑度。工程中常用材料的黑度值都是由实验测定

的，表 5 - 3 为一些常用材料的黑度值。

表 5 - 3　　　　　　　一些常用材料的黑度

材料类别和表面状况	温　度　（℃）	黑　　　度
氧化的钢	200 ~ 600	0.8
磨光的铁	400 ~ 1000	0.14 ~ 0.38
铬镍合金	52 ~ 1034	0.64 ~ 0.76
氧化的铁	125 ~ 525	0.78 ~ 0.82
红砖（粗糙表面）	20	0.88 ~ 0.93
锅炉炉渣	0 ~ 1000	0.97 ~ 0.70
耐火砖	500 ~ 1000	0.8 ~ 0.9

2. 四次方定律

实验表明：黑体的辐射力 E_b 与其绝对温度 T 的四次方成正比。该结论称为四次方定律，其数学表达式为

$$E_b = C_b \left(\frac{T}{100} \right)^4 \quad \text{W/m}^2 \qquad (5 - 12)$$

式中　C_b——黑体的辐射系数，$C_b = 5.67 \text{W/}（\text{m}^2 \cdot \text{K}^4）$。

根据物体黑度的定义，可得实际物体辐射力的计算公式，即

$$E = \varepsilon E_b = \varepsilon C_b \left(\frac{T}{100} \right)^4 \quad \text{W/m}^2 \qquad (5 - 13)$$

由式（5 - 13）可知：发电厂锅炉炉膛内火焰的辐射能量与火焰绝对温度的四次方成正比。

（二）基尔霍夫定律

基尔霍夫定律确定了任意物体的辐射力 E 和吸收率 α 之间的关系，也描述了物体的黑度和吸收率之间的关系。

由分析计算证明：任意物体的辐射力与其吸收率的比值，恒等于同温度下黑体的辐射力，且只与温度有关，与物体的性质无关，即

$$\frac{E_1}{\alpha_1} = \frac{E_2}{\alpha_2} = \cdots = \frac{E}{\alpha} = E_b \qquad (5 - 14)$$

由式（5 - 14）可得 $\dfrac{E}{E_b} = \alpha$，而 $\varepsilon = \dfrac{E}{E_b}$，则有

$$\alpha = \varepsilon \qquad\qquad (5-15)$$

因此，实际物体的吸收率在数值上与同温度下该物体的黑度相等。

式（5-14）和式（5-15）都是基尔霍夫定律的数学表达式。

基尔霍夫定律是热辐射的一条普遍定律，在辐射换热的计算及对一些现象的解释中得到广泛应用。由基尔霍夫定律可得出推论：在相同温度下，辐射力大的物体，吸收率也越大；善于辐射的物体必善于吸收。

三、两物体间的辐射换热

（一）角系数

物体间辐射换热量的大小不仅与物体的温度、性质、黑度有关，还与换热表面的形状、尺寸和相对位置有关。

图 5-25 所示为两个等温表面间的三种布置情况。

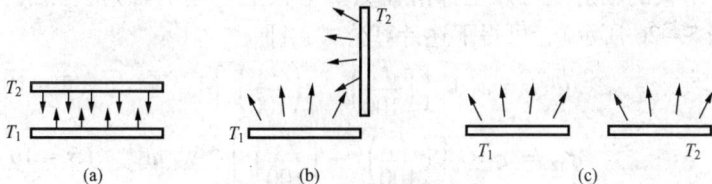

图 5-25　表面相对位置示意图
（a）两表面无限接近；（b）两表面垂直放置；（c）两表面同向水平放置

图 5-25（a）中两表面无限接近，每个表面发出的辐射能几乎全部落到对方表面；图 5-25（b）中每个表面发出的辐射能都只有一部分落到对方表面；图 5-25（c）中每个表面发出的辐射能都无法落到对方表面。由此可见，两个表面间的相对位置不同时，一个表面发出的辐射能落到另一个表面的百分数也不同。表面 1 发出的辐射能落到表面 2 上的百分数，称为表面 1 对表面 2 的角系数，以 X_{12} 表示；同理，表面 2 发出的辐射能落到表面 1 上的百分数，称为表面 2 对表面 1 的角系数，以 X_{21} 表示。

角系数仅取决于物体表面的形状和相对位置，与物体性质和温度无关。角系数可由数学分析或实验的方法确定，在锅炉炉膛中，火焰对水冷壁管的角系数可根据管子的相对节距及管子中心离开炉膛的相对距离从有关曲线图上查得。

（二）两物体间的辐射换热计算

设任意两个物体 1、2 的温度、表面积分别为 T_1、A_1 和 T_2、A_2，两表面相互辐射的角系数分别为 X_{12} 和 X_{21}，且 $T_1 > T_2$。则辐射换热量（W）为

$$\Phi_{12} = \varepsilon_{12} C_b \left[\left(\frac{T_1}{100} \right)^4 - \left(\frac{T_2}{100} \right)^4 \right] X_{12} A_1 \qquad (5-16)$$

或

$$\Phi_{12} = \varepsilon_{12} C_b \left[\left(\frac{T_1}{100} \right)^4 - \left(\frac{T_2}{100} \right)^4 \right] X_{21} A_2 \qquad (5-17)$$

式中　ε_{12}——两物体组成的辐射换热系统的系统黑度，与两物体的黑度有关。

将式（5-16）、式（5-17）应用于两无限大平行平板（每一平板的辐射能可以全部落在另一平板上）间的辐射换热（如图 5-26 所示），可得下述计算公式，即

$$\Phi_{12} = \varepsilon_{12} C_b \left[\left(\frac{T_1}{100} \right)^4 - \left(\frac{T_2}{100} \right)^4 \right] A \quad \text{W} \qquad (5-18)$$

$$\varphi_{12} = \varepsilon_{12} C_b \left[\left(\frac{T_1}{100} \right)^4 - \left(\frac{T_2}{100} \right)^4 \right] \quad \text{W/m}^2 \qquad (5-19)$$

这时

$$\varepsilon_{12} = \frac{1}{\dfrac{1}{\varepsilon_1} + \dfrac{1}{\varepsilon_2} - 1}$$

可以用温压与热阻表示辐射换热的热流密度，即

$$\varphi_{12} = \frac{\Delta t}{R_r} = \frac{\Delta t}{\dfrac{1}{\alpha_r}} = \alpha_r (T_1 - T_2) \quad \text{W/m}^2 \qquad (5-20)$$

式中　R_r——辐射换热热阻；

　　　α_r——辐射换热系数。

经计算，$\alpha_r = \dfrac{\varepsilon_{12} C_b \left[\left(\dfrac{T_1}{100} \right)^4 - \left(\dfrac{T_2}{100} \right)^4 \right]}{T_1 - T_2} \quad \text{W/(m}^2 \cdot \text{K)};$

$R_r = \dfrac{1}{\alpha_r}$。式（5-20）表明：辐射换热的热流密度与温压成正比，与辐射换热热阻成反比。

通常把炉内的火焰看成一个具有火焰平均温度的辐射面，它与水冷壁平行且面积相等，所以火焰与水冷壁之间的辐射换热可看成两个无限大平行平板之间的辐射换热。在锅炉计算中，各种情况下的 α_r 已绘成特定的图表以供查阅。

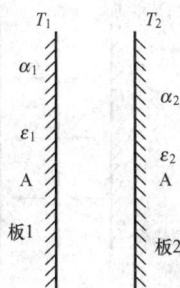

图 5-26　两无限大
平行平板间的
辐射换热

（三）辐射换热的增强与削弱

根据式（5-18），可得增强与削弱辐射换热的方法。

1. 辐射换热的增强

（1）提高高温辐射物体的温度 T_1，可有效地增强辐射换热量（见例题 5-7）。但锅炉实际运行中，若通过调整火焰温度来提高热负荷时，要注意蒸汽温度的提高相对于火焰温度的提高有一个时间上的滞后。

（2）改变系统黑度。当换热面积和表面温度一定时，增加系统黑度是增强辐射换热的主要措施。如电厂室内各种电气设备，为增强其散热能力，均在表面涂以黑度较大的油漆；暖气片上涂银灰漆，这样不仅有防腐作用，也可增强辐射换热。

（3）增大辐射换热面积。可采用膜式水冷壁，增大辐射换热面积，提高辐射换热量。

2. 辐射换热的削弱

（1）降低高温辐射物体的温度 T_1，可有效地削弱辐射换热量。同样可通过调整锅炉燃烧实现。

（2）改变系统黑度。可在物体表面镀一层黑度较小的银、铝薄层，如保温瓶的瓶胆就是采用这种方法提高保温效果的。

（3）采用遮热板。在工程上，为减少两表面间的辐射换热量，常采用在两表面之间放置一层或多层黑度较小的金属薄板的

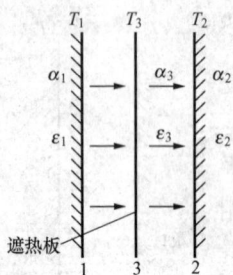

图 5 - 27　遮热板

方法。这些金属薄板被称为遮热板，如图 5 -27 所示。若在两平板之间插入 1 块与平板黑度相同的遮热板，会使两平板之间的辐射换热量减小为原来的 $\frac{1}{2}$。若插入 n 块遮热板，则辐射换热量减小为原来的 $\frac{1}{n+1}$。理论和实践证明，选用黑度很小的材料做遮热板，遮热效果更好。

遮热板原理在发电厂应用十分广泛。常见的测量高温气流的热电偶，在其工作端外面加遮热套，这样不仅保护了热电偶，同时减少了由于气流与周围壁温不同而引起的测温误差；国产 300MW 汽轮机高、中压缸进汽连接管的内外层套管都装有遮热筒，其目的正是为了减少进汽导管的辐射散热。

四、气体的辐射

锅炉炉膛内，高温烟气与受热面（如过热器、省煤器、空气预热器等）间的换热，除对流换热外，还有烟气与这些受热面间的辐射换热，而烟气由氧气、氮气、二氧化碳和水蒸气等组成，与固体和液体的辐射相比，气体辐射具有以下特点。

1. 气体的辐射与气体的分子结构及性质有关

不是所有的气体都参与辐射和吸收。单原子气体和 O_2、N_2、H_2 等分子结构对称的双原子气体的辐射和吸收能力都很弱，在一般工程条件中认为是透热体。分子结构不对称的双原子气体（如 CO）和多原子气体，尤其是 CO_2、水蒸气、SO_2 等，具有较强的辐射和吸收能力。锅炉中烟气的辐射主要是烟气中 CO_2 和水蒸气的辐射。

2. 气体的辐射与吸收具有选择性

气体不像一般固体那样具有连续的辐射光谱，而只能有选择地辐射和吸收一定波长范围内的辐射能，这些波段称为光带。如 CO_2 和水蒸气只能辐射和吸收三种波长范围内的热辐射，对其他范围的热射线是透热体。

3. 气体的辐射与吸收是在整个容积中进行的

固体和液体几乎是不透热的,辐射能的发射和吸收只能在表面进行。而气体的辐射和吸收可以穿过气体表面而在整个容积中进行。当热射线穿过气体时,它的能量因沿途被气体吸收而减少。减少的程度取决于途中所遇到的分子数目。碰到的分子数目越多,被吸收的辐射能越多。而途中碰到的分子数目又取决于热射线的行程长度、气体的分压力等。

【例题 5-7】 黑体表面温度为 27℃ 时,辐射力为多少?若将黑体加热到 627℃,它的辐射力又如何?

解: 27℃ 时黑体表面的辐射力为

$$E_{b1} = C_b \left(\frac{T_1}{100} \right)^4 = 5.67 \times \left(\frac{273 + 27}{100} \right)^4 = 459 (W/m^2)$$

627℃ 时,其辐射力为

$$E_{b2} = C_b \left(\frac{T_2}{100} \right)^4 = 5.67 \times \left(\frac{273 + 627}{100} \right)^4 = 37201 (W/m^2)$$

答: 黑体表面的辐射力分别为 459W/m² 和 37201W/m²。

(由该例题可以看出,虽然 T_2 仅为 T_1 的 3 倍,但辐射力之比却高达 81 倍。)

【例题 5-8】 某锅炉炉膛火焰温度由 1400℃ 下降到 1100℃ 时,假设火焰吸收率 $\alpha = 0.9$,试计算其辐射能力变化。

解: $\varepsilon = \alpha = 0.9$

火焰为 1400℃ 时的辐射力为

$$E_1 = \varepsilon C_b \left(\frac{T}{100} \right)^4 = 0.9 \times 5.67 \times \left(\frac{1400 + 273}{100} \right)^4 \times 10^{-3}$$

$$= 399.8 (kW/m^2)$$

火焰为 1100℃ 时的辐射力为

$$E_2 = \varepsilon C_b \left(\frac{T}{100} \right)^4 = 0.9 \times 5.67 \times \left(\frac{1100 + 273}{100} \right)^4 \times 10^{-3}$$

$$= 181.3 (kW/m^2)$$

$$E_1 - E_2 = 399.8 - 181.3 = 218.5(\text{kW/m}^2)$$

答：辐射能量变化为218.5kW/m²。

🔑 复习题

一、选择题（下列每题的四个答案中只有一个正确答案，将正确答案的序号填在括号内）

1. 平壁稳定导热的热流量分别与壁两面温差、壁面面积、壁厚成（　　）。

（A）反比、反比，反比；（B）正比、正比、反比；（C）正比、反比、正比；（D）正比、反比、反比。

2. 减小导热热阻的有效方法是（　　）。

（A）采用热导率小的材料，减小壁厚；（B）采用热导率大的材料，减小壁厚；（C）采用热导率小的材料，增大壁厚；（D）采用热导率大的材料，增大壁厚。

3. 一般情况下，以下材料中热导率较大的材料是（　　）。

（A）金属材料；（B）建筑材料；（C）保温材料；（D）气体

4. 管道外敷设保温材料后，其导热热阻（　　）。

（A）减小；（B）增大；（C）变化不大；（D）不变。

5. 热导率为常数时，单层平壁稳定导热沿壁厚方向的温度分布为（　　）。

（A）对数曲线；（B）双曲线；（C）抛物线；（D）直线。

6. 输送热水的管道，若管道内、外壁温差增大，则管道散热量（　　）。

（A）增加；（B）减小；（C）不变；（D）等于零。

7. 为减少蒸汽管道和热力设备的热量损失，通常采用（　　）的方法。

（A）在管外表面刷油漆；（B）在管外表面敷设保温材料；（C）变更安装位置；（D）增加设备和管道的厚度。

8. 当周围空气为24℃时，保温层表面的最高温度不得超过

（　　）℃。

(A) 29；(B) 49；(C) 59；(D) 74。

9. 汽轮机启、停及变工况运行时，蒸汽温度的变化率愈（　　），转子的寿命消耗愈（　　）。

(A) 大、小；(B) 小、大；(C) 大、大；(D) 寿命损耗与温度无关。

10. 同样条件下，流体强迫流动的对流换热系数比自然流动的对流换热系数（　　）。

(A) 大；(B) 小；(C) 一样大；(D) 可能大，也可能小。

11. 同样条件下，流体横向冲刷管束的对流换热系数比纵向冲刷管束的对流换热系数（　　）。

(A) 大；(B) 小；(C) 一样大；(D) 可能大，也可能小。

12. 流体横向冲刷管束时，顺排的对流换热系数比叉排的对流换热系数（　　）。

(A) 大；(B) 小；(C) 一样大；(D) 可能大，也可能小。

13. 当流体与固体壁面间进行对流换热时，流体的流态由层流变成紊流，则对流换热系数（　　）。

(A) 减小；(B) 不变；(C) 变化不大；(D) 增大。

14. 热流体在管内流动时，增大流体的流速，则流体与管内壁间的对流换热系数（　　）。

(A) 增大；(B) 减小；(C) 不变；(D) 变化不确定。

15. 汽轮机大修后启动时，在冲动转子的开始阶段，蒸汽在金属表面凝结，但形不成水膜，这种现象为（　　）。

(A) 珠状凝结；(B) 膜状凝结；(C) 导热；(D) 沸腾换热。

16. 当汽缸金属壁面的温度低于蒸汽压力所对应的饱和温度时，就会发生（　　）。

(A) 沸腾换热；(B) 凝结换热；(C) 导热；(D) 辐射换热。

17. 发电厂汽轮机的凝汽器中，水蒸气与铜管外壁的热量交换为（　　）。

(A) 凝结换热；(B) 沸腾换热；(C) 导热；(D) 辐射换热。

18. 在高压加热器上设置空气管的作用是（　　　）。

（A）及时排出加热蒸汽中含有的不凝结气体，减小热阻；（B）及时排出加热蒸汽中含有的不凝结气体，增大热阻；（C）平衡相邻加热器内的加热压力；（D）起用前排汽。

19. 暖气片上涂银灰漆，不仅有防腐作用，也可增强（　　　）。

（A）导热；（B）对流换热；（C）辐射换热；（D）凝结换热。

20. 太阳能穿过空间到达地球，主要依靠（　　　）。

（A）导热；（B）热对流；（C）对流换热；（D）热辐射。

21. 到达物体上的辐射能能够被物体部分吸收、反射、穿透。吸收率、反射率及穿透率之和（　　　）。

（A）小于1；（B）大于1；（C）等于0；（D）等于1。

22. 相同温度下，辐射力大的物体，吸收率也越（　　　）。

（A）小；（B）大；（C）吸收率与辐射率无关；（D）吸收率与辐射率差别很大。

23. 表示实际物体辐射力接近黑体辐射力的程度的是（　　　）。

（A）反射率；（B）穿透率；（C）黑度；（D）热导率。

24. 在两平板之间插入2块与平板黑度相同的遮热板，则两平板之间的辐射换热量减小为原来的（　　　）。

（A）$\frac{1}{2}$；（B）$\frac{1}{3}$；（C）$\frac{1}{4}$；（D）相等。

25. 锅炉炉膛内火焰的辐射能量与火焰绝对温度的（　　　）次方成正比。

（A）一；（B）二；（C）三；（D）四。

二、判断题（下列描述中，正确的在括号内打"√"，错误的在括号内打"×"）

1. 凡有温差的地方，就有热量的传递。　　　　　　（　　　）

2. 热导率越大，材料的导热能力越强。　　　　　　（　　　）

3. 一般来说，纯金属的热导率最大，合金钢由于加入了合

金元素而使热导率减小。　　　　　　　　　　　　（　　）

4. 选用热导率大的材料作保温材料，同时增加保温层的厚度，可减少管道散热。　　　　　　　　　　　　　　　（　　）

5. 稳定导热时，由于圆筒壁的内外表面积不相等，使得通过圆筒壁的热流量也不等。　　　　　　　　　　　　　（　　）

6. 传热有三种不同的基本方式，即热传导、热对流及热辐射。　　　　　　　　　　　　　　　　　　　　　　（　　）

7. 高温物体自发地向低温物体传递的热量与温压成正比，与热阻成反比。　　　　　　　　　　　　　　　　　（　　）

8. 当保温材料中渗入水分时，保温效果会显著降低。

　　　　　　　　　　　　　　　　　　　　　　　（　　）

9. 加热拆卸叶轮后，须用保温材料包好，使其均匀冷却防止变形。　　　　　　　　　　　　　　　　　　　　（　　）

10. 一般来说，导电性能好的材料其导热性能也好。（　　）

11. 水冷壁管内装扰流子的作用是防止换热恶化。（　　）

12. 汽缸壁外敷设优质保温材料可以起到减小启、停过程中汽缸壁内外温差的作用。　　　　　　　　　　　　　（　　）

13. 蒸汽中含有空气时，换热效果明显下降。　　（　　）

14. 蒸汽的凝结换热系数比无相变的对流换热系数要小。

　　　　　　　　　　　　　　　　　　　　　　　（　　）

15. 只要热力学温度高于零度，任何物体都会发生热辐射。

　　　　　　　　　　　　　　　　　　　　　　　（　　）

16. 物体间辐射换热量的大小与物体的温度、换热表面的形状及相对位置等因素有关。　　　　　　　　　　　　（　　）

17. 反映物体表面辐射力强弱程度的量是黑度。　（　　）

18. 角系数与物体表面的形状、相对位置以及物体的性质、温度均有关。　　　　　　　　　　　　　　　　　（　　）

19. 固体的辐射和吸收只能在表面进行、而气体的辐射和吸收可以在整个容积中进行。　　　　　　　　　　　　（　　）

20. 磨光的金属表面具有较大的黑度，氧化了的金属表面和

表面粗糙的物体具有较小的黑度。　　　　　　　（　　）

21. 善于辐射的物体必善于吸收。　　　　　　　　（　　）

22. 辐射换热可以在真空中进行。　　　　　　　　（　　）

23. 所有的气体都参与辐射和吸收。　　　　　　　（　　）

24. 在热电偶工作端外面加遮热套的作用只是为了保护热电偶。　　　　　　　　　　　　　　　　　　　　　　　（　　）

25. 工程上选用黑度很小的材料做遮热板，会使遮热效果降低。　　　　　　　　　　　　　　　　　　　　　　　（　　）

三、简答题

1. 什么是导热？

2. 什么是对流换热？

3. 什么是辐射换热？

4. 为什么要对热流体通过的管道进行保温？对保温材料的要求有哪些？

5. 平壁稳定导热的导热量与哪些因素有关？

6. 影响对流换热量的因素有哪些？

7. 膜态沸腾有哪些危害？

8. 影响凝结换热的因素有哪些？

9. 凝汽器中含有不凝结气体时对凝汽器换热有什么影响？

10. 辐射换热的特点是什么？

四、计算题

1. 为减少热损失，在外径 d_1 为 130mm 的蒸汽管道外敷设热导率为 0.1W/（m·K）的保温材料。已知蒸汽管外壁温度为 450℃，并要求保温材料外侧表面温度不超过 50℃。若每米长的管道热损失控制在 450W/m 以下，保温层厚度 δ 应为多少 mm？

2. 一炉墙采用水泥珍珠岩材料，水泥珍珠岩的热导率 $\lambda = 0.094W/$（m·K），炉墙壁厚 $\delta = 120mm$。已知内壁温度为 $t_1 = 495℃$，外壁温度 $t_2 = 45℃$，试求每平方米炉墙每小时的散热量。

3. 一汽轮机凝汽器，热流密度 $\varphi = 62500W/m^2$，凝汽器铜管外壁与水蒸气之间的温差为 51℃，求水蒸气的凝结换热系数。

4. 求绝对黑体在温度 $t=1000℃$ 和 $t=100℃$ 时的辐射力。

5. 已知一物体的吸收率 $\alpha=0.69$，求该物体温度 $t=127℃$ 时的辐射力。

五、论述题

1. 影响对流换热系数的因素有哪些？

2. 物体间辐射换热量与哪些因素有关？增强辐射换热的具体措施有哪些？并举例说明。

第六章

传 热 过 程

　　本章是在导热、对流换热、辐射换热三种换热方式的基础上，介绍工程实际中由三种换热方式组合后形成的传热过程的传热规律及工程中增强和削弱传热的措施。

第一节　传热过程与传热方程式

　　本节主要介绍传热过程的基本概念、传热过程的三个环节、传热方程式的形式等。

一、传热过程

　　工程上遇到的传热过程，很少有三种基本形式单独存在的，往往是导热、对流换热、辐射换热三种方式的复杂组合。如火力发电厂常用的各种换热器，就是让温度不同的两种流体在器内流动，为防止它们混合，中间用金属壁面隔开。这种热流体通过固体壁面将热量传给冷流体的过程称为传热过程。在传热过程中，热量由高温流体穿过固体壁面传给低温流体的过程，实际上包含了三个串联的环节。以过热器为例（如图 6 - 1 所示），可直观地表示为：

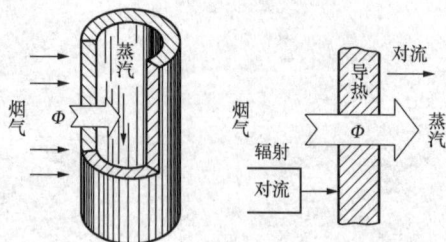

图 6 - 1　过热器的传热过程示意图

高温烟气（热流体）$\xrightarrow[\text{辐射换热}]{\text{对流换热}}$管外壁$\xrightarrow{\text{导热}}$管内壁$\xrightarrow{\text{对流换热}}$过热蒸汽（冷流体）

又如炉墙的传热过程可表示如下：

高温烟气（热流体）$\xrightarrow{\text{辐射换热}}$墙内壁$\xrightarrow{\text{导热}}$墙外壁$\xrightarrow[\text{辐射换热}]{\text{对流换热}}$空气（冷流体）

在壁面同一侧对流换热和辐射换热同时存在的换热过程称为复合换热。复合换热热阻为$\dfrac{1}{\alpha}$，α为复合换热系数，它等于对流换热系数α_c和辐射换热系数α_r之和，即

$$\alpha = \alpha_c + \alpha_r$$

在复合换热中，若某一种换热方式的换热量份额很小，则可不考虑，而以另一种换热方式为主进行处理。例如：烟气与炉墙内壁的对流换热就可忽略不计。传热过程的三个串联环节分别为：①热流体与壁面的复合换热过程；②壁面内的导热过程；③冷流体与壁面的复合换热过程。

二、传热方程式

传热过程中，单位时间传递的热量与热、冷流体之间的温度差 Δt 成正比，与传热面积 A 成正比，即

$$\Phi = KA\Delta t = KA(t_{f1} - t_{f2}) \quad \text{W} \qquad (6-1)$$

式（6-1）称为传热方程式。

将传热方程式表示成热流密度的形式，得单位时间单位面积的传热量为

$$\varphi = \frac{\Phi}{A} = K\Delta t = K(t_{f1} - t_{f2})$$
$$= \frac{(t_{f1} - t_{f2})}{\dfrac{1}{K}} \quad \text{W/m}^2 \qquad (6-2)$$

式中的 K 称为传热系数，单位是 W/（m^2·K）。K 反映了传热过程的强烈程度，K 值越大，传热过程进行得越强烈，反之则越弱。$\dfrac{1}{K}$ 为传热过程的总热阻，用 R_K 表示。根据热阻叠加原

理，传热过程总热阻等于组成该传热过程的三个串联环节的局部热阻之和，即热流体侧复合换热热阻 R_1、壁内导热热阻 R_λ、冷流体侧复合换热热阻 R_2 之和。

式（6-2）说明：传热过程的热流密度与传热过程的总温差成正比，与传热过程的总热阻成反比。

第二节　平壁和圆筒壁的传热

本节介绍平壁与圆筒壁的传热计算。

式（6-2）对平壁与圆筒壁的传热计算仍成立，只是热阻的形式有所变化。

一、平壁的传热计算

（一）单层平壁传热

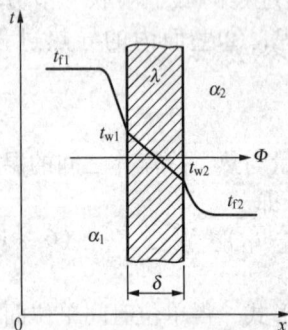

图6-2　通过单层平壁的传热

如图 6-2 所示，一面积为 A，厚度为 δ 的平壁，壁的两侧分别是温度为 t_{f1} 的热流体及温度为 t_{f2} 的冷流体，热流体侧与冷流体侧的复合换热系数分别为 α_1、α_2。

单层平壁传热总热阻为三个串联环节的热阻之和，即

$$R_K = R_1 + R_\lambda + R_2$$
$$= \frac{1}{\alpha_1} + \frac{\lambda}{\delta} + \frac{1}{\alpha_2} \quad (6-3)$$

单层平壁传热系数为

$$K = \cfrac{1}{\cfrac{1}{\alpha_1} + \cfrac{\delta}{\lambda} + \cfrac{1}{\alpha_2}} \quad \mathrm{W/(m^2 \cdot K)} \quad (6-4)$$

由式（6-4）可见，传热系数反映了参与传热过程的所有传热形式的特征。

由式（6-2）可得，单层平壁传热过程的热流密度为

$$\varphi = K(t_{f1} - t_{f2}) = \frac{(t_{f1} - t_{f2})}{\dfrac{1}{K}}$$

$$= \frac{t_{f1} - t_{f2}}{\dfrac{1}{\alpha_1} + \dfrac{\delta}{\lambda} + \dfrac{1}{\alpha_2}} \quad \text{W/m}^2$$

$$(6-5)$$

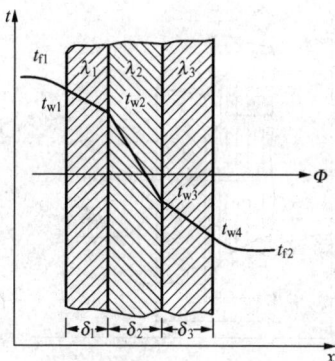

图 6-3 通过三层平壁的传热

（二）多层平壁传热

火力发电厂中较常见的是通过多层平壁的传热现象，如锅炉炉墙的散热、汽缸壁的散热等。显然，对于多层平壁的传热，只是增加几层平壁的导热热阻而已。以三层平壁为例（如图 6-3 所示）讨论。

三层平壁的传热总热阻为

$$R_K = R_1 + R_{\lambda 1} + R_{\lambda 2} + R_{\lambda 3} + R_2$$

$$= \frac{1}{\alpha_1} + \frac{\delta_1}{\lambda_1} + \frac{\delta_2}{\lambda_2} + \frac{\delta_3}{\lambda_3} + \frac{1}{\alpha_2} \qquad (6-6)$$

三层平壁传热系数为

$$K = \frac{1}{R_K} = \frac{1}{\dfrac{1}{\alpha_1} + \dfrac{\delta_1}{\lambda_1} + \dfrac{\delta_2}{\lambda_2} + \dfrac{\delta_3}{\lambda_3} + \dfrac{1}{\alpha_2}} \quad \text{W/(m}^2 \cdot \text{K)} \quad (6-7)$$

三层平壁热流密度 φ 为

$$\varphi = K\Delta t = \frac{\Delta t}{R_K} = \frac{t_{f1} - t_{f2}}{R_1 + R_{\lambda 1} + R_{\lambda 2} + R_{\lambda 3} + R_2} \quad \text{W/m}^2$$

$$(6-8)$$

对 n 层平壁，只需将式（6-8）中的导热热阻由三项变为 n 项即可。

二、圆筒壁的传热

火力发电厂广泛采用管道输送蒸汽和水，如过热器、省煤器及蒸汽管道等。这类传热过程都是在被圆筒壁隔开的热、冷流体

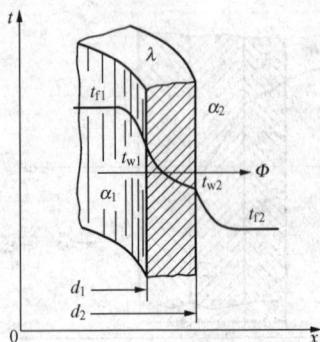

图 6 - 4 圆筒壁的传热

之间进行的，属于圆筒壁的传热。

如图 6 - 4 所示，一长度为 L，内外径分别为 d_1、d_2 的圆管。管内热流体温度为 t_{f1}、管外冷流体温度为 t_{f2}。管材的热导率为 λ，热流体侧复合换热系数为 α_1，冷流体侧复合换热系数为 α_2。

工程上，对于 $\dfrac{d_2}{d_1} < 2$ 的薄壁管，可近似地当作平壁来处理。

单层圆筒壁热流量为

$$\Phi = K\bar{A}(t_{f1} - t_{f2}) = K\pi\bar{d}L(t_{f1} - t_{f2})$$

$$= \frac{t_{f1} - t_{f2}}{\dfrac{1}{\alpha_1} + \dfrac{\delta}{\lambda} + \dfrac{1}{\alpha_2}}\pi\bar{d}L \quad \text{W} \qquad (6 - 9)$$

单层圆筒壁单位管长热流量为

$$\varphi_l = \frac{t_{f1} - t_{f2}}{\dfrac{1}{\alpha_1} + \dfrac{\delta}{\lambda} + \dfrac{1}{\alpha_2}}\pi\bar{d} \quad \text{W/m} \qquad (6 - 10)$$

式中　K——按平壁计算的传热系数 $K = \dfrac{1}{\dfrac{1}{\alpha_1} + \dfrac{\delta}{\lambda} + \dfrac{1}{\alpha_2}}$ W/($\text{m}^2 \cdot \text{K}$)；

$\bar{A}$——管壁平均面积，$\bar{A} = \pi\bar{d}L$，m^2；

$\bar{d}$——管壁平均直径，$\bar{d} = \dfrac{d_1 + d_2}{2}$，m；

δ——管壁厚度，$\delta = \dfrac{d_2 - d_1}{2}$，m。

$\dfrac{d_2}{d_1} < 2$ 时，用这种简化方法计算，误差不超过 4%。

对多层圆筒壁的传热计算，式（6-10）中的 $\bar{d}$ 为各层圆筒壁的平均直径。以三层圆筒壁为例，圆筒壁单位管长热流量为

$$\varphi_l = \frac{t_{f1} - t_{f2}}{\dfrac{1}{\pi \alpha_1 \bar{d}_1} + \dfrac{\delta_1}{\pi \lambda_1 \bar{d}_1} + \dfrac{\delta_2}{\pi \lambda_2 \bar{d}_2} + \dfrac{\delta_3}{\pi \lambda_3 \bar{d}_3} + \dfrac{1}{\pi \alpha_2 \bar{d}_3}} \quad \text{W/m}$$

(6-11)

式（6-11）的使用条件是各层的外径与内径之比小于2。

【例题 6-1】 红砖墙的厚度 $\delta = 320\text{mm}$，其热导率 $\lambda = 0.8\text{W}/(\text{m} \cdot \text{K})$，内、外两侧空气温度分别为 $t_{f1} = 50℃$，$t_{f2} = 32℃$，复合换热系数分别为 $\alpha_1 = 20\text{W}/(\text{m}^2 \cdot \text{K})$，$\alpha_2 = 5\text{W}/(\text{m}^2 \cdot \text{K})$ 求单位面积上传热过程的总热阻，传热系数及热流密度。

解： 单位面积上传热过程的各局部热阻分别为

$$R_1 = \frac{1}{\alpha_1} = \frac{1}{20} = 0.05(\text{m}^2 \cdot \text{K/W})$$

$$R_\lambda = \frac{\delta}{\lambda} = \frac{0.32}{0.8} = 0.4(\text{m}^2 \cdot \text{K/W})$$

$$R_2 = \frac{1}{\alpha_2} = \frac{1}{5} = 0.2(\text{m}^2 \cdot \text{K/W})$$

传热总热阻 $R_K = R_1 + R_\lambda + R_2 = 0.05 + 0.4 + 0.2 = 0.65(\text{m}^2 \cdot \text{K/W})$

传热系数 $K = \dfrac{1}{R_K} = \dfrac{1}{0.65} = 1.54[\text{W}/(\text{m}^2 \cdot \text{K})]$

热流密度 $\varphi = K\Delta t = 1.54 \times (50 - 32) = 27.72(\text{W/m}^2)$

答： 传热过程的总热阻为 0.65（$\text{m}^2 \cdot \text{K/W}$）。传热系数为 1.54W/（$\text{m}^2 \cdot \text{K}$）。热流密度为 27.72W/$\text{m}^2$。

【例题 6-2】 一换热器，管内径为 $d_1 = 52\text{mm}$，外径为 $d_2 = 59\text{mm}$；管外流过烟气，其平均温度 $t_1 = 760℃$，$\alpha_1 = 60\text{W}/(\text{m}^2 \cdot \text{K})$，管内流过过热蒸汽，其平均温度 $t_2 = 400℃$，$\alpha_2 = 1100\text{W}/（\text{m}^2 \cdot \text{K}）$。求传热系数和单位时间单位长度的传热量。（管壁导热热阻忽略不计）

解：因为 $\dfrac{d_2}{d_1} = \dfrac{49}{42} = 1.17 < 2$，可近似地当作平壁来处理，

即　$K = \dfrac{1}{\dfrac{1}{\alpha_1} + \dfrac{\delta}{\lambda} + \dfrac{1}{\alpha_2}}$

由题意 $\dfrac{\delta}{\lambda} = 0$，所以传热系数 $K = \dfrac{1}{\dfrac{1}{\alpha_1} + \dfrac{1}{\alpha_2}} = \dfrac{1}{\dfrac{1}{60} + \dfrac{1}{1100}} =$

$55.87[\,\mathrm{W/(m^2 \cdot K)}\,]$

平均直径　$\bar{d} = \dfrac{1}{2}(d_1 + d_2) = \dfrac{1}{2}(0.052 + 0.059) =$
$0.0555(\mathrm{m})$

单位时间单位长度的传热量为

$\varphi_l = K(t_1 - t_2)\pi\bar{d} = 55.87 \times (760 - 400) \times 3.14 \times 0.0555$
$= 3505(\mathrm{W/m})$

答：传热系数为 $55.87\mathrm{W/(m^2 \cdot K)}$，单位时间单位长度的传热量为 $3505\mathrm{W/m}$。

【**例题 6-3**】　当导热热阻忽略不计时，试计算下列传热过程中的 K 值。

(1) $\alpha_1 = 20\mathrm{W/(m^2 \cdot K)}$　　$\alpha_2 = 3000\mathrm{W/(m^2 \cdot K)}$

(2) $\alpha_1 = 20\mathrm{W/(m^2 \cdot K)}$　　$\alpha_2 = 6000\mathrm{W/(m^2 \cdot K)}$

(3) $\alpha_1 = 40\mathrm{W/(m^2 \cdot K)}$　　$\alpha_2 = 3000\mathrm{W/(m^2 \cdot K)}$

解：由 $K = \dfrac{1}{\dfrac{1}{\alpha_1} + \dfrac{\delta}{\lambda} + \dfrac{1}{\alpha_2}}$，导热热阻忽略不计时，即 $\dfrac{\delta}{\lambda} = 0$，

此时 $K = \dfrac{1}{\dfrac{1}{\alpha_1} + \dfrac{1}{\alpha_2}} = \dfrac{\alpha_1 \alpha_2}{\alpha_1 + \alpha_2}$

(1) $K_1 = \dfrac{20 \times 3000}{20 + 3000} = 19.87[\,\mathrm{W/(m^2 \cdot K)}\,]$

(2) $K_2 = \dfrac{20 \times 6000}{20 + 6000} = 19.93[\,\mathrm{W/(m^2 \cdot K)}\,]$

(3) $K_3 = \dfrac{40 \times 3000}{40 + 3000} = 39.47[\,\mathrm{W/(m^2 \cdot K)}\,]$

答：三种情况下 K 值分别为 19.87W／（$m^2 \cdot K$）、19.93W／（$m^2 \cdot K$）和 39.47W／（$m^2 \cdot K$）。由该题可知，当局部热阻 $\dfrac{1}{\alpha_1}$、$\dfrac{1}{\alpha_2}$ 相差较多时，减小较大热阻可明显提高传热系数。

第三节 传热的强化与削弱

在解决工程实际传热问题时，有些场合要求增强传热，如锅炉的省煤器、过热器，汽轮机的凝汽器等；而在另外一些场合则要求尽量削弱传热，如炉墙保温、管道保温等。本节介绍工程上增强与削弱传热的主要措施。

一、传热热阻分析

热阻分析法是解决各种传热问题的基本方法。由传热分析和计算可知，传热热阻直接影响传热的强弱。为了找到增强或削弱传热的途径，有必要对传热热阻进行分析。

（一）传热过程的热阻分析

传热过程由多个环节串联组成，传热过程的总热阻等于串联环节各局部热阻的总和。由于各局部热阻大小不同，它们在总热阻中所起的作用也不同，一般说来，较大热阻在总热阻中起的作用也较大。通过对各局部热阻的分析、比较，可以确定过程中主要的、次要的或是可以忽略不计的局部热阻，这样就可以抓住主要矛盾，采取有效措施。

（二）传热热阻与温差的关系

在稳定传热过程中，即在 φ 一定的情况下，传热过程的总温差与传热过程的总热阻成正比，传热过程的各局部温差与该局部热阻也成正比。由此可见，凡是局部热阻大的地方，其局部温差也大。按照这一结论，可以根据传热过程中各局部热阻的大小，分析、判断传热面的工作温度是否安全。这也是传热问题中需要解决的又一重要内容，具有重要的实际意义。下面以电厂的两个实例来说明。

1. 水冷壁各局部热阻与温差的分析

锅炉水冷壁的各局部热阻中，烟气与灰渣层的复合换热热阻以及灰渣层本身的导热热阻在总热阻中所占比例最大，约占总热阻的98%左右，而管壁本身的导热热阻以及管内沸腾水的对流换热热阻都很小。由于各局部热阻与该局部温差成正比，因此水冷壁外表面与烟气间的温差大，而管壁与沸腾水的温差小。管外壁温度一般仅高于沸水温度 20~40℃。如国产 1000t/h 亚临界直流锅炉，其沸水温度为 350℃左右，即使考虑一些环节存在热阻而产生温差，管外壁温度也不超过 400℃。而一般碳素钢允许的最高工作温度为 480℃，所以水冷壁管处的温度是安全的。可见，即使炉膛内温度很高，但水冷壁管温度却并不高，这也就是水冷壁可用碳素钢来制造的缘故。

2. 汽缸壁各局部热阻与温差的分析

包有保温层的汽轮机缸壁，从蒸汽到空气的传热过程中，主要热阻在保温层上，而蒸汽与缸内壁的复合换热热阻以及缸壁本身的导热热阻在传热的总热阻中所占的比例极小，因此，汽缸内外壁面的温度都很接近蒸汽温度，汽缸壁内外壁面的温差并不大，不必担心会产生热变形。但如果汽轮机在运行过程中产生保温层损坏或脱落现象，不但散热损失增加，而且此时缸壁的导热热阻在总热阻中所占的比例也迅速上升，就会使汽缸内外壁温差明显增加，严重时，会产生热应力而发生热变形。因此，这种包保温材料（增加局部热阻）而引起的外部温差加大，汽缸壁温差减小的办法可以起到减小热损失和减少热变形的双重作用。

过热蒸汽管道或其他热力设备保温层的热阻及热应力分析同样适用上述结论。

二、传热的强化

从传热方程式 $\Phi = KA\Delta t$ 知，传热量的大小取决于传热系数 K、传热面积 A 和热、冷流体间的温差 Δt。在一定条件下，设法提高其中任何一个因素都可以增加传热量。

（一）提高传热系数

通常在稳定运行中的换热设备的传热面积和热冷流体间的温度差都是固定不变的，所以传热过程的强化问题主要取决于传热系数 K。而提高传热系数的途径和方法取决于各局部热阻在总热阻中所占的比例大小，可以从以下两方面考虑。

（1）当各局部热阻相差不多时，要提高传热系数，可设法减少传热过程中各局部热阻。传热过程的热阻不外乎由导热、对流换热、辐射换热三种换热方式的热阻组成，减少任何一个换热热阻都可以减少总传热热阻。例如可以通过减少壁面厚度以及选用热导率较大的材料来强化导热，以减小导热热阻 $\dfrac{\delta}{\lambda}$；通过增加流速、增强流体的扰动以及对换热面进行合理布置（如尽量采用叉排布置）来增强对流换热，以减小对流换热热阻 $\dfrac{1}{\alpha_c}$；通过增加系统黑度以减小辐射换热热阻 $\dfrac{1}{\alpha_r}$ 等。

（2）当各局部热阻相差较多时，首先设法减小最大的局部热阻，将会更加有效地提高传热系数（见例题6-3）。以单层平壁传热为例，当金属管壁的导热热阻 R_λ 可忽略不计时（管壁较薄、金属的 λ 较大，其导热热阻很小），传热总热阻为 $R_K = R_1 + R_2 = \dfrac{1}{\alpha_1} + \dfrac{1}{\alpha_2}$。当 $\alpha_1 \ll \alpha_2$ 时，$R_1 \gg R_2$，这时传热总热阻取决于 α 较小侧热阻 R_1（即较大热阻）。要想有效地强化传热，必须设法减小最大热阻 R_1（即增加较小的 α_1）。

电厂的换热设备中，最大热阻一般在气体侧（烟气、空气侧）、油侧和污垢层上。如锅炉省煤器中，烟气侧的换热系数 α_1 很小，只有几十，而水侧的换热系数 α_2 却很大，高达几千。所以为有效增强传热，应设法增大烟气侧换热系数，减小烟气侧换热热阻。在电厂的各换热设备中，受热面常常有结垢、积灰和结渣现象。受热面管子积灰、结垢后会产生很大的污垢热阻。1mm厚的水垢层形成的热阻相当于40mm厚的钢壁的导热热阻；1mm

厚的灰垢层的导热热阻相当于 400mm 厚的钢壁的导热热阻。灰垢和水垢的存在，大大地削弱了传热，浪费燃料，而且结垢还会导致管壁温度的显著升高，使管壁金属过热损坏，引起设备事故。因此要及时清除受热面的水垢、灰渣，保证增强传热和设备安全使用。如锅炉受热面要及时吹灰、定期排污和冲洗，对凝汽器管内的污垢要定期清洗等。

（二）增大传热面积

增大传热面积也是增强传热的有效途径。工程上常出现换热面的一侧是气体，另一侧是液体的传热情况。由于气侧热阻比液侧热阻大得多，可在热阻较大侧（气侧）加装肋片，从而有效强化传热。如电厂锅炉中广泛采用的膜式水冷壁；在锅炉省煤器烟气侧加装肋片，制成肋片式省煤器等。肋片的类型有多种，如图 6－5 所示。

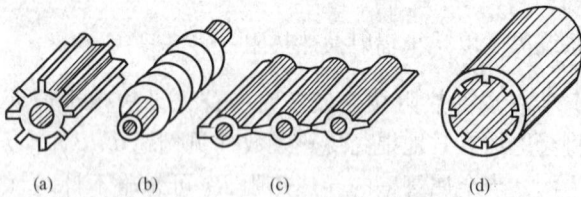

图 6－5 几种不同型式的肋片
（a）直肋；（b）环肋；（c）膜式水冷壁；（d）内肋

值得一提的是，若在冷流体侧加装肋片，可降低壁温。如大型锅炉的再热器部分管段采用内肋管，增加了再热器工作的安全性。

（三）增大传热温差

提高热流体温度或降低冷流体温度可以提高传热温差，增强传热。此外，换热器中热、冷流体温差与流体的流动方式有关。这一问题在下一章讨论。

三、传热的削弱

传热的削弱也称热绝缘。火力发电厂的蒸汽管道和换热设备一般都包敷有一层热绝缘材料，即通过增加导热热阻来达到削弱传热的目的。

导热性能低的各种材料都可作为热绝缘材料。目前火力发电厂广泛采用的是膨胀珍珠岩，其热导率 λ =（0.035 ~ 0.081）W/（m·K）左右。此外，天然石棉、石棉制品、矿渣棉、泡沫塑料等也是工程上常用的隔热材料。

热绝缘层厚度并非越厚越好，对动力管道而言，随着热绝缘层厚度的增加，虽然热损失减少了，但材料投资费和折旧费也增加了，因而对于以节约燃料为目的的热绝缘，必须通过技术经济比较确定最经济的热绝缘层厚度。

⟳— 复习题

一、选择题（下列每题的四个答案中只有一个正确答案，将正确答案的序号填在括号内）

1. 厚度为 δ、热导率为 λ 的平壁，壁两侧冷热流体对壁面的复合换热系数分别为 α_1、α_2，则这一传热过程的总热阻为（　　）。

（A）$\alpha_1 + \delta/\lambda + \alpha_2$；（B）$1/\alpha_1 + \delta/\lambda + 1/\alpha_2$；（C）$\alpha_1 + \lambda/\delta + \alpha_2$；（D）$1/(\alpha_1 + \delta/\lambda + \alpha_2)$。

2. 下列方法中能增强传热的方法是（　　）。

（A）减小换热面两侧的换热系数；（B）换热面上加装肋片；（C）增加换热面壁厚；（D）减小流体流速。

3. 锅炉过热器的传热过程中，烟气对过热器管外壁的传热是通过（　　）的共同作用实现的。

（A）热对流与导热；（B）对流换热与辐射换热；（C）导热与辐射换热；（D）对流换热与导热。

4. 锅炉内烟气对水冷壁管的主要换热方式为（　　）。

（A）导热；（B）对流换热；（C）辐射换热；（D）热对流。

5. 传热系数和传热面积一定时，蒸汽与换热面之间的换热量越大，换热面的温差就（　　）。

（A）越小；（B）越大；（C）不变；（D）少有变化。

6. 稳定运行中的换热设备，传热过程的强化问题主要从（　　）要素下手。

（A）热、冷流体的温差；（B）传热面积；（C）传热系数；（D）换热面布置。

7. 锅炉受热面定期吹灰的目的是（　　）。

（A）减少热阻；（B）减小换热量；（C）降低工质的温度；（D）降低烟气的温度。

8. 水冷壁积灰，会使炉膛出口烟温（　　）。

（A）降低；（B）增高；（C）不变；（D）与积灰无关。

9. 由于灰的热导率（　　），对流过热器上积灰后，将会使受热面传热（　　）。

（A）大、增强；（B）大、减弱；（C）小、增强；（D）小、减弱。

10. 若换热面的一侧是气体，另一侧是液体，在（　　）加装肋片可有效强化传热。

（A）液体侧；（B）气侧；（C）两侧同时；（D）两侧均可。

二、**判断题**（下列描述中，正确的在括号内打"√"，错误的在括号内打"×"）

1. 蒸汽管道外包敷保温材料后，可以防止热量传递过程的发生。（　　）

2. 管外壁加装肋片的目的是增大热阻，减小传热量。（　　）

3. 锅炉过热器受热面结渣、积灰，将引起蒸汽温度的降低。（　　）

4. 增强凝汽器传热的方法为降低管内水流速，定期除去管内水垢。（　　）

5. 由于灰的热导率小，因此，积灰并不影响受热面的热交换能力。（　　）

6. 流过对流受热面的烟气流速提高后，会增加受热面的磨

损，同时削弱传热。 （　　）

7. 汽轮机凝汽器管内结垢可使传热减弱、凝汽器管壁温度升高。 （　　）

8. 传热过程中，若换热面两侧流体的换热系数值相差很大时，为有效增强传热，应设法增大换热系数中较大的换热系数。

（　　）

9. 增强空气预热器的传热效果应降低烟气侧的换热系数或增强空气侧的换热系数。 （　　）

10. 热绝缘层厚度并非越厚越好，必须通过技术经济比较确定最经济的热绝缘层厚度。 （　　）

三、简答题

1. 什么是传热过程？
2. 影响锅炉受热面传热的因素有哪些？
3. 简述锅炉过热器的传热过程。
4. 简述锅炉省煤器的热量传递过程。
5. 锅炉运行时，为什么要经常进行吹灰、排污？

四、计算题

1. 某一传热过程，已知热流体温度为235℃、冷流体温度为55℃，单位时间内通过单位面积的传热量为2550W/m^2，求传热系数 K 的值。

2. 一台省煤器，管壁厚 $\delta = 3mm$，热导率 $\lambda = 35W/$（m·K），管内径 $d_1 = 24mm$，管外烟气的平均温度 $t_1 = 550℃$，换热系数 $\alpha_1 = 57W/$（m^2·K），管内水的平均温度 $t_2 = 200℃$，换热系数 $\alpha_2 = 5550W/$（m^2·K），求通过每米长度管壁的传热量。

五、论述题

增强传热的方法有哪些？

第七章

换　热　器

本章介绍换热器的基本概念、分类及工作原理，表面式换热器的传热计算，火力发电厂各类换热器的传热特性等知识。

第一节　换热器及其分类

在火力发电厂中，大量的热量传递是在换热器内完成的。换热器是把热流体的热量传递给冷流体的设备。换热器的种类很多，其结构和用途也多种多样。按工作原理来分，换热器可分为表面式、混合式及回热式三种类型。本节介绍不同种类换热器的工作原理与特点。

一、表面式换热器

表面式换热器又称间壁式换热器。在表面式换热器中，冷热流体同时在换热器内流动，但二者被金属壁面隔开，互不接触。热流体的热量通过壁面传给冷流体。

表面式换热器具有对流体的适应性较强，使用、维护较方便等优点，因而是工程上应用范围最广的一种换热设备。发电厂的过热器、再热器、省煤器［图 7 - 1（a）］、凝汽器［图 7 - 1（b）］、冷油器、管式空气预热器等都是表面式换热器。

根据传热面的结构形状，表面式换热器又可分为管壳式、板式、回旋式、板翅式等几大类。管壳式换热器结构简单、坚固耐用、易于制造，因此使用历史悠久，目前仍被广泛采用，在换热设备中占主导地位。板翅式和回旋式为两种新型紧凑式换热器。

二、混合式换热器

在混合式换热器中，热量的交换是依靠冷热流体的直接接触和相互混合来实现的。

火力发电厂的除氧器（图 7 - 2）、冷却水塔、喷水减温器等

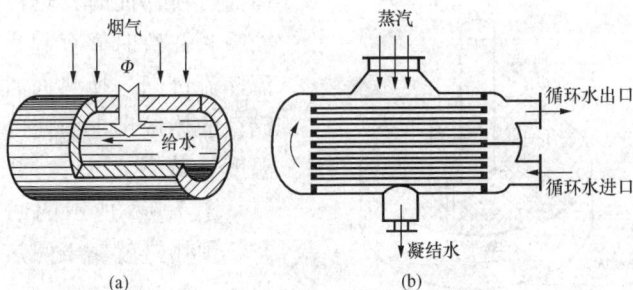

图 7-1　表面式换热器

(a) 省煤器；(b) 凝汽器

都属于混合式换热器。

混合式换热器的优点是传热速度快、传热效率高、结构简单、造价低等。

三、回热式换热器

在回热式换热器中，冷热流体交替流过同一换热面。当热流

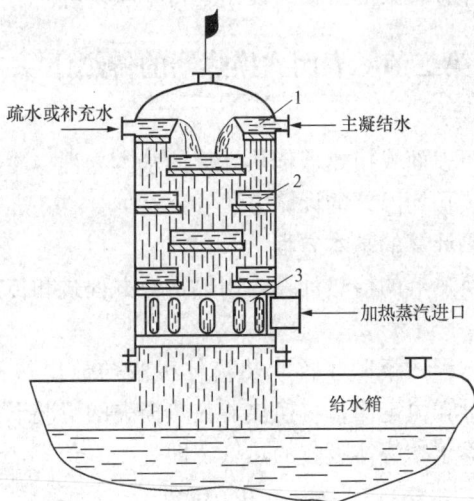

图 7-2　淋水盘式除氧器

1—配水槽；2—筛盘；3—蒸汽分配箱

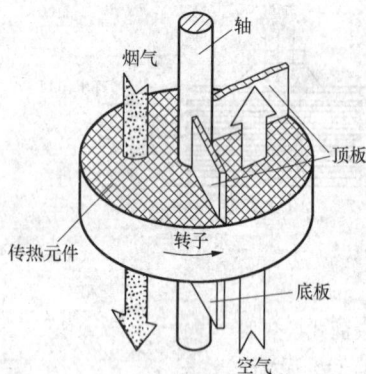

图 7 - 3 回转式空气预热器

体流过换热面时，热量被壁面吸收并暂时储存起来；冷流体流过同一换热面时，将储存的热量带走而使冷流体温度升高。

图 7 - 3 所示的回转式空气预热器就属于回热式换热器。

回热式换热器的优点是结构紧凑，节约金属，传热效率较高，常用于换热系数不大的气体介质之间的传热。

回转式空气预热器与管壳式空气预热器相比不仅具有传热能力强、金属耗量少、流动阻力小等优点，而且烟气低温腐蚀的危险性小，允许有较大的磨损，便于运行中吹灰等。

第二节　表面式换热器的传热计算

本节介绍表面式换热器传热计算的基本方程、冷热流体的流动方式及传热平均温差的计算方法。

一、传热计算的基本方程

表面式换热器的传热计算使用热平衡方程式和传热方程式。

（一）热平衡方程式

热平衡方程式反映了冷、热流体吸收与放出热量的平衡关系。根据能量守恒定律，在换热器无热损失的情况下，热流体放出的热量应等于冷流体吸收的热量，即

$$\Phi_1 = \Phi_2 = \Phi$$

其中热流体放出的热量为

$$\Phi_1 = q_{m1} c_1 (t'_1 - t''_1) \tag{7 - 1}$$

冷流体吸收的热量为

$$\Phi_2 = q_{m2}c_2(t''_2 - t'_2) \qquad (7-2)$$

由于 $\Phi_1 = \Phi_2$，则

$$q_{m1}c_1(t'_1 - t''_1) = q_{m2}c_2(t''_2 - t'_2) \qquad (7-3)$$

式（7-3）为换热器的热平衡方程式。

式中　q_{m1}、q_{m2}——热、冷流体的质量流量，kg/s；

　　　c_1、c_2——热、冷流体的比热容，J/（kg·K）；

　　　t'_1、t''_1——热流体的进、出口温度，℃；

　　　t'_2、t''_2——冷流体的进、出口温度，℃。

（二）传热方程式

由表面式换热器的工作原理可知，表面式换热器的工作过程就是传热过程。传热方程式为

$$\Phi = KA\Delta t$$

在换热器中，由于热冷流体不断交换热量，热流体的温度由入口到出口不断降低，冷流体的温度由入口到出口不断升高。所以热、冷流体的温差 Δt 沿整个换热面是不断变化的。因此，在换热器计算中，传热方程式中的温差应取沿整个受热面热、冷流体温差的平均值，即平均温差，以 $\overline{\Delta t}$ 表示，则传热方程式可表示为

$$\Phi = KA\overline{\Delta t} \qquad (7-4)$$

二、平均温差的计算

（一）换热器内流体的流动方式

传热方程式中的 $\overline{\Delta t}$ 的大小与换热器中冷热流体的流动方式有关。流体的流动方式有顺流、逆流、叉流及混合流几种，不同的流动方式对传热和流体的流动阻力有着不同的影响。

顺流是指换热器中热流体与冷流体朝同一方向平行流动，如图 7-4（a）所示。

逆流是指换热器中热流体与冷流体朝相反的方向平行流动，如图 7-4（b）所示。

叉流是指换热器中热流体与冷流体在相互垂直的方向上作交

叉流动，如图7-4（c）所示。

顺流、逆流、叉流是三种基本流动方式，在实际工程中，换热器中冷热流体的流动方式往往是三种基本方式的组合，称为混流式，如图7-4（d）、（e）所示。锅炉过热器、再热器、省煤器及表面式高压加热器、低压加热器等都属于混流式。

从总的趋势看，混流式也可分为顺流型或逆流型。理论分析表明，对工程上常见的顺流式多次交叉流或逆流式多次交叉流，只要交叉次数超过四次，就可作为纯顺流或纯逆流来处理，如图7-4（d）、（e）所示。

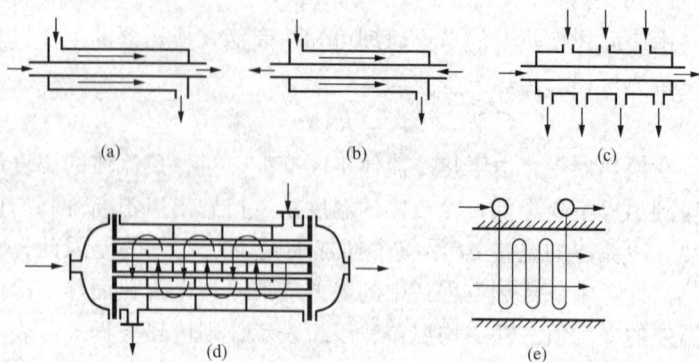

图7-4　表面式换热器内流体流动方式

（a）顺流式；（b）逆流式；（c）叉流式；（d）、（e）混流式

（二）换热器中流体的温度变化

换热器中流体顺流布置和逆流布置时，热冷流体的温度变化情况如图7-5所示。

比较两种流动方式的温度分布曲线，可以看出它们的共同点是：

热流体在沿换热面流动过程中，温度由进口的 t_1' 降到出口的 t_1''；而冷流体的温度则由进口的 t_2' 上升到出口的 t_2''。在稳定情况下，由于热流体释放的热量与冷流体吸收的热量相等，因此，根据换热器热平衡方程式，热容较大的流体进、出口温差小，热

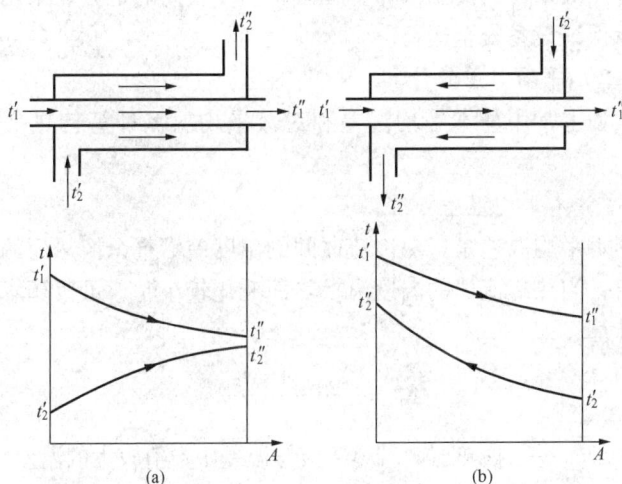

图 7 – 5 　热、冷流体的 t – A 图

（a）顺流；（b）逆流

容较小的流体进、出口温差大。

两种流动的不同点是：

顺流时，冷流体的出口温度 t_2'' 永远低于热流体的出口温度 t_1'' ；逆流时，冷流体的出口温度 t_2'' 有可能超过热流体的出口温度 t_1'' 。因此，在入口条件、换热面积及传热系数相同情况下，对于进口温度相同的冷流体，采用逆流方式比采用顺流方式能把冷流体加热到更高的温度，获得更高的平均温差。因此，设计换热器时，多采用逆流布置。

虽然逆流布置对传热更有利，但逆流布置时，热、冷流体的最高温度 t_1' 和 t_2'' 都集中在换热器的同一端，此端换热器壁面的两侧同时处于高温下，有可能使得该处的壁温超温，影响换热器的安全运行。而顺流方式布置时，冷流体的最高温度端处于热流体的最低温度端，金属壁温相对较低，比较安全。因此，工程中常采用逆流、顺流相结合的综合布置方式。如超高压锅炉的过热器，其低温段布置在烟气温度较低的地方，采用逆流方式布置以提高传热效果；而高温段布置在烟气温度较高的地方，采用顺流布置以保证设备安全运行。

（三）平均温差的计算

工程上常用算术平均温差和对数平均温差计算传热平均温差。

1. 算术平均温差

算术平均温差是指热冷流体间的温度差沿整个换热面的算术平均值。当热冷流体的温度沿换热面变化较小时，可按算术平均温差计算，即

$$\overline{\Delta t} = \frac{\Delta t_{max} + \Delta t_{min}}{2} \tag{7-5}$$

式中　Δt_{max}——换热器两端热冷流体温差中数值较大的温差，℃；

　　　Δt_{min}——换热器两端热冷流体温差中数值较小的温差，℃。

式（7-5）可用于计算顺流和逆流时的平均温差。且对于顺流和逆流，算术平均温差的计算结果是一样的（见例题7-1）。

当$\dfrac{\Delta t_{max}}{\Delta t_{min}} < 2$时，采用算术平均温差方法计算，误差不超过4%，在工程上是允许的。

2. 对数平均温差

要求精确计算时，常采用对数平均温差，即

$$\overline{\Delta t} = \frac{\Delta t_{max} - \Delta t_{min}}{\ln \dfrac{\Delta t_{max}}{\Delta t_{min}}} \tag{7-6}$$

式中，Δt_{max}和Δt_{min}的意义与式（7-5）中相同。式（7-6）可用于计算顺流和逆流时的平均温差。

3. 混合流实际平均温差的计算

由于在相同的进出口温度下，各流动方式中以纯逆流时的对数平均温差为最大，纯顺流时的对数平均温差最小，其他各种混合流动的平均温差均介于纯逆流和纯顺流之间。因此，计算混合流的平均温差时，常由给定的热冷流体进出口温度，计算出按纯

逆流方式布置的对数平均温差$\overline{\Delta t}_{逆}$；再将计算结果乘以一个小于1的系数，即得混合流的对数平均温差，即

$$\overline{\Delta t} = \psi \overline{\Delta t}_{逆} \qquad\qquad (7-7)$$

式中 ψ——温差修正系数，ψ 小于 1。

ψ 值的大小反映了换热器所采用的流动方式在平均温差方面接近逆流的程度。ψ 值越大，说明该换热器的流动方式越接近纯逆流。工程上将 ψ 值绘制成线算图，计算时可由换热器设计资料中查取。

三、换热面积计算

根据传热方程式 $\Phi = KA \overline{\Delta t}$，换热面积为 $A = \dfrac{\Phi}{K \overline{\Delta t}}$。

管式换热器管壁都很薄，工程计算时，传热系数 K 可近似按平壁公式计算，即

$$K = \frac{1}{\dfrac{1}{\alpha_1} + \dfrac{\delta}{\lambda} + \dfrac{1}{\alpha_2}}$$

【例题 7-1】 有一加热水的预热器，热流体初温度为 t'_1 = 110℃，终温度为 $t''_1 = 70$℃，冷流体的初温度为 $t'_2 = 40$℃，终温度为 $t''_2 = 60$℃，求顺流和逆流时的算术平均温差。

解：由公式 $\overline{\Delta t} = \dfrac{\Delta t_{max} + \Delta t_{min}}{2}$ 可知

顺流时，$\Delta t_{max} = 110 - 40 = 70$℃，$\Delta t_{min} = 70 - 60 = 10$℃。所以顺流时的平均温差为 $\overline{\Delta t} = \dfrac{\Delta t_{max} + \Delta t_{min}}{2} = \dfrac{70 + 10}{2} = 40$℃。

逆流时，$\Delta t_{max} = 110 - 60 = 50$℃，$\Delta t_{min} = 70 - 40 = 30$℃。所以逆流时的平均温差为 $\overline{\Delta t} = \dfrac{\Delta t_{max} + \Delta t_{min}}{2} = \dfrac{50 + 30}{2} = 40$℃。

答：顺流和逆流时的算术平均温差均为 40℃。

由计算结果可以看出，采用算术平均温差计算，对于顺流或逆流，结果是一样的。算术平均温差值只决定于两种流体的进、出口温度，而与流动方式无关。因此，采用算术平均温差存在很大的误差。

【例题 7 - 2】　有一台加热器，热流体进、出口温度分别为120、80℃，冷流体进、出口温度分别为20、70℃，试分别计算顺流和逆流时的对数平均温差。

解：顺流时，$\Delta t_{max} = 120 - 20 = 100$（℃），$\Delta t_{min} = 80 - 70 = 10$（℃）。顺流时的对数平均温差为

$$\overline{\Delta t} = \frac{\Delta t_{max} - \Delta t_{min}}{\ln \dfrac{\Delta t_{max}}{\Delta t_{min}}} = \frac{100 - 10}{\ln \dfrac{100}{10}} = 39.8(℃)$$

逆流时，$\Delta t_{max} = 80 - 20 = 60$（℃），$\Delta t_{min} = 120 - 70 = 50$（℃）。逆流时的对数平均温差为

$$\overline{\Delta t} = \frac{\Delta t_{max} - \Delta t_{min}}{\ln \dfrac{\Delta t_{max}}{\Delta t_{min}}} = \frac{60 - 50}{\ln \dfrac{60}{50}} = 54.83(℃)$$

答：顺流和逆流时的对数平均温差分别为 39.8℃ 和 54.83℃。

由计算结果可以发现，在进出口温度相同的情况下，逆流布置方式的对数平均温差比顺流布置时的平均温差大。因而，为强化传热，受热面应尽可能采用逆流布置。

【例题 7 - 3】　一表面式换热器，换热面积为500m²，管材料的热导率 $\lambda = 93.04$W/（m·K），管内径 $d_1 = 18$mm、外径 $d_2 = 20$mm，热流体为饱和蒸汽，其温度为130℃，蒸汽凝结时与管壁的换热系数 $\alpha_1 = 6396$W/（m²·K）；冷流体为水，进、出口温度分别为45℃、95℃，与管壁的换热系数 $\alpha_2 = 8489$W/（m²·K）。求每小时换热器的换热量。

解：$\Delta t_{max} = 130 - 45 = 85℃$，$\Delta t_{min} = 130 - 95 = 35℃$

$\dfrac{\Delta t_{max}}{\Delta t_{min}} = \dfrac{85}{35} = 2.42 > 2$，使用对数平均温差计算。

由公式 $\overline{\Delta t} = \dfrac{\Delta t_{max} - \Delta t_{min}}{\ln \dfrac{\Delta t_{max}}{\Delta t_{min}}}$，得 $\overline{\Delta t} = \dfrac{85 - 35}{\ln \dfrac{85}{35}} = 56.35(℃)$

$\dfrac{d_2}{d_1} = \dfrac{20}{18} = 1.1 < 2$，当作平壁来处理。

管壁厚度为 $\delta = \dfrac{d_2 - d_1}{2} = \dfrac{(20-18)\times 10^{-3}}{2} = 0.001\ (\mathrm{m})$

传热系数为 $K = \dfrac{1}{\dfrac{1}{\alpha_1} + \dfrac{\delta}{\lambda} + \dfrac{1}{\alpha_2}} = \dfrac{1}{\dfrac{1}{6396} + \dfrac{0.001}{93.04} + \dfrac{1}{8489}}$

$= 3510.1\ [\mathrm{W/(m^2 \cdot K)}]$

由公式 $\varPhi = KA\,\overline{\Delta t}$，得

$\varPhi = KA\,\overline{\Delta t} = 3510.1 \times 500 \times 56.35 \times 3600 \times 10^{-3}$

$= 3.57 \times 10^8 (\mathrm{kJ/h})$

答：每小时换热器的换热量为 $3.57 \times 10^8 \mathrm{kJ}$。

第三节　火力发电厂各类换热器特性分析

火力发电厂的主要换热设备，如锅炉各部分受热面及汽轮机辅机（凝汽器、加热器、冷油器等）的传热过程都较复杂，它们之间既有共同点又有区别。本节利用传热理论对这两类换热设备进行简单的传热分析。

一、锅炉各受热面的传热分析

（一）锅炉各受热面的组成及其工作过程

锅炉受热面组成如图 7-6 所示。烟气侧，冷空气经空气预热器加热后送入炉膛，在炉膛内燃料与热空气混合燃烧后放出热量，生成高温烟气，经水冷壁、过热器、再热器、省煤器、空气预热器等设备

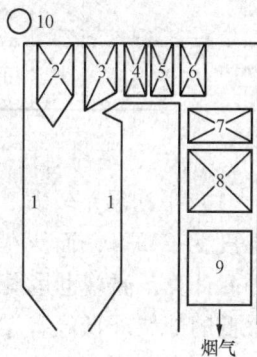

图 7-6　锅炉受热面组成
1—水冷壁；2—前屏过热器；3—后屏过热器；4—高温过热器；5—低温过热器；6—高温再热器；7—低温再热器；8—省煤器；9—空气预热器；10—汽包

231

放热冷却后排出炉外。

工质侧，给水经省煤器加热后送入汽包，由汽包经下降管到炉膛底部的联箱，再经炉膛水冷壁加热生成饱和蒸汽重新进入汽包，汽包里的饱和蒸汽被依次引入低温过热器、屏式过热器和高温过热器后送至汽轮机高压缸，高压缸的排汽又送入锅炉再热器再加热，然后送入汽轮机中压缸。

（二）锅炉各受热面传热过程中的共同点和不同点

以 HG670/140 - 1 型锅炉热力计算的主要数据为例进行分析，见表 7 - 1。

表 7 - 1　　　　　　　HG670/140 - 1 型锅炉热力计算主要数据

项目	单位	烟气流道各受热面名称									
		炉膛	前屏过热器	后屏过热器	高温过热器	低温过热器	高温再热热段	高温再热冷段	低温再热器	高温省煤器	低温省煤器
传热面积	m^2	2243	830	1940	1400	1270	2130	2130	3080	1700	2980
传热系数	$W/(m^2 \cdot K)$			44.6	54.12	54	49.35	49.93	69.83	71.93	83.33
平均温差	℃			497	257	276	177	157	161	171	60.5
吸热量	kJ/kg		1152	1030	863	938	431	385	813	490	360

1. 传热过程的共同点

（1）平均温差较大。HG670/140 - 1 型锅炉水冷壁内工质平均温度为 343℃，而火焰中心温度高达 1600℃，按平均温度 1200℃ 计算，温差也是很大的。从表中数据来看，即使在平均温差最低的部位（低温省煤器）也在 60℃ 以上。

（2）传热系数较小。从表 7 - 1 中可看出，锅炉各受热面的传热系数值都不高。造成传热系数较小的原因是各受热面的传热热阻较大。

锅炉各受热面传热过程中，虽然工质侧的换热系数都较大，如过热器、再热器内蒸汽侧的换热系数达 $10^3 W/(m^2 \cdot K)$ 的数量级，省煤器和水冷壁管内水侧的换热系数更高达 $10^3 \sim 10^4 W/$ $(m^2 \cdot K)$ 的数量级，但烟气侧的换热系数却较工质侧要小得多，一般最大不超过 $100W/$ $(m^2 \cdot K)$。因此烟气侧换热热阻远大于工质侧换热热阻，是传热的主要热阻。加上受热面积灰、结垢等因素，使传热的总热阻更大。因此，提高烟气流速，及时采取措施清除灰垢是减少烟气侧热阻、增强锅炉各受热面传热的主要途径。

2. 传热过程的不同点

（1）基本换热方式不同。对于水冷壁、屏式过热器，主要以辐射换热为主；对于高、低温过热器，高、低温再热器，则是辐射和对流两种换热方式的联合作用；而对于省煤器和空气预热器，因烟气流速较高，烟温较低，则以对流换热为主。

（2）热负荷不同。各受热面的热负荷的数值相差较大。其中以水冷壁的热负荷为最高，一般在 $10^4 W/m^2$ 的数量级。

二、汽轮机辅机的传热分析

汽轮机辅机是指凝汽器、加热器、冷油器等设备。

在凝汽器中，汽轮机的排汽在水平管束外凝结成水，通过管壁将热量传递给管内流动的冷却水。凝汽器压力下的饱和水温度与凝汽器循环冷却水出口温度之差称为凝汽器端差。

高、低压加热器，就传热讲，实质上也是一种凝汽器。它是利用汽轮机的抽汽加热给水或凝结水的热交换器。从汽轮机来的回热抽汽在加热器中放热凝结，其热量通过管壁传递给管内流动的给水或凝结水。加热蒸汽压力下的饱和温度与加热器给水（或凝结水）出口温度之差称为加热器的传热端差。

冷油器的工作过程是冷却水在管内流动，热油在管外多次折流，热油与冷却水通过管壁进行热量交换。

上述换热设备的传热过程有以下特点：

（1）传热系数大。凝汽器和加热器的传热系数一般在 $10^3 \sim$ $10^4 W/$ $(m^2 \cdot K)$ 左右，冷油器中的传热系数稍低，但也可达 $10^2 W/$ $(m^2 \cdot K)$。凝汽器和加热器的传热系数大的原因是由于换热器壁面两侧的换热系数都很大。管内的水是强迫流动换热，管外的蒸汽是凝结换热，两者换热系数都较大，加上管壁本身的导热热阻又较小，因此使得传热的总热阻小，传热系数大。

（2）平均温差小。由于凝汽器和加热器中的传热系数较大，传热热阻较小，因此，在传热过程中温降较小，平均温差也较小，一般在10℃左右。如国产300MW机组凝汽器传热的平均温差仅为7.5℃左右。冷油器的平均温差稍大，也不过在10~20℃左右。

（3）辐射换热的作用可忽略。由于这些换热器中流体和壁面的温度都较低，而且对流换热的强度大，所以辐射换热的作用极小，可以忽略不计。

🔑 复习题

一、选择题（下列每题的四个答案中只有一个正确答案，将正确的序号填在括号内）

1. 按工作原理来分，换热器可分为（　　）三种类型。

（A）表面式、混合式、回热式；（B）加热器、除氧器、空气预热器；（C）高压加热器、低压加热器、除氧器；（D）螺旋管式加热器、卧式加热器、过热器。

2. 工程上应用范围最广的换热器是（　　）换热器。

（A）表面式；（B）混合式；（C）回热式；（D）导热式。

3. 按传热方式划分，锅炉过热器属于（　　）换热器。

（A）混合式；（B）表面式；（C）回热式；（D）导热式。

4. 对流过热器采用（　　）布置方式则冷热流体的平均温差最大。

（A）顺流布置；（B）逆流布置；（C）混流布置；（D）交叉布置。

5. 在表面式换热器中，（　　）是指换热器中热流体与冷流体朝相反的方向平行流动。

（A）混合流；（B）逆流；（C）顺流；（D）交叉流。

6. 换热量一定时，换热器选用（　　）布置时，所需受热面最小。

（A）顺流；（B）逆流；（C）混流；（D）交叉流。

7. 凝汽器的端差是指汽轮机排汽压力下的饱和温度与（　　）的差值。

（A）大气温度；（B）凝汽器循环冷却水入口温度；（C）凝汽器循环冷却水出口温度；（D）凝汽器循环冷却水平均温度。

8. 在（　　）换热器中，热量的交换是依靠冷热流体的直接接触和相互混合来实现的。

（A）表面式；（B）回热式；（C）混合式；（D）管壳式。

9. 下列换热器中属于混合式换热器的是（　　）。

（A）过热器；（B）加热器；（C）管式空气预热器；（D）冷却水塔。

10. 加热器的（　　）是加热蒸汽压力下的饱和温度与加热器给水出口温度之差。

（A）传热端差；（B）过冷度；（C）温升；（D）过热度。

二、**判断题**（下列描述中，正确的在括号内打"√"，错误的在括号内打"×"）

1. 表面式换热器都是管内通过温度低的介质，管外通过温度高的介质。　　　　　　　　　　　　　　　（　　）

2. 凝汽器逆流布置时，由于传热平均温差大，传热效果好，因而可以增加受热面热阻。　　　　　　　　　（　　）

3. 为强化传热，受热面应尽可能采用逆流布置。（　　）

4. 锅炉各受热面传热过程中，烟气侧换热热阻是传热的主要热阻。　　　　　　　　　　　　　　　　　（　　）

5. 锅炉各受热面中以水冷壁的热负荷为最高。（　　）

三、**简答题**

1. 什么是换热器？

2. 按工作原理分，换热器有哪几种类型？

3. 什么是凝汽器端差？

4. 什么是加热器的传热端差？

四、计算题

1. 有一加热水的预热器，热流体初温度为 $t'_1 = 120℃$，终温度为 $t''_1 = 70℃$，冷流体的初温度为 $t'_2 = 50℃$，终温度为 $t''_2 = 60℃$，求逆流时的算术平均温差、对数平均温差。

2. 某台汽轮机凝汽器压力为 0.05MPa，凝汽器冷却水进水温度 $t_{w1} = 20℃$，出水温度为 $t_{w2} = 32℃$，求凝汽器端差为多少？

五、论述题

1. 表面式、回热式、混合式换热器是如何进行热量交换的？电厂中应用最多的是哪一种？举例说明。

2. 换热器采用逆流和顺流布置的优缺点分别是什么？

压力单位换算表

单 位	Pa （帕）	atm （标准大气压）	at(kgf/cm²) （工程大气压）	mmHg （毫米汞柱）	mmH₂O （毫米水柱）
Pa	1	9.86923×10^{-6}	1.01972×10^{-5}	7.50062×10^{-3}	1.01972×10^{-1}
atm	1.01325×10^{5}	1	1.03323	760	1.03323×10^{4}
at(kgf/cm²)	9.80665×10^{4}	9.67841×10^{-1}	1	735.559	1×10^{4}
mmHg	133.322	1.31579×10^{-3}	1.35951×10^{-3}	1	13.5951
mmH₂O	9.80665	9.67841×10^{-5}	1×10^{-4}	735.559×10^{-4}	1

常用能量单位换算表

单位	kJ （千焦）	kW·h （千瓦·小时）	kcal （千卡）	hp·h （马力·小时）	kgf·m （千克力·米）
kJ	1	2.77×10^{-4}	2.39×10^{-1}	3.77×10^{-4}	1.02×10^{2}
kW·h	3600	1	860	1.36	3.67×10^{5}
kcal	4.1868	1.163×10^{-3}	1	1.58×10^{-3}	427
hp·h	2.65×10^{3}	735×10^{-3}	632	1	2.7×10^{5}
kgf·m	9.80×10^{-3}	2.72×10^{-6}	2.34×10^{-3}	3.7×10^{-6}	1

部分气体的摩尔质量和气体常数

气 体	化 学 式	摩尔质量 $M = M_r \times 10^{-3}$ （kg/mol）	气体常数 R [J/(kg·K)]
氦	He	4.003×10^{-3}	2077
氩	Ar	39.94×10^{-3}	208
氢	H₂	2.016×10^{-3}	4124
氧	O₂	32.00×10^{-3}	260
氮	N₂	28.02×10^{-3}	296
空气		28.96×10^{-3}	287
一氧化碳	CO	28.01×10^{-3}	297
二氧化碳	CO₂	44.01×10^{-3}	189
水蒸气	H₂O	18.016×10^{-3}	461
二氧化硫	SO₂	64.07×10^{-3}	130
甲烷(沼气)	CH₄	16.04×10^{-3}	518
乙烯	C₂H₄	28.05×10^{-3}	296

复 习 题 解 答

绪 论

一、选择题

1. C 2. A 3. A 4. C

二、判断

1. √ 2. ×

三、简答题

1. **答**：燃料在炉膛内燃烧，将燃料的化学能转变为燃料的热能；并通过高温烟气和火焰将热能传给锅炉汽水系统内的水，使水吸热而蒸发，最后变成具有一定压力和温度的过热蒸汽送入汽轮机做功。

2. **答**：在锅炉中，将燃料的化学能转换为蒸汽的热能；在汽轮机中，将蒸汽的热能转换为汽轮机轴的旋转机械能；在发电机中，将转子的机械能转换成电能。

四、论述题

答：首先，燃料在锅炉中通过燃烧将其化学能转变为热能，热能由烟气携带传递给锅炉中的水，产生具有一定压力和温度的过热蒸汽。然后，一定压力和温度的过热蒸汽通过管道进入汽轮机，在喷管中将蒸汽的热能转变为蒸汽的动能；具有一定动能的蒸汽冲动汽轮机转子旋转，把蒸汽的热能转变成汽轮转子旋转的机械能。汽轮机则带动发电机转子旋转，克服电磁阻力，进一步把机械能转变成电能。在汽轮机做完功的乏汽进入凝汽器定压放热凝结成水，由给水泵升压后送回锅炉，重复进行上述吸热、做功过程，从而连续不断地将燃料的化学能转变成电能。

第一章　热力学基础知识

一、选择题

1. A　2. D　3. D　4. D　5. C　6. B　7. B　8. A　9. A　10. B
11. A　12. A　13. B　14. D　15. A　16. B　17. A　18. B　19. A
20. C　21. C　22. D　23. A　24. B　25. B　26. C　27. B　28. D
29. D　30. C　31. A　32. B　33. A　34. A　35. A

二、判断题

1. √　2. ×　3. ×　4. ×　5. √　6. ×　7. ×　8. ×　9. √
10. √

三、简答题

1. 答：把热能转换为机械能的设备称热机。如汽轮机、内燃机、蒸汽轮机、燃气轮机等。火力发电厂的热机是汽轮机。

2. 答：温度是表示物体冷热程度的物理量。

热力学温度用 T 表示，单位为 K。摄氏温度用 t 表示，单位为℃。

热力学温度与摄氏温度的关系为：$T = t + 273.15$；$\Delta T = \Delta t$。

3. 答：三相点是指一种纯物质固、液、气三相共存时的状态。

水的三相点是指水、汽、冰三相平衡共存时的状态，其温度为 273.16K（0.01℃），压力为 611.2Pa。

4. 答：工质的真实压力称为绝对压力，用符号 p 表示，它以完全真空为基准计量。工质的绝对压力超过大气压力的值为表压力，用符号 p_g 表示，它以大气压力为基准计量，且高于大气压力。表压力可通过压力表测出。如果大气压力用符号 p_{amb} 表示，则绝对压力与表压力的关系为：$p = p_{amb} + p_g$。

5. 答：工质的绝对压力低于大气压力的数值叫真空或负压。用符号 p_v 表示。它以大气压力为基准计量，且低于大气压力。已知真空值时，可根据公式 $p = p_{amb} - p_v$ 求绝对压力。发电厂有

时用百分数表示真空值的大小，称为真空度。真空度是真空值和大气压力比值的百分数，即

$$真空度 = \frac{真空}{大气压力} \times 100\%$$

6. **答**：依靠温差而传递的能量称为传热量，简称热量。热量的单位是焦耳（J）。

7. **答**：功率是在单位时间内所做的功。功率 = 功/时间 $\left(P = \dfrac{W}{t}\right)$，功率的单位是瓦（W），$1W = 1J/s$。

8. **答**：物质有规律的运动称为机械运动。机械运动一般表现为宏观运动，物质机械运动所具有的能量叫机械能。

9. **答**：分子是弹性的、不占体积的质点，分子之间不存在相互作用力的假想气体叫理想气体。不能忽略分子本身占有的体积和分子之间相互作用力的气体叫实际气体。自然界中真实存在的气体都是实际气体。当实际气体的压力较低，比体积较大，即远离液态时，可以当作理想气体处理。但作为工质的水蒸气离液态较近，不能当作理想气体看待。

10. **答**：锅炉尾部低温受热面的壁温较低。当空气预热器烟气侧的管壁温度低于烟气的露点温度时，烟气中的水蒸气就会在金属管壁上凝结，并与烟气中的三氧化硫或二氧化硫化合生成硫酸或亚硫酸溶液，对金属管壁造成严重腐蚀。同时烟气中的飞灰也容易黏结在金属管壁上造成空气预热器堵灰。这不但影响传热，还会促使受热面壁温再度下降，加重腐蚀和堵灰，最终影响锅炉安全运行。所以在锅炉运行中，必须使锅炉尾部受热面管壁温度高于烟气的露点温度。为此，电厂锅炉一般采取燃料脱硫、低氧燃烧、提高空气预热器入口温度（如将送风机入口设在锅炉房中较高处以吸取高温空气、采用热风再循环）等措施。

四、计算题

1. **解**：$T = t + 273 = 550 + 273 = 823$（K）

答：过热器出口蒸汽的热力学温度为823K。

2. **解**：$p = p_{\text{amb}} + p_{\text{g}} = 750 \times 133.3 + 9.604 \times 10^6 = 9.704$ （MPa）

答：汽包内工质的绝对压力为9.704MPa。

3. **解**：$p = p_{\text{amb}} - p_{\text{v}} = 101.7 - 97.09 = 4.61$ （kPa）

答：凝汽器内工质的绝对压力是4.61kPa。

4. **解**：$p = p_{\text{amb}} - p_{\text{v}} = (750 - 720.6) \times 133.3 = 3.9 \times 10^3$ （Pa）

答：凝汽器内工质的绝对压力为3.9×10^3Pa。

5. **解**：$T = t + 273 = 55 + 273 = 328$ （K）

$$p = p_{\text{amb}} + p_{\text{g}} = 755 \times 133.3 + 0.27 \times 10^6$$
$$= 370641.5 \text{ （Pa）} = 0.3706 \text{ （MPa）}$$

若大气压力变为 $p'_{\text{amb}} = 740 \times 133.3 = 98642$ （Pa） $= 0.0986$ （MPa）

则表压力变为 $p'_{\text{g}} = p - p'_{\text{amb}} = 0.3706 - 0.0986 = 0.272$ （MPa）

答：热力学温度为328K，气体的绝对压力为0.3706MPa；若大气压力下降，则压力表读数将增大为0.272MPa。

6. **解**：真空度 $= \dfrac{p_{\text{v}}}{p_{\text{amb}}} = \dfrac{96}{101} \times 100\% = 95\%$

答：凝汽器的真空度为95%。

7. **解**：$p = 2\text{MPa} = 2 \times \dfrac{1}{0.0981}$ （at） $= 20.4$ （at）

答：水泵出口压力为20.4at。

8. **解**：$W = Pt = 300 \times 150 = 45000$ （W·h） $= 45$ （kW·h）

答：这个月的用电量为45kW·h。

9. **解**：第一台机器的功率为 $P_1 = \dfrac{W_1}{t_1} = \dfrac{4000}{1} = 4000$ （W）

第二台机器的功率为 $P_2 = \dfrac{W_2}{t_2} = \dfrac{26000}{8} = 3250$ （W）

答：第一台机器的功率大于第二台机器的功率。

10. **解**：根据 1kW·h = 3600kJ

得 $2300\text{kJ} = \dfrac{2300}{3600}$（$\text{kW} \cdot \text{h}$）$= 0.6389$（$\text{kW} \cdot \text{h}$）

答：该功相当于 0.6388 千瓦·时。

11. 解：$W = Pt = 10 \times 24 = 240$（$\text{kW} \cdot \text{h}$）$= 240 \times 3600 \times 10^3$
$= 8.64 \times 10^8$（J）

答：该电动机每天做 8.64×10^8 焦耳的功。

12. 解：因为 $1\text{kcal} = 4.1868\text{kJ}$，所以

标准煤低位发热量 $= 7000 \times 4.1868 = 29307.6$（$\text{kJ/kg}$）

答：标准煤低位发热量为 29307.6kJ/kg

13. 解：据 $\dfrac{p_0 V_0}{T_0} = \dfrac{pV}{T}$ 得 $V_0 = \dfrac{pV}{T} \cdot \dfrac{T_0}{p_0}$，即

$$V_0 = \dfrac{(100 + 1) \times 100}{(20 + 273)} \cdot \dfrac{273}{1.0332} = 9410.58 \ (\text{L})$$

瓶里氧气的质量 $m = 1.43 V_0 = 1.43 \times 9410.58 = 13457$（g）$= 13.457$（kg）

答：瓶内氧气的质量为 13.457kg。

14. 解：根据 $\dfrac{p_0 v_0}{T_0} = \dfrac{pv}{T}$ 得 $\dfrac{p_0}{T_0 \rho_0} = \dfrac{p}{T\rho}$

所以 $\rho = \dfrac{p}{T} \cdot \dfrac{T_0 \rho_0}{p_0} = \dfrac{(3000 + 92110)}{(320 + 273)} \cdot \dfrac{273 \times 1.293}{101325} = 0.559$
（kg/m^3）

答：空气预热器出口空气的实际密度为 0.559kg/m^3。

15. 解：$Q = mc_p (t_2 - t_1) = 2.5 \times 14.36 \times (15 - 50)$
$= -1256.5$（kJ）

答：氢气放出 1256.5kJ 的热量。

16. 解：把空气看作理想气体，由 $pv = RT$，得

$$T_1 = \dfrac{p_1 v_1}{R} = \dfrac{0.785 \times 10^6 \times 0.09}{286.85} = 246.29 \ (\text{K})$$

$$T_2 = \dfrac{p_2 v_2}{R} = \dfrac{1.57 \times 10^6 \times 0.09}{286.85} = 492.59 \ (\text{K})$$

空气需要加入的热量为

$q = c_V (T_2 - T_1) = 0.712 (492.59 - 246.29) = 175.36$（kJ）

答：空气所需加入热量为 175.36kJ。

第二章 热力学基本定律及其应用

一、选择题

1. C 2. B 3. B 4. D 5. A 6. B 7. B 8. C 9. D 10. C
11. B 12. C 13. B 14. B 15. C

二、判断题

1. √ 2. √ 3. √ 4. √ 5. √ 6. √ 7. √ 8. √ 9. ×
10. × 11. √ 12. √

三、简答题

1. **答**：热力学第一定律的实质：热力学第一定律是能量转换与守恒定律在热力学中的具体应用。它说明了热能与机械能互相转换的可能性以及在转换过程中各能量的数量守恒关系。

2. **答**：热力学第二定律说明了热力过程进行的方向、条件和限度等问题。它有以下两种说法：①热量不可能自发地、不付代价地从低温物体传到高温物体。②不可能制造出从单一热源吸热，使之全部转变为功，而不留下其他任何变化的循环热力发动机。

3. **答**：对定压过程，有 $w_p = p(v_2 - v_1)$

由热力学第一定律的数学表达式 $q = \Delta u + w$ 得

$$q_p = \Delta u + w_p = (u_2 - u_1) + p(v_2 - v_1)$$
$$= (u_2 + pv_2) - (u_1 + pv_1) = h_2 - h_1$$

该式说明：在定压过程中，加给工质的热量等于工质焓的增量。

此公式适用于开口系统任何工质的定压过程。

火力发电厂的许多热交换设备（如锅炉各换热器、凝汽器、回热加热器、冷油器等）中，工质常处于流动状态，工质的状态变化过程均可看作定压过程。这些设备中的换热量都可以很方便地利用上式计算，故该式在热力计算中应用较广。

4. 答：焓的物理意义可以从它的定义式 $h = u + pv$ 看出。工质在流动过程中，伴随流动的有工质的内能、流动功、动能和位置势能四部分能量。其中只有内能 u 和流动功 pv 取决于工质的热力状态。如果工质的动能和位置势能可以忽略不计时，则焓就表示随工质流动而转移的总能量。

四、计算题

1. 解：根据热力学第一定律的数学表达式 $Q = \Delta U + W$ 得

$$\Delta U = Q - W = -10 - (-15) = 5(kJ)$$

答：热水内能的增量为 5 千焦。

2. 解：$q = h_2 - h'_2 = 2161 - 137.75 = 2023.25$（kJ/kg）

答：1kg 蒸汽在凝汽器内放出 2023.25kJ 的热量。

3. 解：对理想气体，当温度不变时，有 $p_1 V_1 = p_2 V_2$

所以 $p_2 = \dfrac{p_1 V_1}{V_2} = \dfrac{0.5 \times 0.09}{0.03} = 1.5$（MPa）

答：容积变化后，其压力升高为 1.5MPa。

4. 解：$\eta_{t,C} = 1 - \dfrac{T_2}{T_1} = 1 - \dfrac{27 + 273}{1327 + 273} = 0.8125 = 81.25\%$

答：该循环可能达到的最大热效率是 81.25%。

5. 解：根据 $\eta_{t,C} = 1 - \dfrac{T_2}{T_1}$，可得高温热源的温度为

$$T_1 = T_2 / (1 - \eta_{t,C}) = (25 + 273)/(1 - 0.4) = 496.7(K)$$

根据 $\eta_{t,C} = \dfrac{W_0}{Q_1}$，可得循环的有用功为

$$W_0 = Q_1 \eta_{t,C} = 4000 \times 0.4 = 1600(kJ)$$

答：高温热源的温度为 496.7K，循环的有用功为 1600kJ。

6. 解：已知 $T_2 = 273 + 25 = 298K$，同理，$T_1 = 298K$、$T'_1 = 573K$、$T''_1 = 873K$

据 $\eta_{t,C} = \left(1 - \dfrac{T_2}{T_1}\right) \times 100\%$，得

$$\eta_{t,C} = \left(1 - \dfrac{298}{298}\right) \times 100\% = 0$$

$$\eta'_{t,C} = \left(1 - \frac{298}{573}\right) \times 100\% = 47.99\%$$

$$\eta''_{t,C} = \left(1 - \frac{298}{873}\right) \times 100\% = 65.86\%$$

答：卡诺循环热效率分别为 0、47.99%、65.86%。该题说明：循环中只有一个热源（$t_1 = t_2 = 25\,℃$）时，热机不能把热能转变为机械能；卡诺循环热效率随高温热源温度的升高而增加。

第三章 水蒸气的基本性质

一、选择题

1. A 2. B 3. D 4. C 5. B 6. A 7. B 8. C 9. B 10. D
11. A 12. B 13. A 14. B 15. D 16. D 17. C 18. C 19. B
20. A 21. B 22. C 23. B 24. A 25. B 26. A 27. A 28. B
29. B 30. B

二、判断题

1. √ 2. √ 3. √ 4. × 5. √ 6. √ 7. × 8. × 9. √
10. √ 11. √ 12. × 13. × 14. √ 15. × 16. √ 17. ×
18. √ 19. √ 20. √ 21. √ 22. √ 23. √ 24. × 25. √
26. √ 27. × 28. × 29. √ 30. ×

三、问答题

1. 答：特点是：①汽水共存；②汽水同温，均为 t_s；③饱和压力随饱和温度的升高而增大，二者成一一对应关系。

2. 答：特点是：①在一定压力下，液体被加热到一定温度时才会发生沸腾。②沸腾时液态水和蒸汽同时存在，且温度相等，均为该压力下所对应的饱和温度。③液体沸腾时，只要压力不变，液体的温度就保持不变。

3. 答：原因是汽化热消耗在以下两个方面：①克服分子间的引力，使其内位能增大。②克服外力，使体积膨胀对外做膨胀功。

4. **答**：火力发电厂除氧器内的水在正常运行中为饱和状态，如果给水泵运行中入口处的压力因某种原因降低到给水温度对应的饱和压力或以下时，给水泵入口处的水就会发生汽化。将给水泵安装在比除氧器低几十米的位置，可以使给水泵运行中的入口压力高于其给水温度相应的饱和压力，避免汽化现象发生。

5. **答**：一点即临界点；二线即饱和水状态曲线和干饱和蒸汽状态曲线；三区即未饱和水区、湿饱和蒸汽区、过热蒸汽区。

6. **答**：干度是指一定量的湿蒸汽中所含干饱和蒸汽的质量与湿蒸汽总质量之比。湿度是指一定量的湿蒸汽中所含饱和水的质量与湿蒸汽总质量之比。

7. **答**：随着工作压力的升高，汽水密度差减小，依靠汽、水的密度差进行工作的自然循环无法进行，必须采用强制循环锅炉，作为汽水分离的装置——汽包已失去了作用，所以超临界压力的锅炉没有汽包。

8. **答**：凡是用来使流体降压增速的短管都称为喷管。使气流速度降低，压力升高的短管称为扩压管。

9. **答**：工程上常用的喷管为渐缩喷管和缩放喷管。渐缩喷管的特点是流道截面沿流动方向逐渐减小，喷管出口流道截面最小，渐缩喷管只能获得亚声速或等声速气流；缩放喷管的特点是流道截面积先缩而后再扩大，缩放喷管能获得超音速气流，在缩放喷管的渐缩与渐扩部分的连接处（即喷管的最小截面处）气流的速度为等声速。

10. **答**：工质在管内流动时，中途遇到通道截面突然缩小（如孔板、阀门等部件），由于局部阻力使工质压力降低的现象称为节流。若节流过程中工质和外界不发生热量交换，称为绝热节流。

四、计算题

1. **解**：（1）因为 $160℃ > 99.63℃$，所以温度为 $160℃$ 时的状态为过热蒸汽状态，其过热度为 $t - t_s = 160 - 99.63 = 60.37$（℃）。

（2）$100kg$ 水蒸气中既含蒸汽又含水，所以处于湿饱和蒸汽状态。温度为饱和温度 99.63℃。

答：若温度为 160℃ 时，处于过热蒸汽状态；含蒸汽和水时，处于湿饱和蒸汽状态。温度为 99.63℃。

2. **解**：由饱和水与饱和蒸汽性质表，得

$p = 2MPa$ 时，$t_s = 212.417℃$，显然 $t > t_s$，可知该状态为过热蒸汽。查未饱和水与过热蒸汽表，得 $p = 2MPa$、$t = 300℃$ 时，$h = 3022.6kJ/kg$。

答：其状态为过热蒸汽。焓值为 3022.6kJ/kg。

3. **解**：由 $h - s$ 图由 $p_1 = 13.5MPa$，$t_1 = 550℃$，查得 $h_1 = 3462kJ/kg$。

由定熵过程特征和 $p_2 = 0.005MPa$，查得 $h_2 = 2013kJ/kg$。

由于是定熵过程，所以 $q = 0$

由公式 $w_t = h_1 - h_2$ 得：$w_t = 3462 - 2013 = 1449$（kJ/kg）

答：该过程中热量为 0；所做的技术功为 1449kJ/kg。

4. **解**：由已知，$h_1 - h_2 = 49.8kJ/kg$。

由公式 $c_2 = \sqrt{2(h_1 - h_2) + c_1^2}$ 得

$c_2 = \sqrt{2 \times 49.8 \times 10^3 + 40^2} = 318$（m/s）

答：喷管出口蒸汽的理想速度为 318m/s。

5. **解**：喷管出口理想速度为

$$c_2 = \sqrt{2(h_1 - h_2)} = \sqrt{2 \times 64.3 \times 10^3} = 358.6(m/s)$$

喷管出口实际速度为

$$c_{2'} = \varphi c_2 = 0.96 \times 358.6 = 344.3(m/s)$$

答：喷管出口理想速度和喷管出口实际速度分别为 358.6m/s 和 344.3m/s。

6. **解**：由公式 $q_m = \dfrac{Ac}{v}$，得 $A = \dfrac{q_m v}{c}$。

$$q_m = \frac{300 \times 1000}{3600} = 83.3(kg/s); c = 120m/s;$$

由已知 $p_1 = 8.83MPa$，$t_1 = 535℃$，在 $h - s$ 图查得 $v = 0.04m^3/kg$。

所以 $A = \dfrac{83.3 \times 0.04}{120} = 0.0277$（$m^2$）

又因为 $A = \dfrac{\pi d^2}{4}$，所以 $d = \sqrt{\dfrac{4A}{\pi}} = \sqrt{\dfrac{4 \times 0.0277}{3.14}} = 0.1878$（m）

答：管道内径为 0.1878m。

五、论述题

1. **答**：①饱和水的定压预热阶段，即从任意温度的未饱和水定压加热到饱和水，所加入的热量叫液体热或预热热。②饱和水的定压定温汽化阶段，即从饱和水定压加热成干饱和蒸汽，所加入的热量叫汽化热。③干蒸汽的定压过热阶段，即从干饱和蒸汽定压加热到任意温度的过热蒸汽，所加入的热量叫过热热。

2. **答**：随着锅炉参数向高温、高压方向发展，水的汽化热比例减小，而预热热和过热热所占的比例增大。因此，蒸发受热面吸热量比例下降，过热器吸热量比例上升。这使得锅炉炉膛水冷壁的受热面积减小，水平烟道中过热器的受热面积增大。因此使锅炉各个受热面的布置发生变化，即把部分过热受热面由水平烟道移入炉膛，屏式过热器就是因此而设置的。屏式过热器不仅吸收屏间烟气的辐射和对流换热的热量，保证过热蒸汽温度的要求，同时吸收炉内火焰的辐射热，使烟温降到一定温度，防止对流受热面结渣。

3. **答**：节流前后工质的焓值相等，但不能说节流过程是个定焓过程。因为在节流开始时，焓值是降低的，此焓降用来增加工质的动能并使它变成涡流和扰动；然后涡流和扰动的动能又转化为热能重新被工质所吸收，使工质的焓值又恢复到节流前的数值。

4. **答**：节流前后蒸汽状态参数的变化为：压力和温度降低，熵和比体积增加，焓不变；过热蒸汽发生节流后，温度降低，但过热度增加；湿蒸汽绝热节流后，除靠近临界点的上界线下面一小块区域内的干度减小外，大多数情况下的干度均增加，可以变为干蒸汽，进一步节流后甚至会变为过热蒸汽。

节流在热力工程中的用途有：①利用节流减少汽轮机汽封中

蒸汽的泄漏量；②利用节流来测量工质流量；③利用节流调节汽轮机功率等。

第四章　蒸汽动力循环

一、选择题

1. A　2. B　3. C　4. A　5. B　6. A　7. C　8. C　9. B　10. B
11. B　12. A　13. C　14. B　15. A　16. D　17. B　18. A　19. B
20. D　21. B　22. C　23. A　24. A　25. C　26. D　27. B　28. C

二、判断题

1. √　2. ×　3. ×　4. √　5. √　6. √　7. ×　8. √　9. ×
10. ×　11. ×、12 √

三、简答题

1. 答：工质从某一热力状态出发，经历一系列状态变化过程后，又恢复到原来状态的全部过程，称为热力循环，简称循环。火力发电厂常见的热力循环有朗肯循环、回热循环、再热循环及热电合供循环。

2. 答：火力发电厂的能量转换过程主要是在锅炉、汽轮机、发电机、水泵这些设备中完成的。锅炉将燃料的化学能转换为热能，并传递给工质；汽轮机将工质的热能转换为机械能；发电机将机械能转换为电能；水泵将机械能转换为工质的压力能。

3. 答：朗肯循环由下述四个热力过程组成：工质在锅炉中的定压吸热过程；工质在汽轮机中的绝热膨胀过程；工质在凝汽器中的定压定温放热凝结过程；工质在水泵中的绝热压缩过程。

4. 答：为提高循环热效率，主要在朗肯循环的基础上采用给水回热循环或蒸汽中间再热循环（再热压力选择适当时）。

5. 答：当忽略水泵的压缩功时，朗肯循环热效率计算公式为 $\eta_{t,R} = \dfrac{h_1 - h_2}{h - h_2'}$。

由公式可以看出，$\eta_{t,R}$ 取决于过热蒸汽的焓 h_1、乏汽的焓 h_2

和凝结水的焓 h'_2。而 h_1 由过热蒸汽的初参数 p_1、t_1 决定，h_2 和 h'_2 都由终参数 p_2 决定。所以 $\eta_{t,R}$ 取决于过热蒸汽的初压 p_1、初温 t_1 和终压 p_2。

6. **答：**提高朗肯循环热效率的途径有：①提高过热器出口蒸汽压力与蒸汽温度；②降低汽轮机排汽压力；③采用中间再热、给水回热循环；④尽量减少循环中的各种能量损失。

7. **答：**由于利用了抽汽来加热给水，使给水温度升高，在锅炉中的吸热量减少，提高了吸热过程的平均温度，减少了由于较大温差传热带来的损失；而且抽汽不进入凝汽器，减少了冷源损失。所以回热循环的热效率比同参数朗肯循环高。

8. **答：**蒸汽中间再过热，是指将在汽轮机高压缸内膨胀到某一中间压力的蒸汽，全部送回锅炉再热器定压加热至初温后再送回汽轮机低压缸继续膨胀做功的过程，简称为再热。在朗肯循环基础上，采用了蒸汽中间再过热的循环叫再热循环。

9. **答：**因为提高蒸汽初参数，就能提高发电厂的循环热效率。而提高蒸汽初压时，会使排汽干度下降，影响汽轮机末级叶片的安全；实际中尽管采用了同时提高蒸汽初温的方法，即用初温提高时排汽干度的提高来抵消初压提高时排汽干度的降低，但是由于提高蒸汽的初温受到锅炉过热器、汽轮机高压部件和主蒸汽管道等钢材耐热强度的限制，所以初参数的提高就受到了排汽干度的限制。而采用中间再热，可以提高排汽干度，实际上也为进一步提高蒸汽初压力进而提高循环热效率创造了条件，而不必担心排汽干度会超出允许限度。同时，如果再热压力选择适当，使再热循环中附加循环的热效率高于基本循环，会使再热循环热效率高于同参数朗肯循环热效率。因此，采用中间再热能提高电厂的热经济性。

10. **答：**热电合供循环就是一方面生产电能，一方面将做过功的汽轮机排汽或中间抽汽供给热用户，使能量得到充分利用的一种综合循环方式。这种既供电又供热的蒸汽动力装置循环，称为热电合供循环。

11. 答：采用热电合供循环把汽轮机排汽或中间抽汽直接或间接地应用于生产或生活中，这部分蒸汽的热量被充分利用。这部分蒸汽不进入凝汽器放热，使冷源损失减少，提高了热能的利用程度，所以，循环的经济性提高了。

12. 答：因为再热循环的有用功要大于同参数朗肯循环的有用功（$w_{0,z} > w_{0,R}$），而回热循环的有用功小于同参数朗肯循环的有用功（$w_{0,h} < w_{0,R}$）。根据汽耗率计算公式 $d = \dfrac{3600}{w_0}$ 可知，再热循环的汽耗率小于朗肯循环的汽耗率，而回热循环的汽耗率大于朗肯循环的汽耗率。

四、计算题

1. 解：查 $h-s$ 图得：新蒸汽焓为 $h_1 = 3305 \text{kJ/kg}$，排汽焓为 $h_2 = 2125 \text{kJ/kg}$，凝结水焓为 $h'_2 = 4.1868 t_{s2} = 4.1868 \times 33 = 138.16$（kJ/kg）

$$\eta_{t,R} = \frac{h_1 - h_2}{h_1 - h'_2} = \frac{3305 - 2125}{3305 - 138.16} = 0.3726 = 37.26\%$$

$$q_{t,R} = \frac{3600}{\eta_{t,R}} = \frac{3600}{0.3726} = 9661.84 \left[\text{kJ/(kW·h)} \right]$$

答：此朗肯循环循环热效率为 37.26%，热耗率为 9661.84kJ/(kW·h)。

2. 解：$d = \dfrac{D}{P} = \dfrac{935 \times 10^3}{300 \times 10^3} = 3.17 \left[\text{kg/(kW·h)} \right]$

答：该汽轮机的汽耗率是 3.17kg/(kW·h)。

3. 解：$\eta_{t,R} = \dfrac{w_0}{q_1} = \dfrac{(h_1 - h_2) - (h_4 - h_3)}{h_1 - h_4}$

$$= \frac{(3332 - 2130) - (728 - 144.91)}{(3332 - 728)} = 23.77\%$$

答：该循环热效率为 23.77%。

4. 解：查 $h-s$ 图得知：$h_1 = 3433 \text{kJ/kg}$，$h_2 = 1945 \text{kJ/kg}$，$h'_2 = 4.1868 t_{s2} = 4.1868 \times 30 = 125.6 \text{kJ/kg}$，$x_2 = 0.75$。

循环热效率 $\eta_{t,R} = \dfrac{h_1 - h_2}{h_1 - h'_2} = \dfrac{3433 - 1945}{3433 - 125.6} = 0.4499 = 44.99\%$

汽耗率 $d_R = \dfrac{3600}{h_1 - h_2} = \dfrac{3600}{3433 - 1945} = 2.42 \text{kg/}(\text{kW} \cdot \text{h})$

热耗率 $q_{t,R} = \dfrac{3600}{\eta_{t,R}} = \dfrac{3600}{0.4499} = 8001.78 \text{kJ/}(\text{kW} \cdot \text{h})$

答：该台汽轮机循环热效率为 44.99%，汽耗率为 2.42kg/ (kW·h)，热耗率为 8001.78kJ/ (kW·h)，排汽干度为 0.75。

5. **解**：由 $h - s$ 图查得：$h_1 = 3427 \text{kJ/kg}$；$h_0 = 2628 \text{kJ/kg}$；$h_2 = 2011 \text{kJ/kg}$；据 p_0、p_2 查得相应饱和温度为：$t_{s0} = 151.85 ℃$；$t_{s2} = 36.18 ℃$。所以

$h'_0 = 4.1868 t_{s0} = 4.1868 \times 151.85 = 635.77 (\text{kJ/kg})$；

$h'_2 = 4.1868 t_{s2} = 4.1868 \times 36.18 = 151.48 (\text{kJ/kg})$。

抽汽率为 $\alpha = \dfrac{h'_0 - h'_2}{h_0 - h'_2} = \dfrac{635.77 - 151.48}{2628 - 151.48} = 0.1956$

循环热效率为 $\eta_{t,h} = \dfrac{\alpha (h_1 - h_0) + (1 - \alpha)(h_1 - h_2)}{h_1 - h'_0}$

$= \dfrac{0.1956 (3427 - 2628) + (1 - 0.1956)(3427 - 2011)}{3427 - 635.77} = 0.46$

汽耗率为 $d_h = \dfrac{3600}{\alpha (h_1 - h_0) + (1 - \alpha)(h_1 - h_2)}$

$= \dfrac{3600}{0.1956 (3427 - 2628) + (1 - 0.1956)(3427 - 2011)} = 2.78$ [kg/ (kW·h)]

汽耗量为 $D = dP = 2.78 \times 200 \times 10^3 = 556 \times 10^3 \text{kg/h} = 556 (\text{t/h})$

抽汽量为 $D_{\alpha,h} = \alpha D = 0.1956 \times 556 = 108.75$ (t/h)

答：该回热循环的热效率为 46%，汽耗量为 556t/h，抽汽量为 108.75t/h。

6. **解**：查 $h - s$ 图得知：$h_1 = 3432.5 \text{kJ/kg}$，$h_a = 2987.5 \text{kJ/kg}$，$h_b = 3565 \text{kJ/kg}$，$h_2 = 2200 \text{kJ/kg}$，$h_{2,A} = 1945 \text{kJ/kg}$，则

$h'_2 = 4.1868 t_{s2} = 4.1868 \times 29 = 121.4$ (kJ/kg)

再热循环热效率 $\eta_{t,z} = \dfrac{(h_1 - h_a) + (h_b - h_2)}{(h_1 - h'_2) + (h_b - h_a)}$

$= \dfrac{(3432.5 - 2987.5) + (3565 - 2200)}{(3432.5 - 121.4) + (3565 - 2987.5)} = 0.4655 = 46.55\%$

再热循环汽耗率 $d_z = \dfrac{3600}{(h_1 - h_a) + (h_b - h_2)}$

$= \dfrac{3600}{(3432.5 - 2987.5) + (3565 - 2200)} = 1.989 \text{kg/}(\text{kW}\cdot\text{h})$

再热循环热耗率 $q_{t,z} = \dfrac{3600}{\eta_{t,z}} = \dfrac{3600}{0.4655} = 7733.62 \text{kJ/}(\text{kW}\cdot\text{h})$

同参数朗肯循环热效率 $\eta_{t,R} = \dfrac{h_1 - h_{2,A}}{h_1 - h'_2} = \dfrac{3432.5 - 1945}{3432.5 - 121.4}$

$= 0.4492 = 44.92\%$

朗肯循环汽耗率 $d_R = \dfrac{3600}{h_1 - h_{2,A}} = \dfrac{3600}{3432.5 - 1945} = 2.42 \text{kg/} (\text{kW}\cdot\text{h})$

朗肯循环热耗率 $q_{t,R} = \dfrac{3600}{\eta_{t,R}} = \dfrac{3600}{0.4492} = 8014.25 \text{kJ/}(\text{kW}\cdot\text{h})$

答：该再热循环的热效率为 46.55%，汽耗率为 1.989kg/ (kW·h)，热耗率为 7733.62kJ/ (kW·h)。与同参数朗肯循环相比，再热循环的热效率提高了，而汽耗率和热耗率都降低了，循环的热经济性提高。

五、论述题

1. **答**：循环热效率表明在正向循环中，热能转变为机械能的有效程度。由热力学第二定律可知：工质从热源吸收的热量在热机中不可能全部转变为功，其中有一部分不可避免地要传给冷源而成为冷源损失，所以循环的热效率不可能等于 1，只能小于 1。

2. **答**：蒸汽动力装置若采用卡诺循环，则它仅限于饱和蒸汽区，其上限的加热温度 T_1 受限于蒸汽的临界温度，下限温度又受限于环境温度，故可利用的温差不大，卡诺循环的热效率就不可能很高。同时，在湿蒸汽区工作的热机由于蒸汽膨胀末期湿度较大，不利于汽轮机安全工作。另外，水泵压缩的是比体积很大的湿蒸汽，需用很大的压缩机，消耗的压缩功就很大。故实际蒸汽动力装置不采用卡诺循环而采用朗肯循环。

3. **答**：从理论上讲给水在回热加热器中加热的温度越高，则吸热过程平均温度越高，循环热效率也就越高。但是要提高给水温度，从汽轮机中抽出蒸汽的压力就越高，因而蒸汽在汽轮机中膨胀做功的数值相应地减少。为了既能提高给水温度，又能使蒸汽在汽轮机中尽可能地多做功，采用了多级回热抽汽的方法。

回热抽汽级数越多，热效率越高。但是随着抽汽级数的增加，设备的投资费用增大，系统复杂，安装、运行、维护困难，设备事故率增加。因此，必须进行全面的技术经济比较，确定合适的回热级数，选择相应的最佳抽汽压力。目前中低压汽轮机采用 3~5 级回热抽汽，高压汽轮机采用 6~8 级回热抽汽。

4. **答**：中间再热的主要目的是为了提高排汽干度，使其在允许范围内。因为再热压力选的过低，虽对提高排汽干度有利，但对提高循环热效率不利；若再热压力选的过高，虽对提高循环热效率有利，但对提高排汽干度不利，所以应选择合适的再热压力。再热压力的选择必须综合考虑对排汽干度和热效率的影响，它是在保证排汽干度不小于 0.88 的要求下，使循环热效率达最佳值时而确定的。再热压力一般选择为初压 p_1 的 20%~30%。这时可使再热循环的热效率相应提高 2.5%~4.5%。

5. **答**：由再热循环焓熵图上的热力膨胀过程线可以看出，在其他条件不变的情况下，初压的变化将使蒸汽在高压缸中的焓降随之变化。当初压升高时，焓降增加；反之，焓降下降。而在排汽压力一定的情况下，中低压缸蒸汽的焓降以及排汽干度仅取决于再热蒸汽的压力和温度。当再热蒸汽的压力和温度不变时，中低压缸的焓降将保持不变。由此可见，初压升高将使中间再热循环的有用功增加，循环热效率提高。初压降低使有用功减少，循环热效率降低。但是无论初压升高或降低，都不会使排汽干度发生变化。

第五章　传热的基本方式

一、选择题

1. B　2. B　3. A　4. B　5. D　6. A　7. B　8. B　9. C　10. A
11. A　12. B　13. D　14. A　15. A　16. B　17. A　18. A　19. C
20. D　21. D　22. B　23. C　24. B　25. D

二、判断题

1. √　2. √　3. √　4. ×　5. ×　6. √　7. √　8. √　9. √
10. √　11. √　12. √　13. √　14. ×　15. √　16. √　17. √
18. ×　19. √　20. ×　21. √　22. √　23. ×　24. ×　25. ×

三、简答题

1. 答：物体内部热量从温度较高的部分传递到温度较低的部分以及温度较高的物体把热量传递给与之接触的温度较低的另一物体的热量传递过程称为导热。

2. 答：流动着的流体与固体壁面间产生相对运动而进行的热量交换称为对流换热。

3. 答：只要温度高于绝对零度，任何物体都会发生热辐射。自然界中物体的温度都高于绝对零度，因此，物体总在不断地将自身的热能转化为辐射能向外界传递。物体在向外辐射的同时也在不断地吸收周围物体投射到它上面的辐射能，并将吸收的辐射能转化为热能。物体间相互辐射和吸收的总效果，即为辐射换热。

4. 答：对热流体通过的管道进行保温的目的是为了减少管道的热量损失，提高经济性；此外，还可防止管道烫伤人体等。对保温材料的要求是：①热导率及密度小，且具有一定的强度；②耐高温，即高温下不易变质和燃烧；③高温下性能稳定，对被保温的金属没有腐蚀作用；④价格低，施工方便。

5. 答：平壁稳定导热的导热量与以下因素有关：温差、壁厚、热导率及导热面积。

6. 答：影响对流换热量的因素有对流换热系数、换热面积、流体与壁面的温差。

7. 答：换热器出现膜态沸腾状态时，由于汽膜的导热热阻很大，使得换热系数急剧下降，热源加入的热量，不能及时被介质带走，必然引起壁面温度的迅速升高，换热状况恶化，严重时会烧坏设备。换热器中，要严格控制膜态沸腾的出现。

8. 答：影响凝结换热的因素有：①蒸汽中含有不凝结气体的影响；②蒸汽的流速和流向的影响；③冷却表面状况的影响；④管子排列方式的影响。

9. 答：凝汽器中含有不凝结气体时，随着蒸汽的凝结，这些不凝结气体会附着在冷却表面，形成空气膜，大大增加了热阻，使换热效果明显下降。

10. 答：辐射换热与导热、热对流有本质的不同。辐射换热不需要任何介质，在真空中同样可以进行；辐射换热过程中不仅有能量的转移，而且伴随能量形式的转换，即热能转换为辐射能再转换为热能。

四、计算题

1. 解：设加保温层后，蒸汽管道外径为 d_2，则 $d_2 = 0.130 + 2\delta$。

保温层的平均直径为 $\bar{d} = \dfrac{1}{2}(d_1 + d_2) = \dfrac{1}{2}(0.130 + 0.130 + 2\delta) = 0.130 + \delta$

采用圆筒壁简化公式计算。由公式 $\varphi_l = \pi \bar{d} \dfrac{t_1 - t_2}{\dfrac{\delta}{\lambda}}$，得

$$450 = \frac{3.14 \times (0.130 + \delta) \times (450 - 50)}{\dfrac{\delta}{0.1}}$$

解得：$\delta = 0.05$（m）$= 50$（mm）

答：保温层的厚度须大于50mm。

2. **解**：由公式 $\varphi = \dfrac{t_1 - t_2}{\dfrac{\delta}{\lambda}}$，

得 $\varphi = \dfrac{495 - 45}{\dfrac{120 \times 10^{-3}}{0.094}} = 352.5$（$W/m^2$）

$352.5 \times 3600 \times 10^{-3} = 1269$（$kJ$）

答：每平方米炉墙每小时的散热量为1269kJ。

3. **解**：由公式 $\varphi = \alpha_c \Delta t$，得

$$\alpha_c = \frac{\varphi}{\Delta t} = \frac{625000}{51} = 12255[W/(m^2 \cdot K)]$$

答：水蒸气的凝结换热系数是12255W/（$m^2 \cdot K$）。

4. **解**：由四次方定律：

当 $t = 1000℃$ 时，$E_b = C_b\left(\dfrac{T}{100}\right)^4 = 5.67 \times \left(\dfrac{273 + 1000}{100}\right)^4$

$= 5.67 \times 26261 = 148900$（$W/m^2$）

当 $t = 100℃$ 时，$E_b = C_b\left(\dfrac{T}{100}\right)^4 = 5.67 \times \left(\dfrac{273 + 100}{100}\right)^4 = 5.67$

$\times 193.57 = 1097$（W/m^2）

答：当 $t = 1000℃$ 和 $t = 100℃$ 时，物体的辐射力分别为：148900W/m^2 和1097W/m^2。

5. **解**：在同温下物体的 $\varepsilon = \alpha = 0.69$

$E = \varepsilon C_b\left(\dfrac{T}{100}\right)^4 = 0.69 \times 5.67 \times \left(\dfrac{273 + 127}{100}\right)^4 = 0.69 \times 5.67$

$\times 256 = 1001$（W/m^2）

答：该物体的辐射力为1001W/m^2。

五、论述题

1. **答**：影响对流换热系数的主要因素有：①流体的种类和性质：流体的种类和物理性质不同，对流换热程度也不同。影响对流换热的物理参数主要有热导率、比热容、密度和动力黏度等。运动情况相同时，热导率越大、密度越大、比热容越大，黏

度越小，对流换热系数越大。②流体流动发生的原因：同一种流体，强迫对流时的换热系数大于自然对流时的换热系数，强迫对流时的对流换热更强烈。③流体流动的状态：紊流状态时的对流换热比层流时要强烈。紊流时，流速越高，对流换热系数值越大。④流体有无相态的变化：在对流换热过程中，若流体发生相态变化（如水沸腾、蒸汽凝结），则可以大大提高对流换热系数，使对流换热更强烈。⑤壁面的几何因素：换热表面的大小、几何形状、表面光洁度以及流体与壁面间的相对位置等因素，都直接影响对流换热过程。主要有管径的影响：管径小，对流换热系数值较高；管子排列方式的影响：由于流体在叉排中流动时管束对流体的扰动更强烈，因此管束叉排布置的对流换热系数比顺排布置的对流放热系数大；流体相对于管子的流动方向的影响：一般横向冲刷比纵向冲刷的换热系数大。

2. 答：物体间辐射换热量的大小与物体的温度、性质、黑度以及换热表面的形状、尺寸、相对位置等因素有关。增强辐射换热的具体措施有：①提高高温辐射物体的温度，可有效地增强辐射换热量。锅炉实际运行中，可通过调整火焰温度来提高热负荷。②改变系统黑度。当换热面积和表面温度一定时，增加系统黑度是增强辐射换热的主要措施。如电厂室内各种电气设备，在其表面涂以黑度较大的油漆以增强其散热能力。③增大辐射换热面积。采用膜式水冷壁，增大辐射换热面积，以提高辐射换热量。

第六章 传 热 过 程

一、选择题

1. B 2. B 3. B 4. C 5. B 6. C 7. A 8. B 9. D 10. B

二、判断题

1. × 2. × 3. √ 4. × 5. × 6. × 7. √ 8. × 9. ×

10. √

三、简答题

1. 答：热流体通过固体壁面将热量传给冷流体的过程称为传热过程。

2. 答：影响因素有：传热系数 K、传热面积 A、传热温差 Δt。

3. 答：高温烟气（热流体）$\xrightarrow{\text{对流换热和辐射换热}}$ 管外壁 $\xrightarrow{\text{导热}}$ 管内壁 $\xrightarrow{\text{对流换热}}$ 过热蒸汽（冷流体）。

4. 答：烟气（热流体）$\xrightarrow{\text{对流换热}}$ 省煤器管外壁 $\xrightarrow{\text{导热}}$ 省煤器管内壁 $\xrightarrow{\text{对流换热}}$ 给水（冷流体）。

5. 答：因为积灰和水垢的热导率比金属的热导率小得多，受热面管子积灰、结垢后会产生很大的污垢热阻。灰垢和水垢的存在，大大地削弱了传热，浪费燃料，还会导致管壁温度的显著升高，使管壁金属过热损坏，危及锅炉设备安全运行。因此锅炉运行中，必须经常进行吹灰、排污，保证受热面管子内外壁面的清洁，增强传热，确保设备安全使用。

四、计算题

1. 解：由 $\varphi = K\Delta t$

得：$K = \dfrac{\varphi}{\Delta t} = \dfrac{2550}{235-55} = 14.2 \; [\text{W}/(\text{m}^2 \cdot \text{K})]$

答：传热系数为 $14.2\text{W}/(\text{m}^2 \cdot \text{K})$。

2. 解：$\dfrac{d_2}{d_1} = \dfrac{24+3\times 2}{24} = 1.25 < 2$，可采用简化公式计算。由

公式 $\varphi_l = \dfrac{t_1 - t_2}{\dfrac{1}{\alpha_1} + \dfrac{\delta}{\lambda} + \dfrac{1}{\alpha_2}} \pi \bar{d}$

式中 $\bar{d} = \dfrac{1}{2}(d_1 + d_2) = \dfrac{1}{2}(0.024 + 0.024 + 2 \times 0.003)$
$= 0.027 \; (\text{m})$

所以 $\varphi_l = \dfrac{550 - 200}{\dfrac{1}{57} + \dfrac{0.003}{35} + \dfrac{1}{5550}} \times 3.14 \times 0.027$

$$= \frac{350}{0.0175 + 0.000086 + 0.00018} \times 3.14 \times 0.027 = 1670 \text{（W/m）}$$

答：通过单位长度管壁的传热量为 1670W/m。

五、论述题

答：增强传热方法有：（1）提高传热系数。①设法减少传热过程中各局部热阻，可采用减少壁面厚度以及选用热导率较大的材料以减小导热热阻；增加流速、增强流体的扰动、对换热面进行合理布置以减小对流换热热阻；增加系统黑度以减小辐射换热热阻等等。②当各局部热阻相差较多时，首先设法减小最大的局部热阻，可使传热系数显著提高。如：增大烟气流速，减少积灰和水垢热阻，对受热面经常吹灰、定期排污和冲洗，保证给水品质合格。

（2）增加传热面积。①在热阻较大侧加装肋片可有效强化传热。②管径越小，在一定的金属耗量下，总面积就越大，采用较小的管径，有利于提高对流换热系数，但过分缩小管径会带来流动阻力增加，管子堵灰的严重后果，要综合考虑。

（3）提高传热平均温差。①提高热流体温度或降低冷流体温度可以提高传热温差。②在相同的冷、热流体进、出口温度下，换热器逆流布置的平均温差最大，顺流布置的平均温差最小，其他布置介于两者之间。因而，在保证锅炉各受热面安全的情况下，都应力求采用逆流或接近逆流的布置。

第七章　换　热　器

一、选择题

1. A　2. A　3. B　4. B　5. B　6. B　7. C　8. C　9. D　10. A

二、判断题

1. ×　2. ×　3. ✓　4. ✓　5. ✓

三、简答题

1. 答：换热器是把热流体的热量传递给冷流体的设备。

2. 答：按工作原理来分，换热器可分为表面式、混合式及回热式三种类型。

3. 答：凝汽器压力下的饱和水温度与凝汽器冷却水出口温度之差称为凝汽器端差。

4. 答：加热蒸汽压力下的饱和温度与加热器给水（或凝结水）出口温度之差称为加热器的传热端差。

四、计算题

1. 解：由公式 $\overline{\Delta t} = \dfrac{\Delta t_{max} + \Delta t_{min}}{2}$，$\Delta t_{max} = 120 - 60 = 60℃$，$\Delta t_{min} = 70 - 50 = 20℃$

算术平均温差：$\overline{\Delta t} = \dfrac{60 + 20}{2} = 40$（℃）

对数平均温差：$\overline{\Delta t} = \dfrac{\Delta t_{max} - \Delta t_{min}}{\ln \dfrac{\Delta t_{max}}{\Delta t_{min}}} = \dfrac{60 - 20}{\ln \dfrac{60}{20}} = 36.4$（℃）

答：逆流时的算术平均温差为 40℃，对数平均温差为 35.4℃。

2. 解：查饱和水与饱和蒸汽性质表可知，0.05MPa 压力下的饱和温度 $t_s = 81.35℃$。

$$t_s - t_{w2} = 81.35 - 32 = 49.35 （℃）$$

答：所求凝汽器端差为 49.35℃。

五、论述题

1. 答：①表面式换热器：冷、热流体同时在换热器内流动，但二者被金属壁面隔开，互不接触。热流体的热量通过壁面传给冷流体。表面式换热器对流体的适应性较强，使用、维护较方便，是工程上应用范围最广的一种换热设备。发电厂中的过热器、省煤器、凝汽器等均属于表面式换热器。②回热式换热器：冷热流体交替流过同一换热面。当热流体流过换热面时，热量被壁面吸收并暂时储存起来；冷流体流过同一换热面时，将储存的热量带走而使冷流体温度升高。回热式换热器的结构紧凑，传热效率较高。回转式空气预热器属于回热式换热器。③混合式换热器：依靠冷、热流体的直接接触和相互混合来实现热量交换。混合式换热器的传热速度快、传热效率高、结构简单、造价低。电厂中的喷水减温器、除氧器、冷水塔等都是混合式换热器。

2. **答**：换热器顺流布置时，冷流体的出口温度永远低于热流体的出口温度；逆流布置时，冷流体的出口温度有可能超过热流体的出口温度。因此，在入口条件、换热面积及传热系数相同情况下，对于进口温度相同的冷流体，采用逆流方式比采用顺流方式能把冷流体加热到更高的温度，获得更高的平均温差。但逆流布置时，热、冷流体的最高温度集中在换热器的同一端，此端换热器壁面的两侧同时处于高温下，有可能使得该处的壁温超温，影响换热器的安全运行。而顺流方式布置时，冷流体的最高温度端处于热流体的最低温度端，金属壁温相对较低，比较安全。

参 考 文 献

1. 劳动和社会保障部，编. 中华人民共和国职业技能鉴定规范·电力行业. 北京：中国电力出版社，1999.
2. 电力行业职业技能鉴定指导中心，编. 电力行业职业技能鉴定指导书（职业标准 试题库）. 北京：中国电力出版社，2002.
3. 唐莉萍，主编. 中等职业教育国家规划教材·热工基础. 北京：中国电力出版社，2002.
4. 黄光辉，主编. 全国电力工人公用类培训教材·应用热工基础. 北京：中国电力出版社，1994.
5. 黄恩洪，编. 热工基础. 北京：中国电力出版社，1994.